北极治理范式研究

The Arctic Governance Paradigm

赵 隆／著

U0289221

时事出版社

序

The Arctic Governance Paradigm

　　今日恰逢柏林墙倒塌 25 周年纪念,应作者赵隆之请求,提笔为其新书作序。25 年前,颇难想象如今世界将变幻为如此多元与相互依存之状。全球化将人类命运连为一体,气候变化无论国家间之博弈,抑或个人生存之感受,均起举足轻重影响。今日北极,已然不复冷战时期东西两大阵营军事"对峙场"局面,伴随融冰加速,航道开发、资源利用、生态保护等议题重新驶入各方眼界,世人灼热目光,或饱含殷切期盼,或流露野心欲望,使此区域领受更多机遇与挑战。

　　我深感欣慰,当多数国际关系学者仍于大国关系、地缘政治等传统议题中穷经皓首,赵隆已将其学术重心聚焦于北极治理这一全新领域。很可惜,在我近 40 年学术生涯中,虽尝试各种领域及议题,也遍访五洲,却至今仍未到访过地理上之南北两极。庆幸的是,值本书付梓出版之际,赵隆接受中国北欧—北极研究中心和挪威王国驻上海总领事馆资助,已踏上远赴斯瓦尔巴德群岛首府朗耶尔城(Longyearbyen)的访研之路。此地为离北极点最近岛屿之一,中国北极科考站—黄河站亦坐落于岛上新奥尔松科学城内。

　　研究北极之目的并非为加入所谓"北极争夺战",中国在北极地区没有任何领土或海洋主权方面的诉求,亦非野心勃勃的"北极淘金者"中一员,科学考察才是中国在当前北极问题上的优先方向。不可否认，北极地区确实蕴藏巨大油气资源，但这首先归属于相关域内国家主权权利范畴。北极地区尚居住数百万原住民，因循独特生活习俗和文化，主动抑或被动，正随全球化深入发展与外部接触融合。北极开发，无法回避当代价值观与传统生存模式的全方位碰撞。北极治理首先需保护原住民利益，在维护生态与环境守则基础上推动全面可持续发展。有别于《南极条约》中"冻结主权"原则，北极开发，无法回避北极国家间权力利益间妥协与互动。北极治理需尊重环北极国家主权，实现和平、互利、共赢的多边合作。北极治理还需虑及利益攸关方之关切，发掘不同行为体的比较资源优势，借多边机制和多元路径，朝维护全人类福祉方向努力。在此过程中，兼具负责任的全球性大国与北极理事会观察员身份，中国亦将于自身能力和权限范围内，继续为北极治理的议题设置和制度构建发挥建设性作用。

此书中，作者将北极治理范式归纳为三种动态阶段，认为范式间存在递进关系，而当前北极问题的治理正由较为初级的区域治理向中级阶段的多边治理逐步递进。在以区域治理为特征的初级范式中，具有区域身份特征的北冰洋沿岸国和北极圈内国家强调区域内的多元整合、良性互动和价值认同，而逐步多元化的治理主体与更多的制度选择构成了"三级主体"和"选择性妥协"为特征的多边治理架构。随着各主体在观念、价值以及客观需求上形成共识基础，将为实现北极共生单元和北极共生治理创造条件。他提出，这种范式间的递进并非单向线性发展，而是主要取决于行为体核心观念的内化程度，以及以体系取向和权力结构为核心的"物质"客观变量，这些因素的改变可以带来范式递进中的波动效应甚至逆向发展。

理论探索需一定勇气支撑。在他身上，我似乎看到了三十多年前的自己，年轻、活力，充盈对新鲜事物探索意念与求知欲望。由此而言，无论理论假设及判断最终得证实与否，其尝试都值得肯定。北极研究具有科学研究之肌理，大国博弈之背景，人文关怀之核心，不禁忆起《易经》"关乎天文，以查时变，关乎人文，以化成天下"之古语，在北极治理问题上我们迫使自己变得更为理想主义，只为保护地球这一共同家园。赵隆是我第一位毕业的博士生，希望他在个人学术生涯起点，切忌急功近利或盲从热点，应厘清并维护国家利益，把握时代脉搏，探寻自身之独特价值。学术如此，人生亦如此。

衷心希望本书可为广大学术研究专业人士与普通读者提供有用观点或是引发思考。我坚信，无论是赞许或是批评，都会使这个年轻的国际关系研究后进受益匪浅，成为他学术道路上的宝贵财富。

是为序。

杨洁勉

2014 年 11 月 9 日于上海

目　录
The Arctic Governance Paradigm

导 论
The Arctic Governance Paradigm

一、选题缘起及其意义

对于大多数国家来说，北极是一个非常遥远的地区。1909 年 4 月 6 日，美国探险者罗伯特·皮里（Robert Peary）成功到达北极点，成为世界上第一个征服北极的人。长久以来，这片区域似乎是探险者和科学家们的乐园，除了极地探险和因纽特人的故事，与大多数人的普通生活毫无关系，人们对它也知之甚少。冷战时期，北极一度成为东西两大阵营的"军事对峙"场，战争疑云笼罩着这块冰封之地。1987 年，苏联领导人米哈伊尔·戈尔巴乔夫著名的"摩尔曼斯克讲话"（The Speech in Murmansk）提出，将军事对抗之地变为"北极和平区域"①（Arctic Zone of Peace），北极问题中的合作因素逐步增多。北极似乎以另一种完全不同的姿态回到了政治家、学者和普通民众的视线之内。

当前的北极问题对我们究竟意味着什么？首先，北极成为气候变化影响的核心区域。2004 年，北极理事会（Arctic Council）和国际北极科学委员会（International Arctic Science Committee，简称

---

① Gorbachev Mikhail, *The Speech in Murmansk at the ceremonial meeting on the occasion of the presentation of the Order of Lenin and the Gold Star Medal to the city of Murmansk*, 1987, http://teacherweb. com/FL/CypressBayHS/JJolley/Gorbachev_ speech. pdf.

IASC）共同进行的"北极气候影响评价"（Arctic Climate Impact Assessment，简称 ACIA）项目发布报告，提出"1974—2004 年间，北极地区的年平均海冰量下降了约 80%，海冰面积减少了近 100 万平方公里，超过美国德克萨斯州和亚利桑那州面积的总和，北极地区的冰层融化导致全球海平面平均上升近 8 厘米。"[①] 此外，报告还总结了北极气候变化的十个重点趋势，包括：北极变暖的速度和范围可能超过预期；北极变暖及其后果将造成全球性影响；气候变化将对北极植被生长带来广泛影响；北极物种的多样性和分布情况将发生变化；诸多沿海设施面临气候变化引发的暴风威胁；融冰增速将为海洋运输和资源开发开创新机遇；陆地融冰将打乱现有交通、建筑等基础设施建设进度；原住民群体将受到外部经济和文化的影响；紫外线辐射水平的升高将对人类和动植物产生冲击；多重变化的相互作用将对生态系统产生巨大影响。根据统计上可见的显著趋势，"超过约 41% 的北极永久海冰已经完全消失，每年还有数以万计平方英里的海冰逐步消失，而北极冰帽[②]（Ice Cap）的范围已经比 20 世纪中期缩小近一半"。[③] 这意味着，北极已经不再是我们传统概念中的冰封地带，它对各国的意义也在发生着改变。按照大多数科学家的估算，北极海域将在 21 世纪中期甚至更早将出现季节性无冰的现象。[④] 这种科学预测结果为各国提供了两种完全不同的思路：部分国家把这种环境变化视为灾难性的挑战，担心由此引发海洋生态系统的崩溃和世界最北部"净土"的消亡；更多国家则把这种趋势看为机遇，因为这意味着进行更多沿岸活动的可能性，更多

---

① Arctic Climate Impact Assessment, *Impacts of a Warming Arctic*, Synthesis Report, Cambridge：Cambridge University Press, 2004.

② 冰帽指覆盖不超过 5000 平方公里的巨型圆顶状冰。

③ Howard Roger, *The Arctic Gold Rush：the New Race for Tomorrow's Natural Resources*, London and New York：Continuum, 2009.

④ National Intelligence Council, *Global Trends 2025：A Transformed World*, 2008, http：//www.aicpa.org/research/cpahorizons2025/globalforces/downloadabledocuments/globaltrends.pdf.

潜在资源可被开发利用，人类"非传统区域"将逐步形成。

其次，北极成为国际航运的潜在核心走廊。近年来，北极不但经历着"海冰消融、冰川消逝、冻土融化、岸上活动增多的侵蚀和植被区的转移"[1]，还逐步成为了海上交通的重要走廊。2008 年夏季，北极实现了历史上首次西北、东北航道的同时通航，使各航运大国重新聚焦于此。根据估算，从日本横滨港出发经东北航道前往荷兰鹿特丹港的航程比传统的苏伊士运河航线缩短近 5000 海里，航运成本节约 40%，而从美国西雅图经西北航线抵达鹿特丹则比传统的巴拿马运河航线节省近 2000 海里的航程，即 25% 的航运成本。[2]这种看似简单的成本变化与航道转移，带来的影响却远远超越经济因素。随着航道和相关基础设施的进一步开发建设，将形成新的战略要地和关键地区，甚至会改变整个地区的地缘政治格局。

最后，北极成为油气资源的潜在核心储地。1962 年，苏联在其北部的塔佐夫斯基地区（Тазовский район）发现大型油气田，成为北极地区油气开发的起源。1967 年，美国在阿拉斯加的普拉德霍湾（Prudhoe Bay）地区也发现了大型油田。据统计，北极圈内有 61 个已探明的大型油气资源区，其中 43 个位于俄罗斯境内，11 个位于加拿大境内，6 个位于美国阿拉斯加地区，1 个位于挪威境内。[3]2008 年，美国地质调查局（United States Geological Survey）公布了《环北极资源评估：北极圈内未开发油气资源计算》[4]（Circum-Arctic Resource Appraisal：Estimates of Undiscovered Oil and Gas North of the

---

[1] Lawson Brigham, Thinking about the Arctic's Future：Scenarios for 2040, *The Futurist*, September-October 2007, p. 27.

[2] U. S. Arctic Research Commission and International Arctic Science Committee, Arctic Marine Transport Workshop, 2004, http：//www. arctic. gov/publications/other/arctic_ marine_ transport. pdf.

[3] U. S. Department of Energy, Energy Information Administration, *Arctic Oil and Natural Gas Potential*, Report, October 2009.

[4] 该报告所涉及的资源评估包括永久海冰区和水深超过 500 米的海域，利用现有技术可被开采的油气资源。值得注意的是，评估并未涉及如煤层气、气体水合物、页岩气和页岩油等非传统资源。

Arctic Circle）报告，将北极地区划分为 33 个油气资源单元，认为其中的 25 个具有超过 10% 的概率蕴藏 50 亿桶的原油储量。

更为重要的是，无论是国际政界或学术界，对于北极问题的认识已基本从冷战时期的"敏感区域"逐步转变为"合作新平台"，国际社会在北极治理方面的努力可以从相关机制的建立中得以体现。从政府间机制来看，先后于 1991 年成立北方论坛（North Forum），签署《北极环境保护战略》（Arctic Environmental Protect Strategy），并于 1996 年成立北极理事会等组织。从多元行为体机制来看，以 1977 年成立的因纽特环北极国际会议（Inuit Circumpolar International Conference），1990 年成立的国际北极科学委员会（International Arctic Science Committee），以及 2001 年成立的北极大学（Arctic University）等相关机制为代表。但是，谁具备参与合作和治理的主体资格，具体从哪些方面、利用什么手段和路径参与治理，尚存在一定的争议和不确定性。随着各类行为体在北极活动的不断增加，治理能力的赤字现象也成为主要问题。因此，北极问题的研究关注点不仅在当前，更多是聚焦下一阶段的前瞻性考虑。

本书论述的重点在于北极治理范式及其递进机理。从概念定义上看，范式（Paradigm）是指一个团体或共同体中所具备的技术规范或价值取向，亦或者是某种科学研究中所遵循的理论基础，也包括论证中所运用的实践标准，这些要素最终会形成由一种群体所共同认定和遵守的行为规范与观念。托马斯·库恩（Thomas Kuhn）在其著作《科学革命的结构》（The Structure of Scientific Revolutions）中，将范式界定为一种"公认的模型或模式"。[①] 作者认为，北极治理的范式包括在治理活动中被公认的一些范例，也就是治理的理念、方法、结构、路径、工具。这些要素构成了治理主体的共

───────────────

① ［美］托马斯·库恩著，金吾伦、胡新和译：《科学革命的结构》，北京大学出版社，2003 年版，第 20 页。

同信念，以及共同遵从的世界观和行为方式，并最终建构一种治理模型。因此，北极治理范式研究在学术上具有以下意义：

第一，有助于深化国内外现有的北极问题研究。北极问题的独特性在于其特殊的地缘因素，伴随着气候变化影响的扩散效应，迫切需要全球层面的合作与治理。从微观层面来看，北极问题涉及多国的安全、经济、科技和社会的发展；从宏观层面来看则关乎人类的生存。当前北极问题的社会科学研究主要集中在战略与政策评估的框架内，其思维逻辑很难摆脱与北极各国利益相关的现实主义色彩，似乎缺少了全球层面的价值追求和理性认知。通过分析当前北极治理范式的结构和构成要素，以及范式间的递进关系，有助于从根本上改变北极研究的定式思维。

第二，有助于构建和培育北极研究的共同意识与治理观。范式研究主要是研究对象的基本意向，可以用于界定和归纳研究的客体和内涵，包括如何对问题提出质疑，以及应对问题时应当遵循的规范。换句话说，如何把北极治理看成一个完整的研究客体，应从治理范式入手，分析和解决北极问题的现状，对问题的根源及应对方式进行梳理，并对现有模式的缺陷提出挑战，为创造更为优化的治理模式奠定基础。

第三，有助于分析和解决"非传统区域"（Non-Traditional Regions）的治理困境。北极问题不完全等同于其他国际政治研究对象，它的形成与全球化的深入发展，国际格局的客观变化紧密相连，也与科技发展的速度和技术革命息息相关。相对于传统的区域研究来说，外层空间、网络空间、极地问题等非传统区域所涉及的内涵具有不确定性和衍生性。北极问题中权力的区分重叠、自身利益与人类责任之间的关系，以及全球和地区制度的非普遍适用性，均是非传统区域的构成要件。对于北极治理来说，首先需要进行清晰的责任与义务界定，评估多元行为体通过何种渠道和工具参与治理，遵循或受制于何种统一规范来实现有效治理，这都是亟待发掘和探索的。

第四，中国的发展离不开世界也惠及世界，参与解决全球性问题是中国发展道路上的重要任务。在中国成为北极理事会正式观察员之后，我们对北极治理也将承担更多的义务和责任。但是，作者不希望仅从中国视角剖析北极问题，亦或聚焦于对策研究，而是尽量避免视角单一化和政策导向的学术局限，更多地从问题的全球性影响加以论述，为世界范围内各种治理行为体参与北极事务的基本依据、价值导向、行为规范和具体路径提供思考，在此基础上为建构未来北极治理的普遍性模型做出一定的理论尝试。

二、北极研究现状与特点

如果将北极问题和北极治理这两方面的研究成果分开来看，北极问题研究起步较早，且聚焦点非常多元，分为自然科学和社会科学两大类别，涵盖了历史、政治、文化、环境等诸多方面。相反，从治理的角度诠释北极问题的研究并不多见，国内外学界在这方面研究的起步时间也无巨大差异。作者希望通过论题分类的形式，对现有国内外研究成果加以介绍。

（一）国外研究现状

按照议题划分，国外的北极研究以历史、地缘政治和制度建构三个方面为主。在北极历史研究中，大量的成果诞生于探险和科考活动。各国关于北极问题的研究起源于探险，这和北极特定的地理条件息息相关。早期的科学家和探险者在创造历史的同时，也留下很多较为珍贵的研究成果，大多数以笔记等方式流传下来，成为后人研究北极所不可或缺的文献。在这当中，最具有代表性的应当属于挪威南森研究所（Fridtjof Nansen Istitute）的创始人，挪威探险家、科学家和外交家弗里乔夫·南森①（Fridtjof Nansen）。虽然南森并不是到达北极点的第一人，但他自 1893 年至 1896 年所进行的北极航行与探险，为北极研究留下了大量的研究成果。其中最著名的，应当是他于 1911 年出版的著作《在北方的迷雾中》②，集中记载了大量关于当地原住民的历史。

加拿大籍冰岛裔探险家维尔希奥米尔·斯蒂芬森（Vilhjalmur Stefansson）是另一个早期从事北极探险的科学家，他在《我与爱斯基摩人的生活》③ 和《友好的北极：在北极地区五年的故事》④ 中均详细对北极原住民进行了深入研究，特别是对于由因纽特人和爱斯基摩人引发的北极原住民统称问题提供了较为详细的资料支持。

除去科考类的研究，本书更多地查阅和引用了近年来部分社会科学研究学者的北极历史研究成果。例如，皮埃尔·贝尔顿（Pierre Berton）在其 1988 年的《北极之盘：北极点和西北航道的追逐》⑤ 一书中，详细介绍了 1818 年至 1909 年间北极航道的开发过程，特别是西北航道的开发历史。虽然当时各国对于北极问题的关切主要基于科学探索，但在航道开拓问题上还是产生了争端和矛盾，成为北极矛盾多发期形成的潜在原因。理查德·沃汉（Richard Vaughan）对于北极问题的研究更聚焦于历史本身，他在 1994 年出版的《北极：一段历史》的著作中，不但详细论述了各国在北极的

---

① 弗里乔夫·南森（1861—1930 年）是挪威著名的探险家、科学家和外交家。1922 年，他由于担任国际联盟高级专员所做的工作而获得诺贝尔和平奖。

② Nansen Fridtjof and Chater Arthur, *In Northern Mists*：*Arctic Exploration in Early Times*, London：Nabu Press, 2010.

③ Stefansson Vilhjalmur, *My Life with the Eskimo*（*New Edition*）, London：The Book Jungle, 2007.

④ Stefansson Vilhjalmur, *The Friendly Arctic*：*The Story of Five Years in Polar Regions*, London：Nabu Press, 2010.

⑤ Berton Pierre, *The Arctic Grail*：*The Quest for the Northwest Passage and the North Pole* 1818 – 1909（*New Edition*）, Toronto：McClelland and Stewart, 2000.

初期探险过程，更记载了早期探险者对于北极问题的认识。① 罗伯特·麦克基（Robert McGhee）在其2007年的著作《最后的幻想之地：北极世界的人类历史》中，详细记载了探险者在北极的各类活动，特别是人类对于北极开发和利用的展望，以及原住民发展的历史与现状。②

以地缘政治为视角的研究更多地分析了主权、航道、资源等方面的冲突与合作。1989年，盖尔·奥什连科（Gail Osherenko）和奥兰·杨（Oran Young）合著的《北极时代：激烈冲突和冰冷现实》一书中，对于北极问题冲突大于合作的现状进行了论述，并且从多个方面提出造成此局面的主要原因是各国在北极地区所形成的竞争态势，认为只有通过各国的集体协作才可以打破北极问题中长期存在的"核心—外围"（Core—Periphery）关系的思维定式，③ 这或许是关于北极治理的思考起源之一。相反，埃德加·多斯曼（Edgar Dosman）在同年出版的《北极的主权与安全》一书中，则提出由于美国、欧洲和苏联长期以来都将北极地区视为欧洲的北部安全边界，或是美苏轰战机相互攻击的空中走廊，所以将北极作为寻求自身利益的政治或战略性舞台。④

1992年，奥兰·杨在其著作《北极政治：环北极地区的冲突域合作》中，提出北极政治正处于一种"善意忽视和新生利益"状态下。他认为，北极政治是一个"空荡舞台"（An Empty Stage），因为该地区的人口过于稀少，只是偶尔代表了某些外部团体的利益。⑤

---

① Vaughan Richard, *The Arctic*: *A History*, London: The History Press, 2008.

② McGhee Robert, *The Last Imaginary Place*: *A Human History of the Arctic World*, Chicago: U-niversity Of Chicago Press, 2007.

③ Osherenko Gail and Young Oran, *The Age of the Arctic*: *Hot Conflicts and Cold Realities*, Cam-bridge: Cambridge University Press, 2005, pp. 35 –37.

④ Dosman Edgar, *Sovereignty and Security in the Arctic*, London and New York: Routledge, 1989, pp. 78 –80.

⑤ Young Oran, *Arctic Politics*: *Conflict and Cooperation in the Circumpolar North*, Hanover and London, University Press of New England, 1992, p. 10.

"北极例外主义"（Arctic Exceptionalism）是他对于北极问题的直接认识，他认为北极当地大量的特殊传统加强了这一地区的独特性，特别是原住民对于区域建设的看法和关切与主流思想存在差异。他特别强调，很多国家只把北极看作一个可以让人嫉妒的资源腹地或原材料仓库而严加看守，却无法从北极的整体利益出发进行分析。而最大的问题则是"冷战麻痹"（Cold War Paralysis）效应的持续，也就是指北极作为冷战时期大国军事对峙地区的后遗症，大多数观察家在引入国际合作的倡议上只能将其看作一个无法兑现承诺的地区。① 可以看到，当时大部分学者对北极合作的前景是相当悲观的。

2009 年，查尔斯·易宾格（Charles Ebinger）和艾维耶·查姆贝塔基斯（Evie Zambetakis）发表于《国际事务》上的文章"北极融冰的地缘政治"，认为正是气候变化带来的北极消融，使这片曾经仅限于科考的净土转向各国间政治、经济、安全、生态相互竞争的地缘政治要地。② 迈克尔·拜尔斯（Michael Byers）于同年出版的《谁拥有北极？》一书似乎是回应了新一轮的北极主权争夺论，他从地缘政治的角度将汉斯岛的主权归属等问题作为主要议题，从国家利益层面论述西北航道的归属争议。他认为，北极毫无疑问是属于全人类的，各国应该在气候变化的挑战中寻求集体治理行动，从而避免"公地悲剧"（The Tragedy of the Commons）。③ 罗杰·霍华德（Roger Howard）出版的《北极淘金》一书中，提出当前的北极问题或许会走向"若隐若现的资源战争"（Looming Resource War），并且详细分析了俄罗斯、美国和加拿大这三个北极大国以及其他中等

① Young Oran, *Arctic Politics: Conflict and Cooperation in the Circumpolar North*, Hanover and London, University Press of New England, 1992, pp. 6 – 7.

② Ebinger Charles and Zambetakis Evie, The geopolitics of Arctic melt, *International affairs*, Vol. 85, No. 6, November 2009, pp. 1215 – 1232.

③ Byers Michael, *Who Owns the Arctic? Understanding Sovereignty Disputes in the North*, Vancouver: Douglas and McIntyre Publishers, 2009, p. 128.

国家在北极资源利用上的目标。他认为，未来各国在北极的政治和军事领域不会发生冲突，并将围绕气候变化、保护濒危生物、预防和消除油船事故污染等全球性挑战方面开展合作，但北极五国、北极圈国家和相关国家之间可能会发生因资源利用而出现的不信任和争议。①

2010 年，谢拉格·格兰特（Shelagh Grant）在其《极地的紧迫：北极的历史和北美的主权》②一书中，以时间排序法详细论述了北极自 19 世纪初期至 21 世纪的发展史，特别是对于北极当前所面临的冲突和挑战作出分析。查尔斯·艾莫尔森（Charles Emmerson）在其《北极未来的历史》③一书中，通过分析北极历史进程和当前的发展趋势，提出北极问题超越了区域问题的范畴，是北极区域内和域外国家经济政治紧密相连的综合体，这当中包括欧洲、亚洲和北极国家自身的重大利益。当然，关于北极问题的看法也有不同意见。艾里诺尔·奥斯特罗姆（Elinor Ostrom）在其《管理共有地区：集体行动机制的演变》一书中，提出北极地区应该被视为一个公共财富系统，或者至少是在某种条件下，成为维持人类社区和生态系统可持续发展的重要区域。特别是提出了以共同管理或权力共享为手段，同时考虑原住民传统实践和西方科学程序的一种共同发展理念。④ 这种意识的逐步转变，是随着国际政治大环境的缓和以及环境问题加剧恶化所产生的前瞻性意识。但值得注意的是，此时的治理意识还仅聚焦于环境生态、原住民等领域，尚未触及北极

---

① Howard Roger, *The Arctic Gold Rush：The New Race for Tomorrow's Natural Resources*, London and New York：Continuum, 2009, pp. 218 – 219.

② Grant Shelagh, *Polar Imperative：A History of Arctic Sovereignty in North America*, Vancouver：Douglas and Mclntyre Publishers, 2010, pp. 20 – 25.

③ Emmerson Charles, *The Future History of the Arctic*, New York：Public Affairs, 2010, pp. 10 – 16.

④ Ostrom Elinor, *Governing the Commons：The Evolution of Institutions for Collective Action*, Cambridge：Cambridge University Press, 1990, pp. 20 – 32.

问题整体。

在以制度建构为视角的研究中，主要围绕国际机制与国际法的困境展开。新世纪交接之际，随着全球化的深入发展，对北极问题的研究进入了一个全新的时期。学界关注的焦点已经逐步从对抗转为合作，关注的领域也不局限于主权、安全等传统方面，而是更多地强调合作共赢。北极的国际合作处于全球化的大背景之下，离不开集体行动和权益分摊等全球治理中的关键环节，奥兰·杨是较早关注北极治理问题的代表人物。1990 年，他的文章《全球公共：世界事务中的北极》中提出，北极问题的特性在于其公共属性。而在这一时期，学界开始更多地从机制建设的角度关注北极问题。他2005 年发表的《管理北极：从冷战剧场到合作的马赛克》一文指出，大量的北极跨国合作倡议和机制建设在近年来取得进展，而这些机制是共同治理的关键所在。1991 年，北极圈八国签署了《北极环境保护策略》（Arctic Environmental Protection Strategy，简称 AEPS），成为北极理事会最终建立的重要基础。他认为，"全球化带来的影响无法回避，在北极问题上除了积极合作没有其他简单的解决方案。"[1] 2011年，安德烈·扎戈尔斯基（Андрей Загорский）在其编著的《北极：和平与合作之地》中，就主要围绕如何开展北极问题的国际合作进行了论述，并提出北极在一定程度上的公共属性以及全球性影响，无法通过单边或局限多边的模式解决矛盾，而是应当纳入更多的行为体开展广泛合作。[2]

1996 年，唐纳德·罗斯维尔（Donald Rothwell）的《极地地区和国际法发展》一书，详细阐述了与北极地区相关的国际法发展

① Young Oran, Governing the Arctic: From Cold War Theater to Mosaic of Cooperation, *Global Governance: A Review of Multilateralism and International Organizations*, Vol. 11, No. 1, 2005, pp. 9 – 15.

② Загорскии Андрей, *Арктика: зона мира и сотрудничества*, Москва：ИМЭМО, 2011, стр. 40 – 45.

史，特别是关于北冰洋等水域的法律地位等问题。① 1998 年，奥兰·杨的《机制建设：北极和睦与国际治理》一书，介绍了北极国际机制形成需要的几个阶段，并从议题设定、对话、运作机制这三个方面详细阐述了北极治理的几大要素。② 1999 年，埃文·布鲁姆（Evan Bloom）发表于《美国国际法杂志》（The American Journal of International Law）的《北极理事会的建立》一文中，从组织架构上分析了现有北极治理机制的机构，特别是过激行为体的目标和议程，以及以目标为导向的演变进程。③ 2002 年，提莫·科伊吾洛娃（Timo Koivurova）在其《北极环境影响评估：国际法律规范的研究》④ 一书中，对于北极环境保护的法律规范进行了论述，提出要尽快开展北极环境保护政策方面的协调与合作，建立制度性的环境保护框架，从而减少因为气候变化对于北极环境的影响。2007 年，奥拉夫·斯托奇（Olav Stokke）在其主编的《国际合作与北极治理：机制有效性和北方地区建设》一书中，对于北极制度的成效进行了重新审视。他认为，对于北极问题的研究必须从相关国际制度入手，分析单一机制和其他机制的互动关系，特别是对于北极治理模式最终产生的影响。而北极治理机制则必须建立在"认知"（Cognitive）"规范"（Normative）和"功利"（Utilitarian）这三个要素的互动关系之上。⑤ 阿尔夫·霍伊尔（Alf Hoel）所撰写的《气

① Rothwell Donald, *The Polar Regions and the Development of International Law*, Cambridge：Cambridge University Press，1996.

② Young Oran, *Creating Regimes：Arctic accords and International Governance*, Ithaca and London：Cornell University Press，1998，pp. 5 - 6.

③ Bloom Evan, Establishment of the Arctic Council, *American Journal of International Law*, Vol. 93，No. 2，1999，pp. 712 - 716.

④ Koivurova Timo, *Environmental Impact Assessment in the Arctic：A Study of International Legal Norms*, Aldershot：Ashgate Publishing，2002.

⑤ Stokke Olav, *International Cooperation and Arctic Governance：Regime Effectiveness and Northern Region Building*, London and New York：Routledge，2007，pp. 3 - 4.

候变化》① 和克里斯汀·奥菲尔达尔（Kristine Offerdal）所撰写的《石油、天然气和环境》② 两篇文章同样被收录在上述编著中，文章分析气候变化对北极自身的影响，以及北极人类活动的增加导致的气候变化挑战，同时提出必须建立相关治理机制和详细的环境治理目标。

2010 年，理查尔·赛尔（Richar Sale）和尤金·波塔波夫（Eugene Potapov）合著的《北极的争夺》一书中，除了谈到当前北极诸多领域存在潜在的冲突，还强调必须考虑国际法在北极的作用，对 1920 年签署的《斯瓦尔巴德条约》（The Svalbard Treaty）与 1959 年签署的《南极条约》（The Antarctic Treaty）进行了比较研究。详细论述了北极现有国际条约的内涵与缺陷，提出建立整合性更强的北极条约体系。③ 保罗·贝尔克曼（Paul Berkman）在于同年出版的《北极海域环境安全》④ 一书中，提出推动北极环境治理的国际合作并且避免冲突。2012 年，克里斯托弗·哈姆里奇（Christoph Humrich）和沃尔夫·克劳斯（Wolf Klaus）撰写的《从崩溃到摊牌》一文中，对于当前北极治理所面临的挑战进行了论述，指出主权争议和军事安全考虑在北极治理中的负面作用，提出应建立北极条约模式和跨国治理机制，从而应对北极日益增长的矛盾萌芽。⑤

如果将国外北极研究按照国别进行梳理，北极国家的相关成果以利益为导向，强调宣示和维护自身权益。以俄罗斯为例，1997 年，列昂尼德·吉姆琴科（Leonid Timtchenko）的《俄罗斯的北极

---

① Stokke Olav, *International Cooperation and Arctic Governance*: *Regime Effectiveness and Northern Region Building*, London and New York: Routledge, 2007, pp. 112 – 137.

② Ibid. , pp. 138 –163.

③ Sale Richar and Potapov Eugene, *The Scramble for the Arctic*, London: Frances Lincoln Limited Publishers, 2010, p. 134.

④ Berkman Paul, *Environmental Security in the Arctic Ocean*: *Promoting Co-operation and Preventing Conflict*, London and New York: Routledge, 2012.

⑤ Humrich Christoph and Klaus Wolf, *From Meltdown to Showdown*? PRIF-Report, No. 113, 2012, pp. 14 –15.

扇形原则：过去和当前》一文中，对于俄罗斯在北极地区的利益进行了详细解读，特别是"扇形原则"①（Sectoral Concept）的依据主张对北极主权、资源的控制作用，以及此原则适用于北极问题上的影响。② 同年，弗拉基米尔·加里亚金（Владимир Калягин）的著作《俄罗斯的北极：灾难的边缘》一书中，更多地批判了俄罗斯国内对北极研究缺乏重视，特别是在环境保护领域的相关投入。他认为，"俄罗斯长年以来缺乏开发北极地区的动力，以致于目前相关机构和资源的严重匮乏。"③ 2002 年，尤里·巴尔谢戈夫（Юрий Барсегов）在其著作《北极：俄罗斯的利益和实现利益的国际环境》中，重点分析了俄罗斯在北极地区的利益界定，特别是俄罗斯北部地区和其他北极区域的利益差别，以及在国际合作的外部环境下如何实现自身利益。④ 2003 年，维拉·斯莫尔契科娃（Вера Сморчкова）在其著作《北极：和平与全球合作之地》中，从可持续发展的角度论述了北极相关机制建设的重要性，提出国际机制的建立是北极和平与合作的先决条件。⑤ 2006 年，亚历山大·格朗贝尔格（Александр Гранберг）等所著的《北方航道问题》一书中，以俄罗斯的视角分析了气候变化背景下北方航道的新机遇，特别是在商业开发与利用的过程中如何避免冲突和不信任的产生，对航道开发的前景进行了展望。⑥ 2008 年，克里斯坦·阿特兰德（Kristian

---

① 根据苏联 1926 年提出的主张，以沿海国领土范围可以达到以东西两端界线为腰，以极点为圆心，以该毗邻国的东西海岸线为底而构成的扇形空间。

② Leonid Timtchenko, The Russian Arctic Sectoral Concept: Past and Present, *Arctic journal*, Vol. 50, No. 1, 1997, pp. 29 – 35.

③ Владимир Калягин, Российская Арктика: на пороге катастрофы, *Центр экологической политики России*, 1997, стр. 22 – 23.

④ Юрий Барсегов, Арктика: Интересы России и международные условия их реализации, *Наука*, 2002, стр. 45 – 46.

⑤ Вера Сморчкова, Арктика: регион мира и глобального сотрудничества, *РАГС*, 2003, стр. 12 – 14.

⑥ Александр Гранберг и Всеволод Ильич Пересыпкин, Проблемы Северного морского пути, *Наука*, 2006, стр. 65 – 80.

Atland）和托尔比约伦·彼得森（Torbjorn Pedersen）的《俄罗斯安全政策中的斯瓦尔巴德群岛》一文中，对俄罗斯在北极地区的安全利益做出了界定，在安全政策上比较俄罗斯与前苏联政策的继承性和差异性，并总结了当前俄罗斯北极安全的重点领域。① 2009 年，伊拉娜·罗维（Elana Rowe）编著的《俄罗斯与北方》一书中，收录了一系列关于俄罗斯北极政策和战略的研究成果，特别论述了地缘政治层面俄罗斯在北极地区的外交、经济、安全利益，并从地区合作和环保的角度，探讨俄罗斯参与北极国际合作的方式。② 2011 年，罗曼·格洛特金（Roman Kolodkin）发表于《国际事务》杂志的《俄罗斯—挪威条约：划界的合作》一文中，论述了俄罗斯与挪威在北冰洋水域划界问题上的成功经验，以及该条约模式对未来北极争议地区划界问题的借鉴意义。③

　　加拿大的北极研究的焦点与西北航道和北部地区居民发展问题密不可分。1988 年，凯文·麦克马洪（Kevin McMahon）在《北极暮色：对加拿大北部地区和人民命运的影响》一书中，分别从社会、法律和系统三个层面分析了北极问题的新发展对加拿大北部地区的影响，提出应从机制建设方面入手开发北极。④ 多纳特·法兰德（Donat Pharand）在《国际法中的加拿大北极水域》一书中，以国际法的视角对西北航道的法律地位问题进行论述，对加拿大如何进行航道开发，以及解决与其他相关国家，特别是与美国之间关于

　　① Atland Kristian and Pedersen Torbjorn, the Svalbard Archipelago in Russian Security Policy：Overcoming the Legacy of Fear or Reproducing It? *European Security* Vol. 17, No. 2, 2008, pp. 227 – 251.

　　② Elana Rowe, ed., *Russia and the North*, Ottawa：University of Ottawa Press, 2009, pp. 75 – 76.

　　③ Roman Kolodkin, The Russian-Norwegian treaty：Delimitation for Cooperation, *International Affairs* Vol. 57, No. 2, 2011, pp. 116 – 131.

　　④ Kevin McMahon, *Arctic Twilight*：*Reflections on the Destiny of Canada's Northern Land and People*, James Lorimer and Company publishers, 1988, pp. 22 – 25.

航道问题的矛盾进行了分析。① 1998 年，伊丽莎白·埃利奥特梅瑟尔（Elizabeth Elliot-Meisel）的《北极外交：加拿大和美国在西北航道》一书中，从加拿大和美国的国家利益出发，分析了在西北航道问题上两国的冲突源头和各自的战略目标，提出了如何加强协调与合作的建议。② 2008 年，肯科·阿特斯（Ken Coates）等撰写的《北极前沿：在远北方保卫加拿大》一书中，详细阐述了加拿大作为北极国家的一员，如何定位战略目标和国家利益，以及如何在安全问题上处理与其他国家的关系。③ 2009 年，惠特尼·莱肯鲍尔（Whitney Lackenbauer）撰写的《从极地竞赛到极地冒险：加拿大以及环北极世界的整合战略》报告中，从防务政策、外交政策、和发展政策三个方面分析了加拿大作为环北极国家面临的挑战，提出环北极合作的重要性以及学术支撑的必要性。他认为，加拿大未来的外交政策中应当把北极问题作为核心之一，通过与北极国家和其他相关国家的国际合作来避免危机的产生。④ 2011 年，迈克尔·肯尼迪（Michael Kennedy）在其著作《西北航道和加拿大的主权》中，对于航道法律地位等争议问题进行了论述，将西北航道的利用与开发视为加拿大北极政策的核心，从国家主权和利益层面分析了西北航道的重要性。⑤

美国对北极问题研究起步较早，特别是相关研究机构的报告。1984 年，威廉·维斯特梅尔（William Westermeyer）等编著的《美

① Donat Pharand, *Canada's Arctic Waters in International Law*, Cambridge: Cambridge University Press, 1988, pp. 12 – 15.

② Elizabeth Elliot-Meisel, *Arctic Diplomacy: Canada and the United States in the Northwest Passage*, New York: Peter Lang, 1998, pp. 24 – 26.

③ Coates Ken and Lackenbauer Whitney, *Arctic Front: Defending Canada in the Far North*, Toronto: Thomas Allen, 2008, pp. 15 – 17.

④ Whitney Lackenbauer, *From Polar Race to Polar Saga: An Integrated Strategy for Canada and the Circumpolar World*, CIC, 2009, pp. 7 – 8.

⑤ Kennedy Michael, *the Northwest Passage and Canadian Arctic Sovereignty*, Santa Crus: GRIN Verlag GmbH, 2013, pp. 12 – 13.

国的北极利益：1980—1990年代》一书中，详细阐述了美国早期的北极政策导向及形成背景，在一定程度上也显示出美国从自身利益出发，对于北极问题看法的转变过程。① 1985年，哥特尔·威乐尔（Gunter Weller）在《北极的国家事务和研究优先方向》一文中，罗列出美国需要关注的北极议题，其中涵盖了北极科考、经济、航道、人文社会等诸多关键性问题，并提出政策性建议。② 美国的北极研究委员会（Arctic Research Commission）作为相关领域的主要研究机构，发表了大量美国北极问题的研究成果，其中包括：1991年发布的《变化世界中的北极研究》③、1992年发布的《北极的义务》④、1993年发布的《指导美国北极研究的目标和优先事项》⑤ 报告等等。这些报告从政策角度分析了美国需要在北极取得的成果以及面临的相关挑战，把北极看作是美国全球战略中的"次级领域"，并非占据美国核心利益的首要议题。但从另一个角度观察，这些报告的发布年代远非北极转为"热点"问题之时，近年来相关的研究结论有了较为明显的转变。2010年，希斯勒·康利（Heather Conley）等撰写的《美国在北极的战略利益》一书中，从不同层面论述了美国在北极地区的外交政策和安全构想，以及资源开发、航道利用、渔业发展等多个方面的战略构想，把相关问题与美国的全球战略联系在一起，认为北极在后冷战时期和全球化时代中的属性已经发生了根本性的变化，各国对于北极的关注度也有所不同，美国必须从国家安全层面重新界定北极地区的利益范畴，上升至国家战略

---

① Westermeyer William and Shusterich Kurt, *United States Arctic Interests：The* 1980*s and* 1990*s*, New York：Springer-Verlag, 2011, pp. 7 – 8.

② Gunter Weller, *National Issues and Research Priorities in the Arctic*, report of National Research Council, 1985, pp. 20 – 30.

③ U. S. Arctic Research Commission, *Arctic Research in a Changing World*, Research Report, 1991.

④ U. S. Arctic Research Commission, *an Arctic Obligation*, Research Report, 1992.

⑤ U. S. Arctic Research Commission, *Goals and Priorities to Guide United States Arctic Research*, Research Report, 1993.

高度开展对外合作。①

其他北极国家的研究多数以实现自身利益为导向，希望通过北极事务，谋求国际或地区地位的提升。1995 年，阿兰·斯莫尔（Alan Small）撰写的《挪威的北极土地》一书中，从主权的层面分析了挪俄划界争议，并对挪威的北极利益进行了论述，提出挪威是优化现有北极法律体系的重要参与者。② 2003 年，苏珊·布尔（Susan Burr）撰写的《挪威：一贯的极地国家?》一文中，从历史的角度分析了北极地区对挪威的重要性，特别是在北极科考、航道、原住民研究等领域的贡献，以及挪威在北极地区的利益构成。③ 2009 年，尼克拉什·彼得森（Nikolaj Petersen）撰写的《北极作为丹麦外交的新舞台》④ 一文中，系统的分析了丹麦在北极问题上所关注的焦点，特别是格陵兰岛地区性政策以及相关国际合作的基础等问题。道格拉斯·诺德（Douglas Nord）在其文章《建构治理与共识的框架：瑞典担任北极理事会和基律纳部长级会议主席国的评估》中指出，瑞典于 2011—2013 年担任北极理事会和部长级会议主席国期间，为北极治理结构的转型发展做出了独特贡献，提出了北极环境治理和可持续发展问题的具体行动议程。文章认为，瑞典是北极治理的规制建构问题中具有重要影响力的主体之一。⑤

非北极国家的相关研究以北极治理机制的准入资格为导向，强调国际合作的必要性。2010 年，安德雷斯·莫雷尔（Andreas Maur-

① Conley Heather and Kraut Jamie, *U. S. Strategic Interests in the Arctic*, Report of the CSIS Europe Program, 2010, pp. 25 – 45.

② Small Alan, *Norway's Arctic Islands*, *University of Dundee*, Department of Geography, 1995, pp. 17 – 20.

③ Burr Susan, *Norway*, *A Consistent Polar Nation?*, Oslo: Kolofon Press, 2003, pp. 25 – 27.

④ Petersen Nikolaj, *the Arctic as a New Arena for Danish Foreign Policy*, Danish Foreign Policy Yearbook, 2009.

⑤ Nord Douglas, *Creating a Framework for Consensus Building and Governance*: *An Appraisal of the Swedish Arctic Council Chairmanship and the Kiruna Ministerial Meeting*, Arctic Yearbook, 2013, pp. 249 – 263.

er）在其《北极地区－欧盟成员国和相关机制的前景》报告中，详细的梳理了欧盟与"北极五国""北极八国"的关系，特别是欧盟与美国，欧盟与俄罗斯在北极地区的合作，并对欧盟参与北极事务的方式和政策进行了评估。报告特别指出，"如何界定北极问题中的欧洲利益还是一个开放性问题，亟待各国进行深入研究"。① 2011年，邓肯·德普雷奇（Duncan Depledge）等撰写的《英国和北极》一文中，明确指出了英国在北极研究上的滞后性，并认为两者之间存在战略性的隔阂。在北极国际合作中，英国所扮演的角色也较为被动，无法满足与地区需求。② 2012年，安德雷斯·莫雷尔（Andreas Maurer）和史蒂芬·史丹尼克（Stefan Steinicke）等学者撰写的《欧盟是否是北极行为体？利益和治理挑战》报告中，从丹麦和德国在北极事务上的政策来判断欧盟政策的优先方向，认为欧盟是北极治理中的重要软性力量，并从油气资源、环境保护、航道利用和安全发展等角度，分析欧盟北极政策中的核心考量，提出欧洲应该提高自身的能力建设和理念拓展，成为北极治理中的重要成员。③ 2013年，詹姆士·玛尼康（James Manicom）等撰写的《东亚国家，北极理事会和北极的国际关系》④ 一文中，选取了东亚地区这一特殊视角，分析了相关国家在谋求北极理事会观察员地位的不同出发点，以及北极对于东亚国家的战略意义。日本国际问题研究所（Japan Institute of International Affairs，简称 JIIA）2012 年发布的《北极

---

① Maurer Andreas, *the Arctic Region-Perspectives from Member States and Institutions of the EU*, Working Paper, SWP Berlin, 2010, pp. 120 – 140.

② Depledge Duncan and Klaus Dodds, *The UK and the Arctic*, The RUSI Journal, Vol. 156, No. 2, 2013, pp. 72 – 79.

③ Maurer Andreas and Steinicke Stefan, *the EU as an Arctic Actor？Interests and Governance Challenges*, Report on the 3rd Annual Geopolitics in the High North-GeoNor-Conference and joint GeoNor workshops, SWP Berlin, 2012, pp. 2 – 3.

④ Manicom James and Lackenbauer Whitney, *East Asian states, the Arctic Council and international relations in the Arctic*, Lit. Hinw, 2013, pp. 25 – 28.

治理与日本外交战略》的报告中，强调日本需要与北冰洋沿岸国在资源勘探和开发领域构建双赢关系，确保《联合国海洋法公约》的执行。需要与美国在北极问题上进行更为密切的合作，利用日本的知识和技术储备，并在北极环保问题上发挥主导作用。需要制定更为积极的北极外交政策，例如建立内阁办公室下属的北极问题总部等政府机制。[①] 亚希砺波（Aki Tonami）在《日本的北极政策：多部分的组合》一文中，提出日本在制订和实施北极战略过程中，政府各部门间缺乏全国性的跨部门工作组，企业界也没有在此问题上进行努力，从而在北方航道通航的背景下实现经济利益。[②] 朴勇吉（Park Young Kil）在其《北极前景与挑战：韩国的视角》一文中，提出韩国在北极的利益集中于科学考察、新航道和渔业等问题，特别强调作为北极理事会的正式观察员，需要更多参与北极治理，保持与北极理事会各成员国的良好关系，制订更为详细的北极开发计划。[③] 撒胡亚·维亚依（Sakhuja Vijay）的《北极理事会：印度的一席之地?》一文中，认为从历史的角度看，由于英国在1920年签署《斯瓦尔巴德条约》时，印度尚未独立。因此，应被同样视为签约国之一，成为北极的"利益攸关方"。印度在北极的利益主要集中于科学考察、油气资源开发、新航道利用和参与大国间的竞争几个方面。[④] 斯特瓦特·沃特斯（Stewart Watters）的文章《新加坡：一个新兴北极行为体》一文中，认为虽然新加坡在国家规模上被看作

① Japan Institute of International Affairs, *Arctic Governance and Japan's Foreign Strategy*, Research report, 2012. https：//www2. jiia. or. jp/en/pdf/research/2012 _ arctic _ governance/002e-executive _ summery. pdf.

② Tonami Aki, Japan's Arctic policy：the sum of many parts, *Arctic Yearbook*, 2012, http：//www. academia. edu/2235263/Japans_ Arctic_ Policy_ The_ Sum_ of_ Many_ Parts.

③ Park Young Kil, Arctic Prospects and Challenges from a Korean Perspective, *East Asia-Arctic Relations：Boundary, Security and International Politics*, CIGI, Paper No. 3, 2013. http：//www. cigionline. org/publications/2013/12/arctic-prospects-and-challenges-korean-perspective.

④ Sakhuja Vijay, *The Arctic Council：Is there a case for India?*, Indian Council of World Affairs, 2010, http：//www. icwa. in/pdfs/policy% 20briefs% 20dr. pdf.

是一个东南亚小国。但是，通过政府层面的政策声明、外交倡议和谋求北极理事会观察员国地位，在包括北极航道问题的全球航运治理中具有一定的影响力。新加坡在航运和港口设施建设领域中拥有巨大竞争力，推动了政府寻求北极潜在利益的动力。新加坡将自己定义为拥有专业技术和知识的新兴市场领导者，力图在北极治理过程中实现既定的政策目标。[①]

总体来看，国外的北极研究视野更广阔，议题较为多样。研究者不仅关注北极问题与自身的联系，更试图从更高层面来解决治理过程中面临的挑战，特别是在国际合作这一问题上。

（二）国内研究现状

国内学界对北极问题的社会科学研究起步较晚，这与中国的非北极国家属性有着重要联系。长期以来，北极研究被视为自然科学的一部分，研究课题以生物、地理、气象等领域为主，研究成果也主要服务于科学考察的需要。新世纪以来，随着北极问题的影响呈现全球扩散趋势，国内学界也跟随世界学术潮流，掀起一股社会科学研究的"北极热"。具体来看，国内北极研究主要分为对北极国家的战略政策分析和北极治理机制研究两个方面。

北极国家战略政策解读的研究成果较为丰富，其中王鸿刚的文章《北极将上演争夺战?》是近年来较早从国际政治的角度观察北极问题的成果。该文回顾了近年来北极出现的主权和资源归属的争论现象，并提出北极已经成为众多国家下一阶段争夺的重点地区。[②]2006 年，俞天颖的文章《从海洋到海洋再到海洋——加拿大经营北极地区》对于加拿大的北极政策进行了论述，重点分析了西北航道

---

① Watters Stewart and Tonami Aki, *Singapore*: *An Emerging Arctic Actor*, Arctic Yearbook 2012, pp. 105 – 114.

② 王鸿刚："北极将上演争夺战?"，《世界知识》，2004 年第 22 期，第 33 页。

在加拿大北极战略中的重要地位，以及北极的资源开发和当地原住民发展问题。① 2007 年，海纳的文章《北极是谁的?》从汉斯岛争议谈起，论述了北极圈国家内部的矛盾态势，特别是加拿大与丹麦间关于汉斯岛的事端，如何影响未来北极国际政治中的博弈与合作。② 赵毅的文章《争夺北极的新"冷战"》中，特别强调了由于俄罗斯在北冰洋海底的插旗行为，激化了各国间关于北极归属的争夺，也使北极重新变为大国划分各自势力的战略区域。③ 李东的文章《俄北极"插旗"引燃"冰地热战"》基本持相同观点，认为环北极国家先后对北极部分地区提出主权要求，其中争议的症结在于国际法和国际条约的不完善。④ 同样，郭培清在其文章《北极争夺战》中，提出目前大国争夺北极的焦点在于其潜在的资源和航道开发利益，而俄罗斯在当中扮演的角色更为突出。⑤ 刘中民的文章《北冰洋争夺的三大国际关系焦点》从国际关系的角度分析北极问题，特别是北极对于不同国家的战略意义，以及主权、资源等涉及国家利益的关键问题产生的背景和原因。⑥ 上述成果可以看出，2007 年是国内学界关于北极问题研究的"井喷"年，各类文章在报纸和学术期刊上目不暇接，似乎这一问题是突然爆发的。但实际上，主要由俄罗斯在北冰洋的插旗行为所引发，这也体现出国内北极研究似乎缺乏继承性和学术积累，呈现跟随热点议题游走的时效性研究特点。

曾望的文章《北极争端的历史、现状及前景》较为详细地叙述了北极问题产生的历史背景，从历史和国际法的角度分析了造成北

---

① 俞天颖："从海洋到海洋再到海洋——加拿大经营北极地区"，《世界知识》，2006 年第 23 期，第 40 页。

② 海纳："北极是谁的?"，《青年科学》，2007 年第 6 期，第 20 页。

③ 赵毅："争夺北极的新'冷战'"，《瞭望》，2007 年第 33 期，第 10 页。

④ 李东："俄北极'插旗'引燃'冰地热战'"，《世界知识》，2007 年第 17 期，第 20 页。

⑤ 郭培清："北极争夺战"，《海洋世界》，2007 年第 9 期，第 15 页。

⑥ 刘中民："北冰洋争夺的三大国际关系焦点"，《世界知识》，2007 年第 9 期，第 10 页。

极争端现状的原因，并对北极未来的合作前景进行展望。① 2009 年，郭培清所撰写的《北极航道的国际问题研究》一书，成为国内学界较早的北极著作类研究成果。该书从航道开发的历史，以及东北、西北航道的政治与法律入手，分析中国参与北极航道相关机制的障碍和战略，认为其中的外部环境威胁是"与北极航道的地缘关系"和"北极航道国际协调机制的利益倾向"。② 此后，国内学界关于北极的研究更为多元化，而不仅仅以资源争夺作为唯一出发点。

另一方面，国内学界非常关注对相关国家的北极战略研究。2009 年，白佳玉和李静发表的《美国北极政策研究》一文，从海洋法的视角分析了美国北极政策的目标和实现方式。③ 2010 年，陆俊元撰写的《北极地缘政治与中国应对》一书中，从地缘政治的角度梳理了各国北极战略，也提出中国参与北极事务的方式。④ 曹升生发表的《加拿大的北极战略》一文中，认为加拿大是北极问题中的地区性大国，也是北极理事会的创始成员之一。在北极问题上，加拿大的确重视与其他国家的合作，但同样关注自身的权益维护。由于历史原因，加拿大与美国、俄罗斯等国均存在海洋划界争端。因此，特别重视海洋主权和权益的维护。⑤ 程群发表的《浅议俄罗斯的北极战略及其影响》一文中，认为俄罗斯北极战略主要以地缘利益为指导性原则，希望在北极地区重塑大国形象，通过北方航道的开发与管理，打造一条具有安全、经济战略意义的新要道。⑥ 何齐松发表的《气候变化与欧盟北极战略》一文中，认为欧盟希望通过

① 曾望："北极争端的历史、现状及前景"，《国际资料信息》，2007 年第 10 期，第 34 页。
② 郭培清：《北极航道的国际问题研究》，海洋出版社，2009 年版，第 2—3 页。
③ 白佳玉、李静："美国北极政策研究"，《中国海洋大学学报（社会科学版）》，2009 年第 5 期。
④ 陆俊元：《北极地缘政治与中国应对》，时事出版社，2010 年版，第 7 页。
⑤ 曹升生："加拿大的北极战略"，《国际资料信息》，2010 年第 7 期，第 7—10 页。
⑥ 程群："浅议俄罗斯的北极战略及其影响"，《俄罗斯中亚东欧研究》，2010 年第 1 期，第 76—84 页。

执行北极战略来体现其全球气候政策领先者的角色。北极的经济价值驱使欧盟加入北极的地缘政治博弈，其中关键是保证欧盟油气资源的供应，希望借助"软实力"治理北极，作为其多边治理构想中的一环并确保北极的稳定。① 2011 年，曹升生的文章《挪威的北极战略》一文中，认为挪威的战略主旨是保持其在北极的存在，增加能源开发、渔业方面的活动，推进北极相关的知识建设，维持同俄罗斯的睦邻友好关系。② 2013 年，杨剑发表的《北极航道：欧盟的政策目标和外交实践》一文，提出欧盟北极战略依托"多支点型外交"，寻找资源开发与保护之间的平衡点，扮演负责任的"公共物品提供者"。另一方面，利用自身的市场优势，成为北极综合发展的"重要合作方"。③

北极治理机制方面的成果以国际法和国际制度建设的讨论为主，其中郭培清的两篇文章《北极很难走通"南极道路"》④《摩尔曼斯克讲话与北极合作——北极进入合作时代》⑤ 在一定程度上扭转了单一维度思考北极问题的趋势，开始从国际法的适用性和北极国际制度建设方面进行研究，逐步向国外学界关于北极合作的研究趋势靠拢。值得注意的是，国内学界直到此时尚未把北极问题纳入到全球性问题和全球治理这一大的框架中考虑，仅仅作为单一议题进行分析，理论工具也侧重于地缘政治。2008 年，尹承德的《世界新热点与全球治理新挑战》一文中，首次把北极问题纳入全球范围内呈现的治理困境和新变化中考虑，并提出因为新热点问题的特殊

---

① 何齐松："气候变化与欧盟的北极战略"，《欧洲研究》，2010 年第 6 期，第 59—73 页。
② 曹升生："挪威的北极战略"，《辽东学院学报（社会科学版）》，2011 年第 6 期，第143—147 页。
③ 杨剑："北极航道：欧盟的政策目标和外交实践"，《太平洋学报》，2013 年第 3 期，第41—50 页。
④ 郭培清："北极很难走通'南极道路'"，《瞭望》，2008 年第 15 期，第 64 页。
⑤ 郭培清："摩尔曼斯克讲话与北极合作——北极进入合作时代"，《海洋世界》，2008 年第 5 期，第 67 页。

性，对现有国际规制和全球治理秩序造成新的严峻挑战。①

此后，国内北极问题研究呈现出分化趋势：一方面的关注焦点还是停留在地缘政治、国家战略和利益界定这一现实层面；而另一方面则开始注重利用不同理论工具解构北极问题的矛盾所在。例如，严双伍和李默于 2009 年发表的《北极争端的症结及其解决路径——公共物品的视角》一文中，就首次从公共物品的提供与利用这一角度，分析各国在北极事务中的责任与义务，试图解答北极问题激化的原因。他们认为，对于北极安全、资源和航道这三大症结，必须考虑公共物品特性的差异，以私有化和共同管理方式建构解决模式。②

2010 年，刘惠荣和杨凡撰写的《北极生态保护法律问题研究》一书中，从国际法的视角分析北极生态与环境保护问题，提出建立一种全球层面的框架性公约、区域性制度约束和国家级别的法律规范为主的多层体系，并增强北极理事会在环境保护问题上的关注度和执行力度。③ 李伟芳和吴迪发表的《东亚主要国家与发展中的北极理事会关系分析》一文中，特别论述了北极理事会这一治理机制的目标和前景，提出将东北亚国家为主的非北极国家纳入北极事务的可能性。④ 2011 年，由众多北极研究机构和学者组成的"北极问题研究编写组"撰写了《北极问题研究》一书，成为系统梳理北极问题的重要著作。⑤ 王传兴发表的《论北极地区区域性国际制度的非传统安全特性——以北极理事会为例》一文中，提出北极的区域

---

① 尹承德："世界新热点与全球治理新挑战"，《国际问题研究》，2008 年第 5 期，第 1—7 页。

② 严双伍、李默："北极争端的症结及其解决路径——公共物品的视角"，《武汉大学学报（哲学社会科学版）》，2009 年第 6 期，第 75 页。

③ 刘惠荣、杨凡：《北极生态保护法律问题研究》，知识产权出版社，2010 年版，第 22—30 页。

④ 李伟芳、吴迪："东亚主要国家与发展中的北极理事会关系分析"，《国际展望》，2010 年第 6 期，第 14 页。

⑤ 北极问题研究编写组：《北极问题研究》，海洋出版社，2011 年，第 12—30 页。

性国际制度不具有对成员国构成法律约束力的决策能力，且大多涉及非传统安全领域的议题，这种特点在北极地区最重要的区域性国际制度北极理事会中得到了充分体现。① 夏立平的《北极环境变化对全球安全和中国国家安全的影响》一文中，指出北极环境变化事关人类未来的生存，"和谐北极"的概念应当成为人类解决北极问题的根本思路。② 陈玉刚等发表的《北极理事会与北极国际合作研究》一文，对北极理事会的发展历史、成员构成、定位和约束力进行了详细的分析，认为随着北极问题在近年来的"升温"，北极理事会呈现出机制化、法律化和垄断化的发展趋势。③ 潘敏和夏文佳发表的《近年来的加拿大北极政策——兼论中国在努纳武特地区合作的可能性》一文中，提出中国和加拿大可以开展北极事务和资源共同的合作，借助于加拿大的北极战略，从科学研究和基础设置建设的投资等方面入手应对北极问题的挑战。④ 2012 年，孙凯和郭培清发表的《北极治理机制变迁及中国的参与战略研究》一文中，提出应促进北极治理机制的约束能力，谋求建立北极多层治理体系，拓展北极理事会等现有机制的协调作用。⑤ 此外，有部分学者将研究重点聚焦北极治理问题本身。2012 年，程保志发表的《北极治理论纲：中国学者的视角》一文中，认为北极治理的结构虽然具有排他性的因素，但不应忽视全球层面和域外力量参与的综合性作用。⑥

---

① 王传兴："论北极地区区域性国际制度的非传统安全特性——以北极理事会为例"，《中国海洋大学学报（社会科学版）》，2011 年第 3 期，第 1—6 页。

② 夏立平："北极环境变化对全球安全和中国国家安全的影响"，《世界经济与政治》，2011 年第 1 期，第 124 页。

③ 陈玉刚、陶平国、秦倩："北极理事会与北极国际合作研究"，《国际观察》，2011 年第 4 期，第 17—23 页。

④ 潘敏、夏文佳："近年来的加拿大北极政策——兼论中国在努纳武特地区合作的可能性"，《国际观察》，2011 年第 4 期，第 24—29 页。

⑤ 孙凯、郭培清："北极治理机制的变迁及中国的参与战略研究"，《世界经济与政治论坛》，2012 年第 2 期，第 118—128 页。

⑥ 程保志："北极治理论纲：中国学者的视角"，《太平洋学报》，2012 年第 10 期，第 62—71 页。

2013 年，吴雪明发表的《北极治理评估体系的构建思路与基本框架》一文，全面评估与分析了北极地区的安全态势、发展水平、生态环境、合作空间，以及主要国家、国际组织和其他行为体在北极地区的存在与活动。[1] 叶江的文章《试论北极区域原住民非政府组织在北极治理中的作用与影响》一文中，提出北极原住民组织的快速发展以及其跨区域发展的趋势，成为北极区域治理的重要力量。[2]

（三）国内外现有研究特点

从研究现状来看，学界普遍注重于探讨北极本身的变化，通过历史、文化、生态、社会等多个层面，解释当前政治、经济、安全领域的各方关切，寻找北极问题的症结，对未来的全方位发展提供思考。相比较而言，国外对于北极问题的研究所涉及的范围更广，兴趣点和角度更为独特，研究延续性更强，而国内的研究局限于较为现实性和实效性较强的论题。

国外的北极研究具有以下特点：

第一，国外学者特别注重北极历史的研究。这里所谈的历史不仅局限于探险或科考的研究，而是全方位的历史考察，在北极原住民传统文化史、北极航道史、北极生态进化史等方面都有相关研究成果。

第二，国外的北极研究更加注重理论建构。学者对于北极问题的研究并不以纯粹的议题或区域研究为主，而是希望通过北极研究来进行理论创新，不以需求为导而重复制造，而以理论为导向的创新。特别是关于北极治理机制的研究，很多成果中所提出的理念、建议已经成为当前治理实践的一部分。这也反映出国外学者关注理

---

① 吴雪明："北极治理评估体系的构建思路与基本框架"，《国际关系研究》，2013 年第 3 期，第 38 页。

② 叶江："试论北极区域原住民非政府组织在北极治理中的作用与影响"，《西南民族大学学报（人文社会科学版）》，2013 年第 7 期，第 21—26 页。

论和实际的联系，以及理论对于不同问题的普遍适用性。

第三，国外北极研究的观点更为多元化。对于当前北极的政治发展，学者并非紧跟政府政策或立场，对于相关的国家政策褒贬分明。学者对于问题的看法鲜明，观点更具批判性和客观性。也就是说，国外研究更为注重理论和结论之间的争锋，学术中的政治色彩较淡，希望通过百家争鸣的方式来促进北极研究本身的发展，并形成更为及时、有效的官方政策与战略。

与国外学界相比，国内北极研究的起步较晚，相关研究以现实需求为导向，特别聚焦于和自身关切较为紧密的领域，例如航道、资源、北极理事会等。基于现有研究成果，作者认为国内北极研究在以下几个方面尚存进步空间。

第一，对北极问题研究的重视程度存在滞后性。在国内学界，北极问题的重要性尚未凸显。虽然近年来对于此类非传统区域的研究有所增加，但总的注意力还是放在所谓的"热点"问题之上。造成这种情况的主要原因是，学者对于北极问题可能产生的影响认识不足，还是停留在传统的地缘政治思维模式中，认为从地理上来讲北极离中国很遥远。

第二，国内学术界对北极争端的研究大多受限于国别或领域研究的束缚，缺乏通过分析主权国家的战略意图和利益考量，判断国际制度的发展趋势的研究。政治类别的研究成果则过于强调国家主导和现实博弈，缺乏全球层面的制度因素讨论。提出应对问题的方法较多，而讨论参与构建机制较少，双边视角较多而多边视角较少，实践较多而理论尝试较少。

第三，国内学术界缺少研究的综合积累与理论积淀。可以看到，国内相关北极研究的成果绝大多数以论文的形式出现，系统性著作的数量较少。导致这种情况的根本原因在于，相关研究缺乏理论或议题继承性，大多数学者仅根据一时的兴趣点展开阶段性研究，部分成果具有较浓的时效特征，缺乏系统性的归纳研究和理论总结。

作者认为，从治理的角度分析北极问题，在国内外学界仍有很大空间。而对治理的范式、模式研究来讲，甚至还有一定的"学术空白"，需要更多地关注和填补。中国作为一个世界性的负责任大国，理应承担起与自己地位相符合的义务。这些责任与义务不仅局限于别国认知中的"应然"责任范围，更应包括中国自身认知中的"实然"责任范围。也就是说，应积极主动地承担自己认为的责任义务，而不单单被动地接受外部的附加责任。这其中自然包括对于那些具有全球性影响，关乎人类命运问题的关切。因此，需要更为深入地关注北极研究，无论它离我们是否遥远。

国内外的北极研究，鲜有著作从治理范式的角度去分析北极，这为作者留下了很大的研究空间。本书以北极治理范式为核心，对范式结构的内涵，特别是不同范式中的治理理念、工具和绩效进行全面评估，分析范式本身的阶段性特征，以及归纳促进范式间递进的因素，从而提出北极治理范式的"阶段性递进"机理。为此，本书设定的研究目标如下：

第一，考察当前和今后一段时间北极治理所需面对的问题，也就是界定治理的客体。在时限的选定上，鉴于北极问题近来出现的新变化，本书的研究重点设定于"摩尔曼斯克讲话"之后，也就是美苏停止北极区域对抗，开启国际合作后这一时段。

第二，以治理范式及其结构为论述核心，分别考察区域治理、多边治理和共生治理范式及其"阶段性递进"机理，对北极治理范式的阶段性特征进行论述，界定不同阶段治理范式的理念性差异。作者认为，区域治理是将北极问题纳入治理框架后的初级范式，随着治理主体对于核心观念的内化程度提高，以及物质变量的波动，当前的北极问题已经递进至多边治理范式阶段，但尚未完全脱离区

导

论

29

域治理范式中的某些因素。共生治理是作者提出的未来治理趋势，也是范式递进结构中的高级阶段。该范式虽然目前已经具备了一定的共生基础，但治理模式还处在建构和设计阶段，具有一定的不确定性。作者通过对上述范式的分析，丰富北极治理的框架建构基础和理念性共识。

第三，研究不同治理范式中的治理工具和路径，通过案例分析评估范式的有效性与困境。一般而言，对于多边或区域治理的研究注重于制度框架的论述，从上至下分析其演变进程。作者试图以案例研究为基础，自下而上地探索不同治理范式中的路径差异，分析其"阶段性递进"的机理。

如果按照北极问题的属地原则，区域治理似乎是北极治理范式研究中首选的理论工具。区域治理本身强调集体的身份与路径认同，但由于一体化的范围限定，以此作为治理工具势必会造成局限性和封闭性的弊端。如果将北极纳入多边治理的框架，似乎更需要关注跨区域、领域性机制建构，通过多边制度规范行为，形成共同参与治理的局面。而按照国际政治研究的领域划分，北极问题具有明显的全球性特征，也被视为是21世纪以来全球性问题深入发展的结果。从这一标准来看，全球治理应该是分析这一问题的理论工具。但是，气候变化将北极问题推向了地缘政治的中心，把一个科学考察的区域引入了商业竞争、国防安全、环境保护等问题的综合体，对现有的国际法律制度和政治体系产生了重要影响。北极本身被各国的领土领海、专属经济区、大陆架延伸等法律范围所涵盖，也无法避免出现重叠区域和争议区域，这些问题都属于传统意义上的地缘政治研究范畴。

本书从治理范式入手研究北极问题，借助不同的范式来诠释北极治理遵循的理念，使用的工具和利用的途径，以及最终的逻辑关系与范式转移依据，提出"阶段性递进"的机理，使理论建构与国家实践相互结合。对北极问题的研究结合宏观和微观两个层面，既注重对治理指导理念的研究，从不同理念指导下的范式中寻找统一的规范标准，同时通过对于治理工具和路径的分析，寻找分析北极治理中的范式差异，对于不同范式的研究不仅局限于理论或政策，还重视宏观与微观结合的范式比较研究。本书提出北极治理范式存在一定的阶段性，而目前北极问题的治理正从较为初级的区域治理向中级阶段的多边治理逐步递进，并有条件地递进至共生治理这一高级阶段。

案例分析法是社会科学中的一个重要的研究方法，其根本是：一方面包括了对各种观念的解释；而另一方面则充实了相关理论假设的根基。通过对于案例的分析比较，从中找出论据以支持不同范式中的框架构建。渔业和航道问题在当前北极问题中具有很强的代表性，也是各方矛盾聚焦的中心。在渔业治理的案例分析中，更多地反映出区域治理范式的要素和局限性，主要围绕域内国家间的互动展开。而在航道治理的分析中，更多地体现了多边治理范式的基本单元与特征，围绕域内和域外国家间的互动合作展开，可以较为清晰地展示范式间的主体、路径和绩效差异，成为论述范式的阶段性递进的基础。此外，由于北极问题的概念特殊性，涉及到自然科学和社会科学的多学科知识，公共性、政治性和商业性的多领域背景，以及主权国家、地方政府、非政府组织、原住民群体、科学家团体、精英个人等多元主体，作者在写作过程中不仅运用了官方文件和学术研究成果，而且择优使用了各国际组织、跨国公司和科学家团体的报告、文章等原始材料，反映不同治理主体间的视角差异。

本书注重理念与思潮的发展。观念、思潮、精神等影响着一个时代的政治发展，北极问题也并非一成不变，而是不断受到各类国际思潮的影响，改变自身在国际政治议题排序中的位置。在治理范式论述中，相关的理论基础、治理主体与课题、基本工具、主要路径都会随着北极问题自身的变化而更新。因此，本书特别关注区域治理、多边治理和共生治理中演变出的新理论和理念性创新元素，以及在这些变迁中所产生的新观念、新工具与新途径。

本书不以单一国家视角入手分析北极的现实性问题，而是从共同治理的角度，提出应对北极问题的理论性或理念性尝试，为各国参与北极治理提供路径参考，也为北极治理的未来演变趋势提供可操作性选项。从这一点上来看，以北极治理范式为主要论述对象，围绕范式间的关系和阶段性递进机理展开分析，更有利于北极域内国家选择与不同主体间的合作方式，也有利于域外国家选择参与治理的合法性路径，为传统的北极研究增添视角。

第一章
北极问题概述与治理基础
The Arctic Governance Paradigm

气候变化是当今世界的一大挑战，它的影响涉及到全人类的生存环境。北极问题在近年来得到世界的广泛关注，很大程度上是由于气候变化带来的北极融冰加剧所导致的。但是，北极问题并不是近年来的全新产物，而是在人类长久以来对北极的探索过程中不断变化。在大的趋势上，可以看到北极问题由无序到有序的转变，随着外部条件的变化自行繁衍蜕变，也反映出"竞争—矛盾—合作"的三步走态势。这种演变与人类的科技发展水平，客观的自然环境与主观的国家战略调整有着密切的联系。本章从北极的概念界定入手，考察引起北极问题"自我演变"的要素，分析问题与议题间的互动关系，并且论述不同国家相关战略变化，以及北极治理的现状与角色划分，为分析治理范式的结构创造条件。

第一节　北极问题的概念界定

从宏观层面来看，厘清北极问题出现的缘由和发展阶段，首先需要从概念界定入手。本节对北极自然地理与政治地理的边界做出界定，分析不同维度中的内涵差异。在自然地理中，北极问题的范围由地理因素、气候因素和生态因素三个方面所决定，北极问题的地理边界以北极圈作为衡量指标，气候边界以等温线作为衡量指标，而生态边界则由海域和树线作为衡量指标；在政治地理中，北极问题的边界由地缘政治结构、社会文化标准和行为体构成范围作为衡量指标。

一、北极的自然地理边界

在自然地理中，对北极问题的界定可以分为地理、气候和生态边界三个方面。按照较为普遍的认识，北极的地理边界定义指"北极点"（North Pole）及其周围地带，或特指"北极圈"（Arctic Circle）内区域。《不列颠百科全书》（Encyclopedia Britannica）把"北极点"解释为"地球轴线的北端，在北冰洋之上，距离格陵兰岛北部约450英里"，① 也就是指地球的自转轴与地球表面的两个交点之一。在地理概念里，纬度为北纬90度的点被称为北极点，这点延伸向任何方向都被称为南方。在北极点，太阳每年只会分别升起和落下一次，从而带来连续6个月的持续日光和连续6个月的夜晚，也就是气象学所称的"极昼"和"极夜"。"北极圈"指平行或环绕地球的纬度线，约北纬66度30分的地区，这条线是科学家们在研究北极时所使用的一条"假想线"。北极圈以北的地区被称为"北极圈内"，或者我们常说的"北极地区"。这部分区域最明显的标志是，高于该纬度的地区在夏至时太阳不会落下，而在冬至时太阳也不会升起。这部分区域由北冰洋以及周边陆地组成，其中陆地部分包括了格陵兰、挪威、瑞典、芬兰、俄罗斯北部、美国阿拉斯加北部以及加拿大北部。北极圈内岛屿很多，最大的是格陵兰岛。而北

---

① ［美］不列颠百科全书公司编著，国际中文版编辑部编译：《不列颠百科全书》，中国大百科全书出版社，2007年版，第255页。

极监测与评估工作组则认为这样的定义过于简单化，因为没有考虑到因气候带来的温度变化，可以导致山脉分布、大型水体和多年冻土分布的差异。[①]

从气候边界的角度看，北极被定义为"在7月份平均10摄氏度等温线[②]（Isotherm）以北的地区，也就是说以这一指标作为北极区域的南部边界，在这条等温带以北的区域，7月份的平均温度为10摄氏度。"[③]（见图1-1）这样一来，等温线以北的区域就包含了北冰洋、格陵兰岛、斯瓦尔巴群岛、冰岛大部分地区、俄罗斯的北部沿海地区及部分岛屿、加拿大和美国阿拉斯加地区。[④] 同时，在挪威北部的大西洋海域，北大西洋洋流（墨西哥湾洋流的延伸部分）的热传输效应导致等温线向北偏移，这样就只有斯堪的纳维亚半岛的北部大部分地区被划入北极。[⑤] 而北冰洋盆地地区而来的冷水和冷空气则会导致该等温线朝着北美和东北亚地区向南偏移，从而将东北拉布拉多、魁北克省北部、哈德逊湾、勘察加半岛中部和白令海的大部分地区囊括其中。[⑥] 也就是说，以气候边界的角度界定北极地区的不确定性较大，其边界会随着气候的变化进程不断改变。除此之外，也有用"永久冻土带"[⑦]（Permafrost）作为指标来划分北极区域的做法。[⑧] 这种划分方式曾经成为学术研究的主要参考标

[①] Arctic Climate Assessment Programme, *Assessment Report*, Cambridge：Cambridge University Press，2005，Chapter 2.

[②] 等温线指同一水平面上空气温度相同各点的连线，等温线曲线的分布受海陆、地势、洋流等因素的影响。

[③] Linell Kenneth and Tedrow John, *Soil and permafrost surveys in the Arctic*, Oxford：Clarendon Press，1981，p. 279.

[④] Stonehouse Bernard, *Polar Ecology*, London：Springer，2013，p. 222.

[⑤] Arctic Climate Assessment Programme, *Assessment Report*, Cambridge：Cambridge University Press，2005，Chapter 2.

[⑥] Stonehouse Bernard, *Polar Ecology*, London：Springer，2013，p. 223.

[⑦] 永久冻土带是地质学概念，指冻土层（Tundra）处于0摄氏度以下超过两年的状况。

[⑧] Ives Jack and Barry Roger eds., *Arctic and Alpine Environments*, London：Methuen，1974，pp. 1 - 13.

准，但随着近年来全球气候变化导致北极地区升温加速，增加了该标准的不确定性。

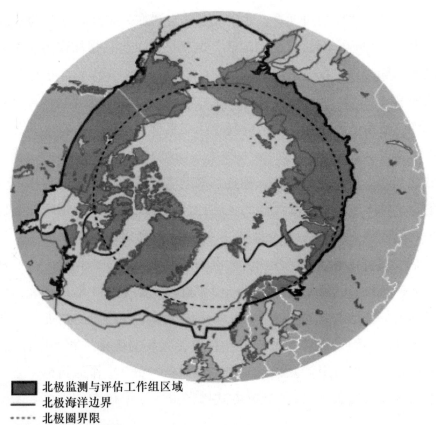

■ 北极监测与评估工作组区域
—— 北极海洋边界
••••• 北极圈界限
—— 七月10度等温线

图 1-1 北极等温线划分范围

资料来源：Arctic Climate Assessment Programme，*Assessment Report*，Cambridge：Cambridge University Press，2005.

北极的生态边界可以从海洋和植被两个角度观察。从海洋的角度看，北冰洋面积约 1475 万平方公里，是四大洋中最小的一个，分为"北极海区"和"北欧海区"两个部分。其面积约占世界大洋面积的 3.6% 。平均深度 1200—1300 米，为世界大洋平均深度的 1/3。最深处为南森海盆（Nansen Basin），深度为 5450 米。北冰洋洋面上有占其总面积 2/3 的永久海冰层，平均厚度约 3 米。北冰洋底部有广阔的大陆架，最宽达 1200 千米以上，所占面积达到总面积的 33.6% 。罗蒙诺索夫海岭（Lomonosov Ridge）和门捷列夫海岭（Mendeleyev Ridge）将北冰洋分为波弗特海盆（Beaufort Basin）、马卡罗夫海盆（Makarov Basin）和南森海盆。巴伦支海（Barents Sea）、楚科奇海（Chukchi Sea）、喀拉海（Kara Sea）、东西伯利亚海（East Siberia Sea）、挪威海（Norwegian Sea）、格陵兰海（Greenland Sea）、波弗特海（Beaufort Sea）以及拉普捷夫海（Laptev Sea）是北冰洋的附属海。联合国粮农组织（FAO）认为，北纬 66 度内的海域属于北极海域（图 1－2），这就包括了图中 18 号区块的整体，21、27 区块的部分海域。按照北极监测和评价工作组的定义，北极海域指北极圈（北纬 66 度 32 分）内的海域，但在亚洲部分指北纬 62 度以北海域，在北美部分指北纬 60 度以北的海域，也就是 18 区块和部分 21、27、61、67 区块。按照这种划分标准，北极海域包括：以巴伦支海、挪威海东部和南部、冰岛及东格陵兰周边水域为主的东北大西洋海域；以加拿大东北水域、纽芬兰和拉布拉多（Newfoundland and Labrador）周边水域为主的西北大西洋海域；以俄罗斯与加拿大、美国之间的西南陆地界限沿岸水域为主的西北太平洋海域；以白令海水域为主的东北太平洋海域[①]。此外，也有更为广阔的海域划分。美国国家海洋与大气管理局（The National Oceanic and Atmospheric Administration）就划分出 17 个与北极大型海洋生态系统，海域面积超过 20 万平方公里。[②]

---

① Arctic Climate Impact Assessment, *Scientific Report*, Cambridge：Cambridge University Press, 2005.

② The National Oceanic and Atmospheric Administration, www. lme. noaa. gov/index. php? option = com_ content&view = article&id = 47&Itemid = 41.

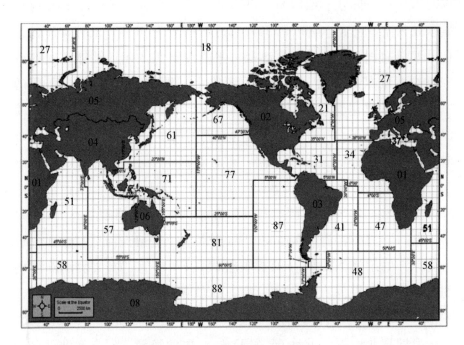

图 1-2 北冰洋渔业区域划分

资料来源：The State of World Fisheries and Aquaculture，2012.①

从植被分布的角度看，最常见的做法是以树线（Tree Line）作为北极的边界。②树线指超过这一条线的北方区域树木无法生长，也就是亚寒带针叶林带（泰加林带）和北极苔原之间的过渡地带，由于土壤冻结以及气候原因，只有稀疏的乔木和灌木混杂植被，北部地区只剩苔藓和地衣可以生存并最终变成苔原地貌。在北美地区，这条北极苔原和亚寒带针叶林带之间的边界是一条较为狭窄的地区。而在欧亚大陆地区，这条边界最高可达 300 公里的宽度。③

---

① FAO，*the State of World Fisheries and Aquaculture* 2012，http：//www. fao. org/docrep/016/i2727e/i2727e. pdf.

② Linell Kenneth and Tedrow John，*Soil and permafrost surveys in the Arctic*，Oxford：Clarendon Press，1981，p. 279.

③ Stonehouse Bernard，*Polar Ecology*，London：Springer，2013，p. 222.

树线基本上与 7 月份 10 摄氏度的等温线重叠，但在部分区域，树线比等温线的位置更向南部偏移 100—200 公里。因此，会将阿拉斯加西部和阿留申群岛西部作为北极地区囊括其中。这种划分标准的弊端在于，由于植被生长的范围很不均匀，很难准确计算树线的确切地理位置，特别是在树线分界带中无法给出确切的地理坐标。也就是说，北极的生态边界无论是在海洋还是陆地界限上都与外部环境紧密相连，存在着较大的不确定性。

总的来看北极的自然地理边界存在着多种认定标准。按照最为普遍的北极圈标准计算，北极的总面积约 2100 万平方公里；若从气候的角度出发以等温线为界，则达到 2700 万平方公里；北极监测与评估工作组（Arctic Monitoring and Assessment Programme，简称 AMAP）按照植被生长区进行划界，把北极细分为"高北极"（High Arctic）、"低北极"（Low Arctic）和"亚北极"（Subarctic）植物区，按照这种划分标准，北极总面积可能超过 4000 万平方公里。

二、北极的政治地理边界

本书的研究重点以人文社会科学为主。因此北极问题的政治地理界定更具有论述价值。在政治地理中，可以分为政治和社会两大层面。其中，政治界限中又以地缘政治标准和全球治理标准加以细化。

在以地缘政治为标准的划分中，北极应该界定为主权利益国家群体和核心利益国家群体两个种类。主权利益国家群体主要指在地理上位于北极圈范围之内，有部分领土、海域或岛屿主权的国家。目前，很多学者把北极定义为环北极国家（Northern Rim Countries）或环极国家（Circumpolar Nations）相关区域内的问题，包括美洲地区的美国和加拿大，以及挪威、丹麦、瑞典和芬兰四个北欧国家，以及俄罗斯和冰岛。如果从主权范围和行政司法权限界定，应当包括以下行政区单位：加拿大的育空地区（Yukon）、西北地区（Northwest Territories）、纽芬兰和拉布拉多地区（Newfoundland and Labrador）、努纳维特地区（Nunavut）、努纳维克地区（Nunavik）；美国的阿拉斯加州（State of Alaska）全境；挪威的芬马克郡（Finnmark）、诺尔兰郡（Nordland）、斯瓦尔巴德群岛（Svalbard Islands）、特罗姆瑟郡（Tromsø）；冰岛全境（Iceland）；芬兰的拉普兰省（Lappland）、奥卢省（Oulu）；瑞典的北博滕省（Norrbottens län）和西博滕省（Västerbottens län）；丹麦的格陵兰（Greenland）和法罗群岛（Faroe Islands）；俄罗斯的摩尔曼斯克州（Мурманская область）、卡累利阿共和国（Республика Карелия）部分区域、阿尔汉格尔斯克州（Архангельская область）的部分地区、科米共和国（Республика Коми）部分区域、涅涅茨自治区（Ненецкий автономный округ）、亚马尔－涅涅茨自治区（Ямало－Ненецкий автономный округ）、克拉斯诺亚斯克边疆区（Красноярский край）部分区域、萨哈（雅库特）共和国（Республика Саха‘Якутия’）部分区域和楚克齐自治区（Чукотский автономный округ）。[①]

　　需要看到，虽然这些国家以"环北极国家"统称，但每个国家内部对于北极领土的认定方式及面积均有差别。有的以地理气候划分，有的以文化语言或族群划分。因此，北极地区对每个国家的战略意义也有所不同。例如，俄罗斯的北极地区总面积约882万平方公里，该区域经济产值约占国家GDP总额的15%，天然气开采总量占全俄罗斯的80%，出产占全国95%的铂类金属、85%的镍和钴

---

① Правительство Российской Федерации, *Стратегия развития Арктической зоны Российской Федерации и обеспечения национальной безопасности на период до 2020 года*, от 20 февраля 2013, http://government.ru/news/432.

以及 60% 的铜，并且出产大量的钻石。① 丹麦本土虽然并不在北极圈内，但占其绝大部分国土面积的自治领地格陵兰和法罗群岛却属于这一范围，具有重要的战略意义。值得注意的是，大部分国家的北极地区面积均超过了其 1/3 的国土面积，而冰岛的所有领土都属北极。② 另一种较为普遍的划分方式，是将北冰洋沿岸国称为"北极五国"，包括加拿大、俄罗斯、美国、挪威和丹麦。它们的共同特点是在北极地区存在核心利益诉求，有着不同的领土主权和海洋权益诉求，并且相互间的范围重叠。

在以全球治理为标准的划分中，主要分为国家行为体和非国家行为体两大群体。这种划分方法不再依照地缘因素，而是按照北极问题的影响范围作为界定标准。因此，除了环北极国家外，还有部分利益攸关方和治理参与方，使北极问题的范围大大增加。以北极理事会为例，除了以环北极国家为主要成员外，还设立了以非北极国家、全球或地区性的国家间和议会间组织（Inter-governmental and Inter-parliamentary Organizations）、非政府组织（Non-governmental Organizations）为主体的观察员地位（Observer Status）和永久参与方（Permanent Participants）。这样一来，北极概念就已经超越了纯粹地理层面的"北极圈"，从环北极国家延伸至非北极国家。

在社会层面，北极问题的界定标准以文化为主要依据，也就是参考北极"原住民"（Indigenous People）或称"土著"（Aboriginal）文化这一特殊的因素。"土著"人民一词被广泛的采用是起始于 19 世纪人类学和人种学的学科，有学者称其为"某一群体的人团结于一个共同的文化、传统意义上的血缘关系，他们通常有着共同的语言、社会机构和信条，而且往往构成了一个不受支配的有组

---

① Конышев В. и Сергунин А., Арктика на перекрестье геополитических интересов, *Мировая экономика и международные отношения*, 2010, №9, стр. 50.

② 张侠："北极地区人口数量、组成与分布"，《世界地理研究》，2008 年第 4 期，第 132—141 页。

织团体。"① 在中文里，"土著"与"原住民"的区别是土著作为统称，或仅指涉原住民个人作为在异族统治下的民族国家中受到内部或外部殖民的个别原住民个体。而原住民则强调各族群作为一个"民族"在国际法上应有包括追求民族自决等相应的集体权利。判定土著居民或原住民的标准主要依据是，在时间上比外来群体更早的到达和定居，自发或自愿的使有别于外来文化的文化独特性得以延续，并且屈就于强势庇护的外来文化之下，逐渐被边缘化的族群。他们在一定程度上被剥夺了原先所拥有的物质或土地，并且具有一定的身份自我认同。② 因此，这一标准对北极范围的界定与此前提到的"北极圈"以及北极监测与评估工作组所给出的界限均有所不同。

2004 年，隶属于北极理事会的可持续发展工作组发布了《北极人类发展报告》（The Arctic Human Development Report），对北极地区的民族和人口问题进行了分析，特别是气候变化带来的影响和经济发展程度进行评估。2010 年，又发布了该报告的后续文件《北极社会指标》（The Arctic Indicators）③，分别从健康水平、物质生活、教育水平、文化生活、生态环境等多方面进行分析。

在社会层面的划分中，北极当地的历史和文化传统是重要的考量因素，原住民群体是这一因素的主要载体。其中，美国的北极原住民主要居住在阿拉斯加地区；加拿大则分布于魁北克和拉布拉多省；俄罗斯的北极原住民在数量上和分布范围上均居首位，在其北部的楚科奇自治区、萨哈共和国、泰梅尔自治区、涅涅茨自治区、

---

① Lewinski Silke Von, *Indigenous Heritage and Intellectual Property: Genetic Resources, Traditional Knowledge, and Folklore*, *Kluwer Law International*, 2004, pp. 130 – 131.

② Hitchcock Robert and Vinding Diana, *Indigenous Peoples' Rights in Southern Africa*, IWGIA, 2004, p. 8.

③ Nordic Council of Ministers, *Arctic Social Indicators: a Follow-up to the Arctic Human Development Report*, 2010, http://www.norden.org/en/publications/publikationer/2010 – 519.

亚马尔涅涅茨自治区和摩尔曼斯克州居住着大量的原住民群体。
（见图1 – 3）

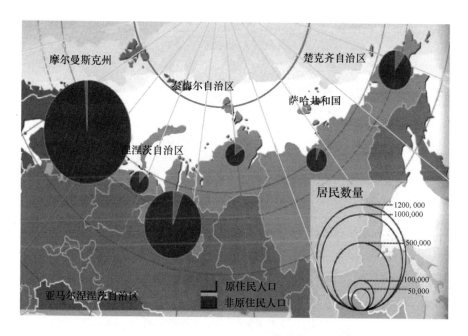

图1 – 3　俄罗斯北极地区原住民分布情况

资料来源：State Committee for Statistics of Russian Federation，2003.

　　从人口总量来说，学界还存在着一些差异。有学者认为，"目前北极地区的原住民人口约有200多万，包括鄂温克人（Evenks）、因纽特人（Inuit）、库雅特人（Koryat）、涅涅茨人（Nenets）、汉特人（Khanty）、楚科奇人（Chukchi）、萨米人（Sami）和育卡格赫人（Yukaghir）等。"[①] 还有学者认为，北极区域总人口有400余万，其中原住民仅占1/10。[②]（见图1 – 4）这种统计差异的出现，主要

---

　　① 张侠："北极地区人口数量、组成与分布"，《世界地理研究》，2008年第4期，第132—141页。

　　② Koivurova Timo，*Indigenous Peoples in the Arctic*，Arctic Centre，2008，http：//www. arctic-transform. eu.

因民族迁徙和通婚等原因导致。随着当地的生态环境变化和经济发展，社会层面的北极范围界定也出现一定的不确定性。

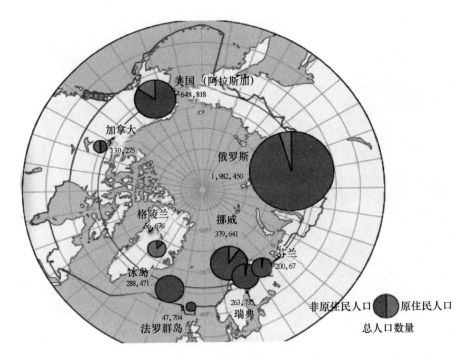

图1-4　北极原住民分布情况

资料来源：Norwegian Polar Institute，Arctic Map.

总的来看，无论是在自然科学还是社会科学概念中，北极的范围界定都存在一定的不确定性，甚至是根据不同的议题"按需划界"，这对于北极问题研究的普遍权威性造成了一定的障碍。为了保证本书在论述过程中相关数据的准确性，作者选择综合运用北极监测与评估工作组的《评估报告》（Assessment Report）和可持续发展工作组的《北极人类发展报告》中所给出的范围进行论述。

第二节　北极问题现状与议题互动

探讨北极治理的范式结构，就必须了解北极治理的核心客体，也就是治理的对象。目前，对于治理对象的界定存在着不同看法。有学者认为，应从狭义的问题意识出发，也就是把治理对象限定为北极当前或今后所面临的挑战；也有观点认为，应当提出更为广泛的北极问题范畴，其中包含一切与北极相关的积极和消极因素，亦或称之为北极事务。但无论是广义还是狭义上的北极问题，对其治理最首要的基础是必须将问题转化为议题。作者在本节中将北极问题和议题分别做出界定，并具体分析在治理过程中问题与议题的差异性和互动性，从而确定北极治理的对象。

一、北极问题演变的驱动要素

北极问题并非近年来出现的新产物，人们对该问题的关注度与重视程度经历了较长时间的演变。这种演变与外界变化紧密相连，特别是国际政治、经济、社会大环境息息相关。具体来看，至少经历了四个主要阶段。第一阶段以 19 世纪以前的北极探险活动为主，可称之为北极探险期。这一时期，大量勇敢的探险家踏上危险的旅程，试图揭开地球最北方的那层面纱，为后人留下了很多宝贵的探险日志。第二阶段以 19 世纪至 21 世纪初期的北极航线大规模考察开拓为主要特征，可以称为航线开拓期。在这一阶段中，北极地区的活动以航线开拓为主，最大的变化是随着国际贸易需求的增加，人们对于北极航线的利用产生了新的认识。第三阶段是从 20 世纪至 21 世纪初期，期间横跨了两次世界大战和冷战时期。在这一阶段里，北极问题以军事对抗背景下的无序竞争为主，反映的主要问题集中于战时与战后背景下的集团对立，有着明显的意识形态对抗色彩，可以统称为"权力扩张期"。第四阶段从新世纪初起到至今，北极问题的焦点体现在跨界背景下的多元合作态势。由于气候变化带来的影响超越了国家和主权范畴，而相关的问题边界也从主权、资源等传统领域延伸至生态、社会等各个方面，无法通过单一的国家行为解决，由此产生了更多的合作需求，简称北极治理探索期。这种划分标准体现了北极问题由无序到有序的转变，也突出了其由"竞争—矛盾—合作"的三步走态势。由于本书探讨的重点是围绕北极治理，因此更多地强调了第四阶段，也就是北极治理探索期。在这一阶段，北极问题的内涵发生了较大变化，主要体现在以下几个方面：

（一）北极问题的演变与冷战结束密切相关

在冷战初期，由于东西方两大阵营在意识形态上的高度对立，北极地区形成华约和北约国家相互对抗的二元格局。① 在此期间，国家的权力扩张也延伸至北冰洋，加拿大和苏联分别宣布对西北航道和东北航道的主权诉求，将北极视为军事要地和战略制高点，这种对抗局面一直延续至冷战结束。当然，在此期间对北极的国际合作并未完全冻结，一些跨国性的极地科学考察与合作也并未停止，其中包括 1957 年举行的国际地球物理年、国际环极健康联盟、联合国教科文组织"人与生物圈项目"下设的北方科学网络等。② 按照学者的定义，"北极地区在 20 世纪 80 年代后，从'冷战前沿'变

---

① 陆俊元：《北极地缘政治与中国应对》，时事出版社，2010 年版，第 3 页。
② Nuttall Mark and Callaghan Terry, *The Arctic：Environment. People. Policy*，Amsterdam：Harwood Academic Publishers，2000，pp. 601 – 620.

成了'合作之地'。"① 80 年代后期，随着苏联内部发生的深刻变化，华沙条约组织逐渐解体，两大阵营之间的冷战开始出现缓和的转机。1987 年，美国总统里根和苏共总书记戈尔巴乔夫在美苏首脑会议上，共同提出了改变对抗局面，开展北极科学合作的号召。在这种大环境的影响下，北极地区出现了缓和的迹象，这种转变始于苏联领导人戈尔巴乔夫的摩尔曼斯克讲话之后。他提出，北极地区是一个"聚集了巨大的核毁灭潜力的潜艇和水面舰艇"的地区，必将"影响整个世界的政治气候，可以引爆在世界任何其他地区的政治军事冲突"。但他同时提出，"现代文明可以允许我们让北极服务于近北极国家的经济和其他的个体利益，服务于欧洲和整个国际社会。为了实现这一目标，需要解决积累已久的该地区的安全问题……让北方成为全球性的北方，让北极成为一个和平区域，让北极点成为人类的和平点"②。戈尔巴乔夫的讲话非常及时，被看作是对北极地区更广泛的环境和安全问题的回应。值得注意的是，苏联的表态从表面上看是为了应对北极地区在环境等问题上的新挑战，但也从另一个侧面反映了其开发北极的内生需求，"人类利益"和"地区和平"成为北极安全问题的核心要素，合作成为确保本国经济和安全利益的一种方式，也将人类利益的范畴拓展至更大范围。③随着苏联的解体，北极地区的国际合作逐步加快步伐，并在不同层面中得到体现，北极科考、环境保护、航道开发等问题成为了各国的主要关切。1990 年，苏联、美国、加拿大、挪威、丹麦、冰岛、芬兰和瑞典宣布成立国际北极科学委员会（The International Arctic

---

① Young Oran, Governing the Arctic: From Cold War Theater to Mosaic of Cooperation, *Global Governance*, Vol. 11, No. 1, 2005, pp. 9 – 15.

② Gorbachev Mikhail, Speech in Murmansk in at the Ceremonial Meeting on the Occasion of the presentation of the order of Lenin and the Gold Star to the City of Murmansk, 1987, http://teacher-web. com/FL/CypressBayHS/JJolley/Gorbachev_ speech. pdf.

③ Keskitalo Carina, International Region Building: Development of the Arctic as an International Region, *Cooperation and Conflict*, Vol. 42, No. 2, 2007, p. 195.

Science Committee，简称 IASC)，并随后签署《北极环境保护战略》（Arctic Enviromental Protection Strategy)。由此开始，北极问题的核心从军事安全逐步迈入经济为导向的多元化结构，而各国间的互动方式也从较浓的单边主义色彩转向更为开放的区域合作。从目前来看，各国对北极地区的定位已经基本超越了"战略纵深"的简单考虑，虽然北极国家从安全角度出发，还是将其视为重要的战略补充，但已绝非冷战期间美苏两大阵营对垒的"试验场"。

（二）全球化的深入发展在客观上推动了北极问题的演变

20 世纪 50 年代以来，随着全球化的不断深入，全球性问题随之凸显。全球性问题超越了制度和意识形态的差异，涉及全人类的利益。1972 年，罗马俱乐部发表《增长的极限——罗马俱乐部关于人类困境的研究》（The Limits to Growth) 报告，指出了影响世界的五种主要趋势：加速的工业化、快速的人口增长、普遍的营养不良、不可再生性能源的耗尽、恶化的环境。报告认为，"如果在世界人口、工业化、污染、粮食生产和资源消耗方面让现在的趋势持续下去，这个行星的增长极限将在今后的一百年中出现。为了避免这样的结果，建立全球的均衡状态，必须尽早开始工作。"[1] 全球性问题种类繁多、形态各异，但究其根本，始终是围绕人、社会与自然三者之间的关系展开。一般来说，所谓问题的"全球性"是指由多大陆之间形成的相互依存网络构成的一种世界状态，[2] 人类社会在不同地域、领域间形成一种互动的整体。而全球性问题是指国际社会所面临的一系列超越国家和地区界限，关系到整个人类生存与

---

[1] 罗马俱乐部著，李宝恒译：《增长的极限——罗马俱乐部关于人类困境的研究报告》，四川人民出版社，1983 年版，第 20 页。

[2] ［美］约瑟夫·奈、约翰·唐纳胡著，王勇、门洪华等译：《全球化世界的治理》，世界知识出版社，2003 年版，第 11 页。

发展的严峻问题。① 全球化进程在不同阶段所表现出由分散的地域国家走向全球社会的趋势，并且随着时空和组织联系的加快融合，引发了当代全球问题的理念更新和范式转变。② 全球性问题跨越国家主权与民族边界，超出意识形态与制度分歧的特点，使之成为全人类所共同面临的挑战。全球化问题的出现既反映出相互依存的时代特征，又体现了全球化进程的负面影响。

从目前看来，"人类所面临的各种紧迫问题，几乎没有一个是单靠一国的力量就能解决的"③。经济全球化是其中的核心部分，也就是通过商品、技术、服务和资本跨境流动的快速增长，增加各国经济相互依存。④ 按照国际货币基金组织的定义，经济全球化是指"跨国商品与服务贸易及资本流动规模和形式的增加，以及技术的广泛迅速传播使世界各国经济的相互依赖性增强。"⑤ 使生产、金融、贸易和投资等要素在全球范围内进行组合与互动。这种互动过程由部分国家所主导，并借助于世界范围内的产业再分工和资源再分配，实现跨越国家疆界的要素流动。这种变化加剧了当今世界相互依存体系的构建，也逐步淡化了国家和民族间的疆界。大规模的国际贸易必须依托于安全高效的运输通道，而北极航线在运输时间和成本上具有其他传统航路无可比拟的优势，必然成为各国所瞄准

---

① 蔡拓等著：《全球问题与当代国际关系》，天津人民出版社，2002 年版，第 2 页。

② 部分学者将全球化进程分为不同的阶段与水平，例如罗兰·罗伯森将到目前为止的全球化分为萌芽、开始、起飞、争霸、不确定性等阶段。而戴维·赫尔德等从 8 种维度近乎定量地分析了全球化的历史形态。他将全球化分为前现代的全球化、现代早期的的全球化（大约 1500—1850 年）、现代的全球化（大约 1850—1945 年）和当代的全球化（1945 年—）。参见：[英] 戴维·赫德尔等著，杨雪冬等译：《全球大变革》，社会科学文献出版社，2001 年版，第 575—589 页；Roland Robertson, Mapping the Global Condition: Globalization as the Central Concept, Theory Culture & Society, Vol. 7, No. 4, 1990.

③ 王兴成、秦麟征：《全球学研究与展望》，社会科学文献出版社，1988 年版，第 93 页。

④ Joshi Mohan, *International Business*, New Delhi and New York: Oxford University Press, 2009, p. 31.

⑤ International Monetary Fund, *World Economic Outlook* 1997, http://www.imf.org/external/pubs/ft/weo/weo1097/weocon97.htm.

的新增长点。

(三) 科学技术的进步是北极问题演变的重要驱动因素

北极的大规模科学考察时代，开始于 1957—1958 年的国际地球物理年。当时 12 个国家的 1 万多名科学家在北极和南极进行了大规模、多学科的考察与研究，在北冰洋沿岸建成了 54 个陆基综合考察站，在北冰洋中建立了许多浮冰漂流站和无人浮标站。尽管随着北极的地理发现，一些国家很早就开始了零星的海洋学、地质学、冰川学、测绘与制图学、气象学、生物学等学科的考察。但是，国际地球物理年科学活动的成功，才标志着北极和南极科学考察进入了正规化、现代化和国际化的阶段。可以说，随着人类科学活动进入大科学时代，以及国际政治格局的巨大变化，20 世纪 80 年代后期，北极的科学研究活动已出现了真正国际化的趋势。随着北极科考的不断深入，人类对其潜在价值的认识也更为清晰。2008 年，美国地质调查局（United States Geological Survey）公布了对于北极油气资源的首次广泛评估报告[1]，其中将北极地区划分为 33 个油气资源单元，其中 25 个有超过 10% 的概率蕴藏超过 50 桶的原油储量。该份报告的结论认为，北极地区拥有超过 900 亿桶原油，1669 万亿立方英尺（约等于 47.2 万亿立方米）的天然气，440 亿桶天然气凝液（NGLs）储量，共相当于 4120 亿桶油当量（Barrel Oil Equivalent）。其中，近 67% 为天然气资源，84% 为近海离岸可开发的储量。[2]

北极地区的石油开采一直进展缓慢的主要原因是成本巨大。由于北极特殊的冰区环境，在有冰覆盖的海域上进行勘探钻井非常困

---

[1] 该报告所涉及的资源评估包括永久海冰区和水深超过 500 米的海域，利用现有技术可被开采的油气资源。值得注意的是，并未涉及如煤层气、气体水合物、页岩气和页岩油等非传统资源。

[2] U. S. Department of the Interior, U. S. Geological Survey, *Circum-Arctic Resource Appraisal*: *Estimates of Undiscovered Oil and Gas North of the Arctic Circle* May 2008.

难，浮动钻井平台也很容易受到冰山的撞击，相关油气资源的开采必须首先经过地质勘探和评估，并依赖于先进的冰下和离岸油气开采技术，近年来随着相关国家的技术革新加快，冰下离岸资源成为各国的新目标。

2007 年，挪威国家石油公司（Statoil）开始开采位于挪威北部巴伦支海的斯诺维特气田（SnØhvit）。2006 年起，俄罗斯天然气工业公司（Gazprom）、壳牌（Shell）与埃克森美孚公司（ExxonMobil）共同进行萨哈林一号、二号油气项目开发。2011 年，俄罗斯石油公司（Rosneft）与美国埃克森美孚公司签署一项战略合作协议，共同投资 32 亿美元用于北极喀拉海（Kara Sea）和黑海（Black Sea）的油气勘探。挪威国家石油公司、法国道达尔（Total）与俄罗斯天然气工业公司（Gazprom）达成协议，开发什托克曼（Shtokman）巨型气田。该气田位于巴伦支海中部 280 米—360 米深度的海域，距俄科拉半岛（Kola Peninsula）东北约 550 公里，是世界目前探明储量最大的单个气田，可开采的天然气储量约为 3.8 万亿立方米，凝析油达 3100 万吨。可以看到，技术革新也是北极问题演变的潜在推手。

北极地区可能蕴藏着约占世界总储量 13% 的石油储量和 30% 的天然气储量。从资源的国别分布来看，俄罗斯约占有北极资源总储量的一半，其天然气储量也高居榜首，美国阿拉斯加地区拥有最多的石油储量。（见图 1－5）对于拥有离岸油气开采能力的"北极五国"来说，能源争夺战似乎迟早会发生。出于这样的考虑，"北极五国"在大陆架外部界限划界等问题上呈现出一致的对外扩张意愿。正如罗杰·霍华德（Roger Howard）的著作《北极淘金：为明日自然资源的新争夺》（The Arctic Gold Rush：The New Race for Tomorrow's Natural Resources）所称，新一轮的北极"淘金热"似乎已经悄然开始。

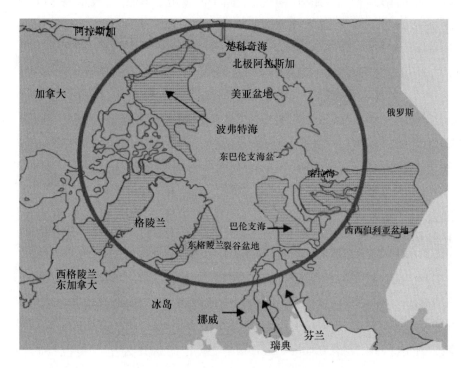

图 1-5　北极潜在油气资源分布图

资料来源：U. S. Energy Information Administration and U. S. Geological Survey.

需要看到的是，"北极淘金"（Rush to the Arctic）的这种说法只是描述一种大的趋势。也有观点认为，北极资源争夺战在中短期来看不会发生。首先，北极油气资源主要储藏在"北极五国"管辖海域的海床下方，争议或矛盾爆发的范围较为具体。其次，假使出现领海主权归属问题、专属经济区和大陆架外部界限的范围重叠争议，也可依据"北极五国"在 2008 年签署的《伊卢利萨特宣言》，在《联合国海洋法公约》框架内和平协商解决，2010 年的《俄罗斯联邦与挪威王国关于在巴伦支海和北冰洋的海域划界与合作条约》也可成为解决此类问题的参照样板。最后，北极地区的特殊地理和气候环境在现阶段无法适应大规模开发计划，从技术能力、战略意愿和人才储备的角度来看，围绕北极开展的合作与产生的矛盾均处于初级阶段，在短期内不会形成规模性的争夺态势。

北极地区潜在油气资源各国占比（4120亿桶油当量）

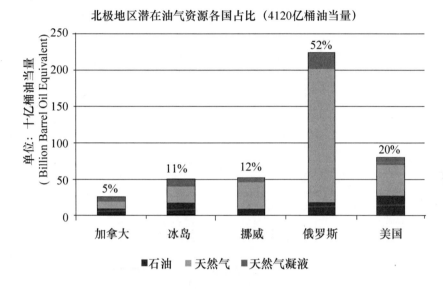

图1-6 各国北极油气资源储量图

资料来源：根据美国地质调查局《环北极资源评估：北极圈内未开发油气资源计算》数据整理。

（四）气候变化是北极问题演变最为重要的"催化剂"

各种研究表明，气候变化对北极问题的影响十分直接，特别是气候变暖带来了海冰融化速度加剧，造成了一系列北极海洋生态系统的变化。按照联合国的统计，过去100年以来，北极平均温度增加的速度几乎是全球平均增温速度的两倍。如果人类的温室气体排放达到当前估计范围的高端值，北冰洋大多数区域在21世纪末将可能全年无冰雪覆盖。① 根据相关统计，北极2月份海冰平均水平与

① United Nations, *UN and Climate Change*, http：//www.un.org/zh/climatechange/regional.shtml.

1978—2014 年间相比每 10 年减少近 3% （见图 1 -7）。

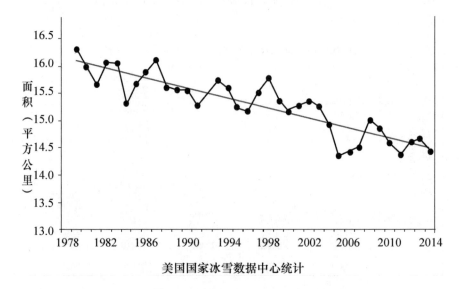

美国国家冰雪数据中心统计

图 1 -7 北极 2 月平均海冰面积（1979—2014 年）

资料来源：National Snow and Ice Data Center, Arctic Sea Ice Extent, 2014. ①

2014 年，政府间气候变化委员会（IPCC）发 布 的《气候变化 2013：自然科学基础》报告指出，1979—2012 年间北极海冰范围以 每 10 年 3.5%—4.1% 的速度缩小，达到 45—51 万平方公里。北极 夏季的多年海冰范围则以每 10 年 9.4%—13.6% 的速度减少，达到 73—107 万平方公里。20 世纪 80 年代初以来，北极的多年冻土区出 现解冻现象，在阿拉斯加北部一些地区的升温幅度达到 3 摄氏度， 俄罗斯的北部地区达到 2 摄氏度，在俄罗斯的欧洲北部地区，多年 冻土层厚度和范围大幅减少。根据这种趋势，北冰洋在 21 世纪中叶

---

① National Snow and Ice Data Center, *Arctic Sea Ice Extent* 2014, http：//nsidc. org/arcticseaice-news/.

前就可能出现在 9 月份无冰的情况。① 美国国家冰雪数据中心（National Snow and Ice Data Center）的报告显示，2013—2014 年北极海冰面积（海冰量 15% 以上的北冰洋面积）比 1981—2010 年间同期的平均值下降了超过 100 万平方公里。

有学者提出，"气候变化带来了全球性的挑战，其影响范围和幅度可能是人类所面临的最严重的环境问题"②。北极问题演变中的气候变化因素是其众多原因中的决定性一环，当前合作与博弈的焦点领域均是建立在气候变化引发的连锁效应之上，而气候变化的程度、速度和趋势，则直接决定了北极问题演变的方向。

二、北极问题与议题的互动规范

在研究北极问题时，应首先对北极问题和议题做出明确的概念区分。北极问题是客观存在的，涉及并影响全人类的，需要共同努力应对的困难、威胁或挑战。北极议题则通常指所有北极问题中最受关注的，纳入国际或区域议事日程中，通过制度或非制度安排讨论，合作并努力达成一致的问题。各国因自身不同的地理环境、发展阶段和在当前北极治理体系构建过程中所扮演角色的差异，对各类北极问题的关切程度必然不同，对议题的形成也起到关键影响。目前来看，北极问题和议题间形成了以下几组互动关系。

（一）主客体互动

从主体间的互动来看，这里的主体泛指负责制定和实施北极议题的个体，包括各主权国家及其政府，各类非国家行为体及社会组

① Intergovernmental Panel on Climate Change, *Climate Change* 2013: *the Physical Science Basis*, 2014, https://www.ipcc.ch/report/ar5/wg1/.
② 杨洁勉：《世界气候外交和中国的应对》，时事出版社，2009 年版，第 210 页。

织，以及原住民群体或组织。上述三者均可根据自身的需要或目的发现问题、提出议题并推动设定议题。一般来说，国家行为体所争取的议题更具有利己效应，从狭义的国家利益出发，更具有排他性和冲突性。例如，俄罗斯在北极问题上的重心围绕着资源开发与利用，这是其内部资源需求和排他性思维所决定的。因此，资源的主权归属成为俄罗斯首先考虑设定的议题，这也是俄罗斯不断声索其大陆架外部界限，划定海域归属的根本原因。同样，加拿大的北极议题围绕其所主张的航道"内水"（Internal Waters）地位展开。①非国家行为体具有较强的立场中立性和较低的利益诉求，其所关注的问题更多从全球或特定区域的范围出发，以生态及人文关怀为议题标准。北极的生态与环境保护所涉及的一系列问题，成为此类主体关注的核心。相较于前两类主体，原住民群体关注的问题更加独立，且具有较强的排他性和利己主义特点。由于特殊的历史和地理条件，北极地区原住居民长时间脱离一国的社会发展进程，形成较为独立的生活圈。其内部的文化、社会氛围与国家和国际社会形成了一定程度的脱节，在考虑相关问题时主要从个体或群体利益出发。在某些层面，由于原住民又从属于不同国家，其较为极端的利益诉求也可能会对国家行为体造成束缚。例如，由于加拿大北极圈内居民多年来以猎杀海豹和相关产品为主要生存手段，使得加拿大必须在国家层面坚守这一诉求，造成了与国际社会在此问题上的理念与行动冲突。② 值得注意的是，随着北极问题当前的关注度和影响力逐步增加，这种利益驱动的强大力量在客观上迫使议题设定的

---

① 加拿大这一主张的根本考虑在于，由于《联合国海洋法公约》将内水认定为一国领土的一部分，并禁止外国船舶的无害通过权，加拿大希望以此来拓展其对于西北航道的完全司法管辖，拓展自身权力范围。这种主张遭到多国的反对。

② 2013年5月15日，加拿大在北极理事会部长级会议上反对欧盟成为观察员，并提出需要欧盟对加拿大的海豹制品禁运取消后，才接受欧盟的再次申请。该消息经作者与挪威王国驻沪总领事欧阳文（Øyvind Stokke）座谈后得到证实。

主体出现以主权国家为主的单一化趋势。国家作为北极事务的主要行为体，相较于非正式的公民社会组织和原住民群体在资源上更有统筹力，在执行上更有决断力，在影响上更有号召力，具有不可替代的能动性优势。①

北极议题的客体主要指该地区现有或潜在的具有全球性、普遍性和重要性的问题本身，而议题设定的机制指用于解决具体问题的制度化平台或约束相关行为的条约，主要包括：具有广泛代表性的全球性的组织机制。例如，联合国、北极理事会；具有部分代表性的区域性国际组织和条约，其中包括巴伦支欧洲—北极理事会（Barents Euro-Arctic Council）、北极地区议员大会（Conference of Parliamentarians of the Arctic Region）、北欧部长理事会（The Nordic Council of Ministers）等；具有特殊代表性的领域性国际组织，例如北方论坛（Northern Forum）、国际北极科学委员会（The International-al Arctic Science Committee，简称IASC）、北极研究管理者论坛（Forum of Arctic Research Operators）等。另一方面，相关国际性或地区性条约也属于北极议题设定客体中的制度性安排。例如，《斯瓦尔巴德条约》（Svalbard Treaty），或称《关于斯匹次卑尔根群岛行政状态条约》②、《北极熊保护协定》（Agreement on the Conservation of Polar Bears）、《联合国海洋法公约》（Convention on the Law of the Sea）、《联合国气候变化框架公约》（Convention On Climate Change）、《生物多样性公约》（Convention on Biological Diversity）、《北极海空搜救合作协定》（Agreement on Cooperation on Aeronautical and Maritime

---

① 赵隆："全球治理中的议题设定：要素互动与模式适应"，《国际关系研究》，2013年第4期，第45—50页。

② Treaty between Norway, The United States of America, Denmark, France, Italy, Japan, the Netherlands, Great Britain and Ireland and the British overseas Dominions and Sweden concerning Spitsbergen signed in Paris 9thFebruary 1920, http：//dianawallismep. org. uk/en/document/spitsbergen-treaty-booklet. pdf.

Search and Rescue in the Arctic）等。此类组织或机制的功能不局限于具体领域，在建立监测与评估计划工作组、可持续发展工作组、动植物保护工作组、海洋环境保护工作组、污染物行动计划工作组、突发事件预防、准备和处理工作组等基础上，还可以有针对性的进行相关问题的治理。从根本上看，北极的议题与机制间存在着一定程度的良性互动，但这种互动必须经过中间者，也就是议题设定的主体作为启动方，通过机制间的协调与博弈最终形成议题。

（二）机制与能力的互动

议题设定（Agenda Setting）本身是传播学的理论，是指"大众传播媒介通过报道取向及数量去影响受众关注的议题，媒体对一个议题的报道取向及数量，能够影响公众对这议题的重视程度"[①]。该理论的创始人伯纳德·科恩（Bernard Cohen）认为，"媒介也许不能很成功地告诉人们要怎么想，但它却能很成功地告诉人们该想些什么"[②]。北极事务中，议题设定主要指国家或非国家行为体通过所掌握的话语权，影响国际社会对特定问题的关注度。这里的话语权指各主体所具备的国际舆论的影响力、北极事务的执行力以及在国际体系、地区架构中所扮演的角色，这种能力也可称为议题设定权或治理话语权。就议题设定权而言，对其的掌控是将最符合自身利益的问题列为优先的切实保障，从而促使各国共同关注、合作并努力解决。这种权力一般是单方行为，但也离不开多边平台，也就是整个的国际或区域体系，特别是设定主体在该体系中的位置及角色。议题设定权随着主体自身的影响力，以及在特定体系中所处地位的变化而波动。具体到北极议题设定权，存在非国家行为体对主

---

① Brooks Brian, *News Reporting and Writing*, Tenth Edition, Bedford: Missouri Group, 2010, p. 27.

② Cohen Bernard, *the Press and Foreign Policy*, Princeton: Princeton University Press, 1993. p. 10.

权国家、中小国家对大国、域外国家对域内国家的权力分摊诉求，而这种诉求也与不同行为体自身的能力自变量，以及北极治理系统的因变量频繁互动。

（三）目的与手段的互动

议题设定的目的是指将某一具体问题提上议事日程的原因。虽然多数议题设定的主要动因是北极问题的不断变化与发展，国际社会所面临的客观事实迫使各主体被迫将某问题提上议事日程，以避免阻碍自身发展和对各自利益造成损害。但有学者认为，"在国际关系领域，治理首先是各国之间，尤其是大国之间的协议与惯例的产物，涵盖政府的规章制度，也包括非政府性机制，后者谋求以自己的手段达成特定目标"①。按照这种观点，北极似乎被视为一块"蛋糕"，等待北极国家在妥协和博弈的基础上进行"瓜分"。在某些北极议题中，部分国家的确企图将个体利益强加于共同利益之上，利用议题设定权和各国对北极问题的重视作为政治工具和手段。例如，北极变暖和融冰加剧带来生态系统的危机效应，航道通航的首要问题是如何加强安全航行保障，而部分国家则始终关注于主权划分，并制造各种负面言论，利用北极议题设定权为自身利益服务。

可见，北极问题到议题的转变焦点集中于过程，而这一设定过程的具体表现是不同要素间的频繁互动，而最终议题设定的效果从广义来看应体现是否符合该地区发展的需要和解决最迫切的困难，而并非是实现单一或部分主体的利益诉求。目前来看，北极议题设定的效果客观把是否与议题设定者的目的相一致作为评判的狭义标准，并未考虑大多数参与主体的主要需求，因此也形成了一定程度

---

① 俞可平：《治理与善治》，社会科学文献出版社，2000年版，第245页。

上的治理困境。

三、北极治理现状分析

在当前北极治理过程中，议题设定目的的不确定性使各国的收益预期无法明确，对北极问题的广度与深度理解无法一致，出现主权让渡困境和普遍性权威缺失等一系列问题，各国对参与统一的制度性安排产生抵制或疑虑心理，此种差异导致个体利益与公共利益无法交汇，从而很难真正实现所谓的合作性博弈。在此前提下，非制度性安排的对话与不具有强制性特征的合作成为当前治理手段更新的一大特点。从治理机制来看，在北极地区存在着大量的国际、区域和此区域条约与协定，用于界定相关国家的权利与义务，作为北极治理的重要制度元素，其中具有代表性的有：

1. 综合性条约：《联合国海洋法公约》

在北极治理的综合性条约中，《联合国海洋法公约》无疑是最为重要的代表。1970 年联合国大会通过决议，决定通过召开海洋法会议来制订一个综合性的海洋管理公约。1973 年 12 月 3 日，联合国第三次海洋法会议在委内瑞拉首都加拉加斯举行。共有 150 多个国家参会，经过 11 期 146 次会议，《联合国海洋法公约》历时 9 年终于在 1982 年 4 月通过。1996 年 5 月 15 日，我国全国人大常委会批准了该公约，并于同年 7 月生效。《联合国海洋法公约》用 320 个条款和 9 个附件规范世界海洋范围内的合作与制度，其中涵盖了领海和毗连区、用于国际航行的海峡、群岛国和群岛水域、专属经济区、大陆架、公海、岛屿制度、闭海与半闭海、内陆国出入海洋的权力和过境自由、国际海底区域、海洋环境保护、海洋科学研究、海洋技术的发展和转让、争端的解决和国际海洋法庭庭规等，成为海洋法领域最权威的法典，被誉为"海洋大宪章"。①

在北极地区，《联合国海洋法公约》的管辖权主要体现于北冰洋的相关法律地位规范上，其中包括北冰洋沿岸国对于内水水域的完全主权，领海水域的国家完全主权与他国船只"无害通过权"，200海里专属经济区或专属渔区的勘探、开发、养护和管理自然资源的权利，以及从事经济开发和勘探活动的主权权利，对于大陆架勘探和开发自然资源的主权权利。根据《联合国海洋法公约》的规定，北极点及其周边冰封区域被视为公海，各国在此区域享有遵从公海自由原则，而北极国家划分大陆架界限后的海底区域属于国际海底区域，具有"人类共同继承遗产"的属性，由国际海底管理局负责开发，禁止任何国家独享。

2. 专门性条约：《斯瓦尔巴德群岛条约》（又称《斯匹次卑尔根条约》）

斯瓦尔巴德群岛位于北极圈内北冰洋的巴伦支海和格陵兰海之间，北向北极点，南临斯堪的纳维亚半岛，东靠格陵兰岛，西近俄罗斯。群岛总长为450公里，宽度为40—225公里，面积约为6.3万平方公里，占挪威国土总面积的16%左右。② 1596年，荷兰探险家巴伦支成为抵达该岛的第一人。随着大量探险家的后续努力，越来越多的国家看到了该岛屿重要的地缘和经济价值，纷纷提出主权要求。③ 为应对国家间关于该群岛的利益冲突，由挪威牵头与18个国家于1920年2月9日签署了《斯瓦尔巴德群岛条约》，并于1925年8月14日正式生效。我国由段祺瑞政府为代表于1925年7月1

① 梁西：《国际法》，武汉大学出版社，2011年版，第150页。
② 丁煌编：《极地国家政策研究报告：2012—2013》，科学出版社，2013年版，第31页。
③ 斯匹次卑尔根是斯瓦尔巴德群岛中最大的一个岛。斯瓦尔巴德群岛在挪威语中的意思是"寒冷海岸的岛屿"，群岛60%的土地为冰川所覆盖，永久冻土层厚达500米，在夏季只有地表以下2—3米的土层才会解冻。由于斯匹次卑尔根岛上丰富的煤炭、油气和金矿等资源，多国对该岛的主权产生了纠纷。

日正式加入该条约。条约确定挪威政府对该岛有充分的自主权,但该地区为永久非军事区域,该地区与该地区民众的安全由挪威政府全权提供、处理。所有缔约国公民均可自由进出该地区,并在该地区内进行任何不违反挪威政府法律的任何行为,不需要得到挪威政府签证许可,但进入该地区则需接受挪威政府的法律管制。按上述协定,所有拥有缔约国及缔约国之继承国公民身份者均无需申请和签证可以自由进出,但必须接受挪威政府之法律管束。该条约使斯瓦尔巴德群岛成为北极地区第一个,也是唯一的一个非军事区。条约承认挪威"具有充分和完全的主权",该地区"永远不得为战争的目的所利用"。但各缔约国的公民可以自由进入,在遵守挪威法律的范围内从事正当的生产和商业活动。换句话说,中国人也完全有权进入斯瓦尔巴德群岛地区,建立北极考察的后勤基地,开展正常的科学考察活动。

除了相关的条约性规制,北极地区还出现了一系列治理组织或约束力量,成为北极治理体系中的重要环节,其中较有代表性的包括:

1. 综合性机制:北极理事会

1996 年 9 月 19 日,"北极八国"在加拿大渥太华发表部长宣言,宣告北极理事会正式成立。该机制的根本目标在于维护北极地区的可持续发展,从环境、社会和经济三个重点领域入手,关注北极开发和环境保护问题。按照《北极理事会成立宣言》(又称《渥太华宣言》)规定,"北极理事会是一个高层论坛,旨在为北极国家间增进合作、协调和交流提供工具,吸纳北极原住民和其他北极居民团体参与理事会,应对所面临的共同问题,特别是北极可持续发展和环境保护问题"①。可以看到,北极理事会的核心是为原住民参

---

① Declaration on Establishment of The Arctic Council (The Ottawa Declaration), 1996, http://www. arctic-council. org/index. php/en/document-archive/category/4-founding-documents.

与和应对北极的挑战而提供的一个平台类工具，其参与治理的范围
设定的较为狭窄，自我定位也仅限于论坛形成，而并非机制化的区
域性治理组织。对于永久参与方的准入资格，宣言也做出了具体规
定，提出"单一民族居住在超过一个以上北极国家的原住民组织，
或者一个以上原住民民族居住在一个单独的北极国家时，才有资格
申请成为永久参与方"。宣言还提出，"北极国家致力于北极地区居
民的福祉，尤其重视北极原住民及其社区对北极的独特性贡献。各
国致力于北极地区的可持续发展，包括经济社会发展，改善卫生条
件和文化福祉。共同致力于保护北极环境，包括北极生态系统的健
康，维护北极地区生物多样性以及自然资源的保护和可持续利用。
各国一致承认，认识到《北极环境保护战略》对于上述目标的重要
性，以及保护北极原住民传统知识的重要性和北极科学研究对于环
北极集体认知的重要性"。随着北极环境问题的持续发掘，以及引
发的一系列衍生问题，该宣言为北极理事会的机制化，治理主体和
治理对象的多元化提供了新的动力。

表 1-1　北极理事会治理架构表

机构	工作组	成员国	永久参与方	观察员
治理成员	北极监测和评估计划工作组、北极动植物保护工作组、北极海洋环境保护工作组、应急准备和反应工作组、可持续发展工作组、北极污染行动计划工作组	俄罗斯、美国、加拿大、挪威、芬兰、瑞典、冰岛、丹麦	北极阿撒巴斯卡议会、阿留国际协会、哥威迅国际议会、因纽特北极圈会议，俄罗斯北部地区原住民协会、萨米理事会	法国、德国、荷兰、波兰、西班牙、英国、中国、意大利、日本、韩国、新加坡、印度

按照惯例，北极理事会每 6 个月在主席国所选定的地点召开一次北极高官会议（Senior Arctic Officials Meeting）。北极高官会议由 8 个成员国的高层代表组成，大使或资深外交官，6 名永久参与方代表及相应的观察员代表出席。主席国任期为 2 年，任期结束前将召开北极理事会部长级会议，由 8 个成员国的外交部长、北方事务部长或环境部长出席参加，并发布以当地城市为名的宣言。一般来说，部长级会议的宣言涵盖北极治理的主要议题，包括应对气候变化、可持续发展、北极监督和评估、永久生物污染物及其他致污物等问题，并对相应五个工作小组的工作。北极理事会设有秘书处，负责全面统筹相应的会议活动，譬如组织半年一次的高官会议、管理北极理事会网站、分发有关报告和文件等工作。

2. 综合性机制：联合国政府间气候变化专门委员会

联合国政府间气候变化专门委员会（Intergovernmental Panel on Climate Change，简称 IPCC）成立于 1988 年，属于世界气象组织（World Meteoreological Organization，简称 WMO）的下属机构，由世界气象组织和联合国环境规划署共同创立，在瑞士日内瓦设有秘书处。[①] 该委员会向联合国环境规划署和世界气象组织的所有成员开放，主席和主席团由委员会全体会议选举产生。该委员会对联合国和 WMO 的全体会员开放。

考虑到人类活动的规模已开始对复杂的自然系统，如全球气候产生了很大的干扰。许多科学家认为，气候变化会造成严重的或不可逆转的破坏风险，缺乏充分的科学确定性不应成为推迟采取行动的借口。决策者们需要有关气候变化成因、其潜在环境和社会经济影响以及可能的对策等客观信息来源进行分析，联合国政府间气候

---

① Intergovernmental Panel on Climate Change，http：//www. ipcc. ch/index. htm.

变化委员会的地位能够在全球范围内为决策层以及其他科研等领域提供科学依据和数据等，为政治决策人提供气候变化的相关资料。委员会本身并非科学研究机构，而是通过梳理每年各国、各种机构出版的数以千计有关气候变化的专业性论文，每五年出版一次综合性的气候变化评估报告，总结关于气候变化的"现有知识"。截至目前，委员会先后于1990年、1995年、2001年、2007年和2014年完成了5份评估报告，这些报告已成为国际社会认识和了解气候变化问题的主要科学依据。

联合国政府间气候变化委员会下设三个工作组和一个专题组。每个工作组或专题组设两名联合主席，分别来自发展中国家和发达国家，并下设一个技术支持组。第一个工作小组主要关注科学基础，负责从科学层面评估气候系统及变化，即报告对气候变化的现有知识，例如气候变化如何发生、以什么速度发生等问题。第二个工作小组关注气候变化的影响、脆弱性和适应性，负责评估气候变化对社会经济以及天然生态的损害程度、气候变化的负面及正面影响，以及适应这些变化的方法，例如气候变化对人类和环境的影响，以及如何可以减少这些影响。第三个工作小组关注减缓气候变化，负责评估限制温室气体排放或减缓气候变化的可能性，研究如何停止导致气候变化的人为因素，或是如何减缓气候变化。第四个小组为国家温室气体清单专题组，负责联合国政府间气候变化委员会的《国家温室气体清单》计划。联合国政府间气候变化委员会向联合国环境规划署和世界气象组织所有成员国开放，在每年一次的委员会全会上，对自身的结构、原则、程序和工作计划做出决定，并选举主席和主席团，全会使用六种联合国官方语言。

联合国政府间气候变化委员会的主要职责是：在全面、客观、公开和透明的基础上，通过吸收世界各地的数百位专家的工作成果，对世界上有关全球气候变化的科学、技术和社会经济信息进行评估，其特殊地位能够在全球范围内为决策层和科研领域提供科学证据和数据。该机构既不从事研究也不监测与气候有关的资料或其他相关参数，它的评估主要基于经过细审和已出版的科学或技术文献。联合国政府间气候变化委员会的另一项主要活动是定期对气候变化的认知现状进行评估，还在认为有必要提供独立的科学信息和咨询的情况下撰写相关主题的"特别报告"和"技术报告"，并通过《国家温室气体清单》的方法为《联合国气候变化框架公约》（UNFCCC）提供支持。委员会提出的评估报告确保全面地反映现有的各种观点，并使之具有政策相关性，但不具有政策指示性。

近年来，联合国气候变化委员会的关注点越来越多地侧重于极地问题，特别是由气候变化带来的北极融冰加速，以及由此带来的航运、资源开发、基础设施建设等人为活动的增加，对环境造成的潜在影响。委员会在 2007 年和 2014 年的第四次和第五次评估报告中，有针对性地对北极环境的现状进行了专业性的评估和预测，相关结论也成为各国参与北极治理时的重要依据。

3. 专门性机制：国际北极科学委员会

国际北极科学委员会（The International Arctic Science Committee）是围绕北极问题所组建的非政府间国际组织。1990 年 8 月 28 日，以加拿大、丹麦、芬兰、冰岛、挪威、瑞典、美国和苏联为代表的"北极八国"在加拿大的瑞萨鲁特湾市签署了《国际北极科学委员会章程》，成立了首个统一的非政府国际组织。虽然该组织并非政府机构，但根据其章程规定，只有国家级别的科学机构代表，才有资格代表其所属国家参加活动。1991 年 1 月，该委员会在挪威的奥斯陆召开了第一次会议，并接纳法国、德国、日本、荷兰、波兰、英国 6 个国家为正式成员国。1996 年，中国派代表团出席国际北极科学委员会会议，并被接纳为正式成员国。该组织现有成员国 17 个，委员会的常设办事机构在挪威首都奥斯陆。对于北极和南极此类特殊地区来说，无论以什么名义开展活动，如民间团体、私人等，都会被视作某种意义上的"国家行为"。但国际北极科学委员会又是一个科学机构，从而至少在形式上表达了各国政府和科学家们淡化经济、军事和政治色彩的愿望。

国际北极科学委员会虽然成立时间不长，但其治理效果已经得到了事实的肯定。在"和平、科学、合作"原则的基础上，委员会积极协调并指导各国的北极考察活动；针对一些重大科学问题组织庞大的国际合作计划；并且以"公约""议定措施""现行决议"等方式对北极的生物资源、矿产资源、能源及环境实施及时有效的保护。该委员会为不同社会制度、不同国家地区的科学家们提供了活动的舞台和表达见解的机会。各个学科、各种专业的科学家都可以在那里找到共同的语言。就学科分类而言，目前在北极进行研究的学科有：测绘与制图学、地质学、地理学、固体地球物理学、大气物理学、冰川学、海洋学、气象学、生物学、天文学、人文科学、人体医学、后勤技术以及近年兴起的环境科学。值得一提的是，在极地科学活动中，高科技的应用与推广速度似乎比世界其他地区更快。

4. 巴伦支欧洲—北极理事会（Barents Euro-Arctic Council）

1993 年，为了消除巴伦支海域存在的国家间矛盾，以及冷战期间遗留下来的集团对立"后遗症"，促进相关国家加强在这一海域的合作，挪威政府倡议建立一个机制化的协调组织，并在希尔克内斯（Kirkenes）召开了外长级巴伦支欧洲—北极区域合作会议。此次会议共有 6 个国家的外交部长作为正式成员参加，其中包括挪威、俄罗斯、丹麦、瑞典、冰岛、芬兰，欧盟委员会（Commission on the European Communities）也作为正式代表出席。此外，还有 9 个观察员参会，包括美国、加拿大、德国、法国、意大利、荷兰、波兰、日本和英国。会后，各方发布了《巴伦支欧洲—北极地区合作宣言》（Declaration on Cooperation in the Barents Euro-Arctic Region），提出"与会方一致认为，巴伦支欧洲—北极地区的合作将有效推动和维护欧洲整体发展的稳定性和可持续性，从而以伙伴关系来代替曾经的对抗状态。通过这种合作，也将有效维护世界和平和安全。各方将巴伦支欧洲—北极合作视为欧洲一体化进程中的一部分，为安全与合作提供了新的维度。"① 从组织机构的属性来看，巴伦支欧洲—北极理事会属于政府间国际组织，其运行的形式以论坛为主，主要职能是协调和推动相关成员国合作，促进北部欧洲与欧洲大陆，以及俄罗斯在北极区域的合作，开发俄罗斯和北欧国家的北极圈内地区，并促进各国在能源、运输业、林业、环保等问题上的务实合作。由于冷战结束的特殊背景，这一组织的建立也被视为俄罗斯与欧洲关系缓和的开始。欧洲以北极地区作为切入点，不但表示对俄罗斯进行的政治与经济改革提供必要的支持，特别是在推动民主、市场经济和地区建设上的努力提供帮助，也建立了与北欧国家间的实质性联系，从而将这一进程纳入欧洲治理新架构中。虽然该组织的建立背景较为特殊，具有一定的政治含义，但其治理区域始终没有脱离北极，治理目标也同样关注各国对北极地区的开发与利用，理应被视为北极治理中的重要一极。

就北极治理的现状来看，呈现出以多主体、多边疆和多选项为特征的"三多现象"。

所谓多主体，是指北极作为全球性问题，其治理主体是多元和多结构的。这其中既包含国家与非国家行为体的"二元结构"，也包括中央政府、地方自治体与原住民之间的"纵向结构"，还包含域外国家和域内国家、组织机制成员与非成员的"立体结构"。在每个不同的结构中，又需要按照不同的标准进行归类划分。值得注

---

① Declaration on Cooperation in the Barents Euro-Arctic Region，http：//www. barentsinfo. fi/be-ac/docs/459_ doc_ KirkenesDeclaration. pdf.

意的是，在国家行为体和非国家行为体的二元结构中，从属于国家行为体类别的为相关主权国家，而如何界定"相关"的含义显得尤为重要。按照一般理解，北极问题的治理主体自然是北极国家，也就是以地理概念作为标准，界定具体的参与方。但值得注意的是，1920年签订的《斯瓦尔巴德条约》作为北极地区的首份多边文件，被视为北极治理的重要实践。该条约通过明确挪威对于斯瓦尔巴德群岛的主权，换取各签约国在该地区进行开发的非歧视性原则，并在安全上限制了任何军事设施的建立，从而有效保障各国和平、平等、共同利用该地区。一方面，按照这一条约的标准，所有签约国都应被视为治理参与方，也自然享有治理主体的资格；另一方面，北冰洋是北极地区的构成要素，相关海域的资源、环境等问题也适用于《联合国海洋法公约》的管辖范围，理论上讲所有签约国也都应被视为治理主体。可以看到，北极治理的主体既有地理范畴的北极国家，也应该包含法理范畴中的相关缔约国。

所谓多边疆，是指北极问题本身具有一定的公共性特征，任何单一的问题都可能对其他领域形成延伸影响，而领域间的界限又模糊不清，很难按照一般标准来界定议题属性。具体来看，这种多边疆反映在以下两组关系中：一是权力（Power）和权利（Right）的互动关系。在北极治理中，权利并非是简单的"权利利益复合体"，而是包含了政治、经济、安全和科技等多个层面的合情、合理、合法的正当诉求；而权力则限于"国家对北极的控制"。① 权力的核心概念是保证安全，指一国发展北极军事、经济、政治、文化力量的出发点，是其国家安全整体概念的延伸部分。北极权力是维护权利的切实保障，而实现北极权利又是发展权力的有力基础，这两者间既有紧密的逻辑联系，又有切实的互动关系。各国以维护自身北极

---

① Olav Schram Stokke and Geir Hønneland, *International Cooperation and Arctic Governance：Regime Effectiveness and Northern Region Building*, London and New York：Routledge, 2006, pp. 74 – 79.

第一章　北极问题概述与治理基础

权利为目标，通过多途径强化其北极权力，把传统的安全因素和资源开发、环境保护、科技发展等能力按照合理比例纳入权力的构成要素，在一定程度上确保了自身安全，也促进了北极以和平的方式实现可持续发展。但是，部分国家因历史或现实原因，以安全为由一味追求北极权利的非理性夸大和权力的无边界扩张，打破了两者间的逻辑关系，由此导致北极权利和权力互动的失衡，引发各国在此类概念间的争夺与妥协。由此可见，平衡和协调权利和权力之间的互动关系是当前北极治理的迫切需求。二是北极开发与保护的矛盾关系。北极地区一直被视为一块尚未开发的"净土"，这主要是以资源的角度而做出的定义。由于特殊的地理和气候环境，人们对北极的资源开发始终无法摆脱相关不确定性的影响。随着近年来气候变化的影响，特别是气候变暖带来的融冰，使北极资源的大规模开发重回议事日程，为相关国家进一步利用北极航道提供了新的机遇。但是，融冰加剧带来的影响具有明显的两面性。气候变化还带来了北极地区冰川和冰架的融化，以及永久冻土层出现解冻等现象，对现有生态系统造成冲击。相关研究还表明，北极海域的融冰会反作用于气候系统，加速引起全球气候变暖。① 从渔业资源来看，随着需求的快速增长，渔业市场的规模和捕捞总量也不断攀升。有观点认为，全球超过75%的深海渔业市场处于饱和与过度开发的状态。② 这种快速增长趋势给全球海洋生物多样性造成了潜在的威胁，也影响了北极渔业市场和贸易的合理水平。可以看到，北极问题的边界在某种程度上超越了地理范围，造成全球性的广泛影响，但对于主权范围内地区的资源开发属于相关国家的合理诉求。因此，如何校对北极开发的"正负极"，最大程度地减少开发与保护之间的

---

① Arctic Climate Impact Assessment, Policy Document, http://www.acia.uaf.edu/PDFs/ACIAPolicyDocument.pdf.

② OECD, Strengthening Regional Fisheries Management Organizations, 2009, p. 17, http://browse.oecdbookshop.org/oecd/pdfs/product/5309031e.pdf.

矛盾，充分平衡当前与未来的可持续性发展，并处理好人与自然的协调关系是北极问题的本质。

所谓多选项，是指目前对于北极问题的解决，尚未出现较为统一的认同。无论是在全球范围内，还是在北极国家内部，对于参与北极治理的准则、形式、渠道、份额均未达成共识。因为，北极治理的路径还处于探索之中，具有各种不同的选项。与此同时，发达国家与发展中国家，域内与域外国家在对话合作的同时，在规制的建构上存在分歧，在责任的认定上存有偏差，在利益的出让上无法达成一致。① 因此，以构建平台为主的合作理念得到了更多的响应，以发布共同宣言等非约束性文件成为主要成果。可见，单一分析北极所面临的挑战、治理机制的综述性研究已经很难满足北极问题快速变化，治理需求快速发展的需要了。因此，界定北极治理的范式结构，分析不同范式中的路径选择和成效评估，有利于寻找和构建未来北极治理的标准模式。

小　结

从宏观层面来看，厘清北极问题出现的缘由和发展阶段，首先需要从不同概念上的北极区域界定开始，从地理概念、国际法概念、海洋概念、气候概念、政治概念、社会概念等不同维度入手。这种划分不仅仅是学术上的概念界定，更重要的是不同的区域不但代表了范围差异，还限定了不同的参与主体，有差别的治理客体，以及完全不同的治理环境，从而需要以不同的治理方式和手段应对。其次，需要对于北极问题的现状和议题进行论述，特别是将冷

---

① 赵隆："议题设定和全球治理—危机中的价值观碰撞"，《国际论坛》，2011 年第 4 期，第 21—29 页。

战的结束、全球化深入发展、科学技术的进步以及气候变化的影响作为北极问题演变的诱因，分析当前北极治理的多主体、多边疆和多选项的"三多特征"，以及问题和议题间所存在的互动关系。

本章写作的主要目的在于，将北极治理的范围具体化和精确化。治理客体的差异决定了治理结构中的主体范围，这些主体所形成的治理目标、手段和绩效评估方式，也就会产生差异较大的治理效果。值得注意的是，在以地缘政治为标准的划分中，形成了主权利益国家群体和核心利益国家群体这两类行为体，他们之间的身份差异恰恰决定了其在战略制定过程中产生不同的侧重点，形成了战略取向的差异。这种差异性，也导致各方目前在北极治理的机制或模式上无法达成一致，从而造成国家与非国家行为体共存、中央与地方行为体共存、域内和域外行为体共存的多元治理格局。同样，缺乏对于治理准则和方式较为统一的集体认同，势必导致在能力建设、信息交流和资源共享方面遇到阻碍。北极治理的理论框架如何构建？北极治理的绩效如何评估？北极治理的路径如何选择？回答上述问题，是应对北极变化的关键。在本书接下来的章节中，将把界定北极问题的治理范式，分析不同范式中的路径选择和成效评估，以及范式间的层级关系与演变规律作为重点，寻找和构建北极治理的"最优选择"。

第二章
北极国家的战略取向与建构动因
The Arctic Governance Paradigm

不可否认，非国家行为体在应对全球性问题的进程中扮演了非常重要的角色，特别是在议题推动和跨境治理等方面的作用明显。但是，北极问题中的核心部分主要是领土主权争议、资源开发、航道利用、环境保护、气候变化等方面，治理的主要力量还是依靠拥有行动资源优势的国家行为体。因此，北极国家的相关发展战略值得研究和论述。本章的重点在于，从战略思维取向和战略构建动因和治理角色认同这三个因素对相关的国家进行区分，从而在战略层面解释各国对于北极治理的态度。这里的北极治理不单单包括国际和区域层面的合作，同时也包括国内治理。

第一节　北极国家的战略思维取向

虽然北极圈内国家在地理上来讲所处的环境相似，但在战略思维取向上却存在着诸多区别。本章将它们分为竞争取向、次竞争取向、竞争性合作取向三个类别。

一、俄罗斯北极战略思维的竞争性表征

竞争取向的北极战略以俄罗斯为代表。作为北极地区拥有最多人口和最广袤面积的国家，俄罗斯在北极地区陆地和海洋边界近60%与挪威、美国接壤，拥有近200万北极原住民人口的北部地区为俄罗斯贡献了超过20%的GDP增长和22%的出口比重。[①] 从任何一个角度来看，北极对于俄罗斯的意义都超过其他国家。因此，俄罗斯北极战略中的竞争取向首先反映在政府行为与官方表态层面。

苏联解体后，由于经济实力和财政能力的下降，俄罗斯北极地区的发展未得到国家层面的重点关注。但事实上，官方还是通过设立一系列专门机构，加强对北极事务的管理和北极地区的实际存在。1991年，俄联邦杜马（议会下院）设立了"俄罗斯联邦北极和南极事务国家委员会"（随后更名为"北极和南极事务跨部门委员会"），负责协调极地科学考察，以及相关区域经济发展、环境保护的工作。1994年，俄联邦委员会（议会上院）通过决议，设立"俄罗斯北方和少数民族事务委员会"，主要负责北部地区的原住民的社会经济发展、资源开发等问题。2001年，俄罗斯政府出台了《关于俄罗斯联邦北方社会经济发展的国家治理基础》（草案），提出要进一步发展俄罗斯北部地区的经济，从而提高当地原住民的教育水平和社会福祉，有效地加强对该地区的历史文化传统的保护，并积极发掘在基础设施建设和自然资源开发方面的潜能。2007年，载有俄杜马副主席和议员的潜水艇潜至北冰洋海底并插上俄罗斯国旗，引发世界关于"北极争夺战"重现的讨论，加剧了北极区域内的竞争态势。2008年，时任俄罗斯总统的梅德韦杰夫提出，"我们

---

① Rowe Elana, Policy Aims and Political Realities in the Russian North, in Rowe Elana ed., *Russia and the North*, Ottawa: University of Ottawa Press, 2009, p. 2.

首要和主要的任务就是把北极变为俄罗斯 21 世纪的资源基地"。
"将对外边界划定在大陆礁",并且认为北极地区对于俄罗斯"具有
战略意义",① 并批准《2020 年前及更长期的俄罗斯联邦北极地区
国家政策基本原则》②。现任总统普京也曾表示,"将拓展俄罗斯在
北极的实质性存在,反对将北极交由其他方管理"③。2009 年出台的
《2020 年之前俄罗斯国家安全战略》中,在强调能源争夺的同时,
暗指未来北极地区是争夺的"焦点地区之一",并且表示为了争夺
资源,不能排除使用武力来解决潜在问题的可能性。根据该战略规
划,俄罗斯将在北极部署"北极独立部队集群",建立相关的监视
和反应机制,并且保持俄罗斯的"领先优势"。这些行为和言论,
立刻引发了世界舆论对于爆发"北极争夺战"的大讨论。2012 年,
俄罗斯北极战略进入了全新的时期,普京再次当选总统后加大了在
北极问题上人力和物力投入,不但出台了《北方航道商业运输的相
关法律条款修正案》,加强对于北方航道的管理,还对于《2020 年
前及更长期的俄罗斯联邦北极地区国家政策基本原则》进行了进一
步修订,最终形成《2020 年前俄罗斯联邦北极地区发展和国家安全
保障战略》,成为俄罗斯当前最为全面和具有可操作性的战略文件,
指导国家和地区层面在北极事务中的相关工作。与其他国家有所不
同的是,在该战略制定的过程中俄罗斯参考了大量的法律条文,既
包含经济社会发展方面,又涉及安全、资源、环境、对外政策、原
住民、交通,甚至包括人口政策。可见,俄罗斯试图通过这一战略

---

① Алексей Ильин, Арктике определят границы: Члены Совбеза обсудили, как себя вести
на Севере, *Российская газета*, 18. 09. 2008 г.

② Медведев Дмитри, *Основыгосударственной политики Российской Федерации вАрктике на
период до 2020 года и дальнейшую перспективу*, 18. 09. 2008 г, Пр-1969. http: //www. scrf. gov. ru/
documents/98. html.

③ Выступление Президента России В. В. Путина на пленарном заседании III
Международного арктического форума 《Арктика – территория диалога》, http: // www. rgo. ru/
2013/09/vladimir-putin-my-namereny-sushhestvenno-rasshirit-set-osobo-oxranyaemyx-prirodnyx-territorij-
arkticheskoj-zony/.

实现自身在北极的全方位介入，并且非常强调战略目标和具体的实现手段。

俄罗斯的北极战略清晰地界定了其在北极地区的国家利益，其中包括"开发俄罗斯属北极区域，并将这一区域作为保障国家社会经济发展的战略资源基地；保持北极的和平与合作状态；维护北极特有的生态系统平衡；使用北冰洋海上通道，将其作为统一的国家交通运输干线。"在实施手段上，战略提出"要尽快完成争议边界的论证工作，确定北极地区的主权归属；提高国际合作水平，积极开发自然资源，并鼓励企业参与；建设北方航道基础设施建设和交通管理体系；运用先进的高科技技术，保障国家对于北极地区的经济、军事和环境情况进行有效监督；强化俄罗斯在北极地区的军事存在，保障北极利益和国家安全"①。战略将俄罗斯在北极事务上的规划分为两个阶段：第一阶段为 2015 年前；第二阶段至 2020 年。详细阐述了俄罗斯的主要风险、威胁和战略目标，以及优先发展方向、主要措施、实施机制、主要特征和监督机制等。

在政府行为层面，俄罗斯在 2001 年向联合国大陆架界限委员会（简称 CLCS）提出，要求确定其大陆架外部界限的划界申请，其中包括《执行摘要》《俄罗斯联邦在北极和太平洋大陆架外部界限线定点地理坐标表提案》和《落实俄罗斯联邦在大西洋和太平洋大陆架外部界限的说明地图》。也就是说，在提交划界案之前，俄罗斯已经通过科学考察在相关论据上做了充分的准备。根据《联合国海洋公约》（简称 UNCLOS），除了沿海国拥有的 200 海里专属经济区（Exclusive Economic Zone，简称 EEZ），如果能证明外大陆架（Extended Continental Shelf，简称 ECS）是本国大陆架的自然延伸，就

---

① Правительство Российской Федерации，*Стратегия развития Арктической зоны Российской Федерации и обеспечения национальной безопасности на период до 2020 года*，http：//government. ru/news/432.

拥有对这一部分外大陆架的相关资源进行开发的权利①。随后，挪威于 2006 年递交关于《东北大西洋和北极地区的大陆架外部界限划界案》，丹麦和冰岛分别于 2009 年提交关于《法罗群岛北部地区的大陆架外部界限划界案》以及《埃吉尔海盆地地区和雷克珍海脊西部和南部地区的大陆架外部界限划界案》。各国在这些划界案中存在着多处重叠区域，很难通过现有的海洋法相关规定合理解决。可以说，俄罗斯在北极大陆架划界问题上的单方行为，造成了相关国家在法律层面的竞争态势。俄罗斯于 2013 年再次提交最新的《鄂霍次克海订正划界案》，也表明了其希望借助法律手段来尽快确立自身利益范围的意图。

二、美国和加拿大北极战略中的次竞争性表征

次竞争取向的北极战略以美国和加拿大为代表，以安全利益为核心关切，并强调有限度的国际合作。具体来看，美国北极战略的基础内容由四部北极政策官方文件组成，分别是 1983 年里根总统签署的《美国北极政策指令》②、1994 年克林顿总统签署的《美国南北极地区政策》③ 以及 2009 年乔治·沃克·布什总统签署的《第66 号国家安全总统指令》和《第 25 号国土安全总统指令》。④ 美国北极战略的核心反映在最新公布的《北极地区战略》当中，提出"美国是一个北极国家，在北极地区拥有广泛和根本的利益"。其中

---

① UN, *United Nations Convention on the Law of the Sea*, http：//www. un. org/depts/los/convention_ agreements/texts/unclos/UNCLOS-TOC. htm.

② National Security Decision Directive（NSDD – 90）, *United States Arctic Policy*, April 14, 1983, http：// www. fas. org/irp/offdocs/nsdd/nsdd-090. htm.

③ Presidential Decision Directive/National Security Council（PDD/NSC – 26）, *United States Policy on the Arctic and Antarctic Regions*, June 9, 1994, http：//www. fas. org/irp/offdocs/pdd/pdd – 26. pdf.

④ National Security Presidential Directive and Homeland Security Presidential Directive, NSPD-66/HSPD-25, https：//www. fas. org/irp/offdocs/nspd/nspd – 66. htm.

还特别强调，"这包括广泛和根本的在北极地区的国家安全利益"，[①]北极地区正成为美国"外交政策的一个新的前沿阵地"[②]。美国将航行自由这一议题设定为其战略重心，致力于防止恐怖活动维护其本土安全和相关利益。另一方面，美国非常注重合理解决现有海洋划界问题，以及其在北极区域内相应的军事存在。为此，美国军方不但提出将在北极部署采用核动力和绿色生物燃料的"大绿舰队"（Great Green Fleet）航母战斗群，还制定"海军北极路线图"，列举出包括能源储备、航运线路和潜在的领土争端等北极核心利益。

但是，美国的北极战略显然与其全球战略中的定位间存在偏差。美国的北极战略未曾提及在该地区保持实力上的领导地位，也没有提出任何主导北极议程的主张。在北极相关的法律地位层面，美国国会至今尚未通过《联合国海洋法公约》，并不具备法律上的主体资格。作为当今世界的超级大国，美国直到 2013 年才公布其首份完整的北极战略，存在着较为明显的政策滞后性。这充分显示了北极问题虽然作为区域性问题被视为美国的战略重心之一，但在其全球战略中的排序则并不具优势，甚至处于较为次要的位置。因此，美国的北极战略在强调主权的同时，还提出要积极开展在环境保护等领域的双边、多边北极合作，这并不符合传统意义上的美国战略思维。作者认为，北极问题并未处于美国整体战略中的核心环节，其定位与表现方式也因此而趋于缓和。

加拿大的北极战略也反映出其次竞争取向。在主权和安全领域方面，作为对俄罗斯"插旗"行为的回应，加拿大建立了年度例行军事演习和总理视察机制，从而在行动上宣示对北极地区的主权诉求。在国家层面的战略性文件中，《加拿大北方战略：我们的北方、

---

① The White House, *National Strategy for Arctic Region*, http：//www. whitehouse. gov/sites/default/files/docs/nat_ arctic_ strategy. pdf.

② Nides Thomas, *The Future of the Arctic*, remarks at the Arctic Imperative Summit, Alaska, August 26, 2012, http：//www. state. gov/s/dmr/former/nides/remarks/2012/197643. htm.

我们的遗产、我们的未来》提出，"加拿大对北极拥有主权"①。该文件将维护北方地区的主权作为重点任务，并从历史和认同的角度为其政策辩护。有学者认为，"在维护和拓展主权权益问题上，加拿大的相关举措和回应与俄罗斯的表现不相上下"②。但另一方面，加拿大在政治价值观上又倾向于治理理念。2010 年，加拿大政府发布的《加拿大北极外交政策宣言：行使主权与促进加拿大北部发展战略》中，便明确提到"促进和改善北极治理"，并强调"解决危害公共安全、北极治理等新问题的能力"。③ 加拿大与美国在北极地区开展了联合地质地理、水文及制图工作，试图解决双方在部分区域的划界主张重叠问题。加拿大与丹麦开展了联合使用直升机、破冰船等工具在罗蒙诺索夫海岭以及近北极点附近海底的勘探工作，从而化解此区域的主权争议。特别值得注意的是，加拿大正积极倡导在北极理事会框架下的多边治理。2011 年，加拿大为《北极海空搜寻与救援合作协定》的签署提供了支持。该协定确认了成员国在其管辖范围内的责任，并且制定了在紧急情况下开展合作的程序，加强北极地区海空搜救的合作与协调，该文件成为北极理事会成立以来首份具有正式法律效力的国际条约。加拿大国际事务理事会（Canadian International Council）提出，把革新、接触和升级作为加拿大北极战略的根本任务，特别强调将北极事务升级为"核心议程"，与北极圈内国家加强接触与合作。同时，促进北极理事会的改革进程，将其作为北极区域合作的主要机制。④ 可以看到，在主

① Government of Canada, *Canada's Northern Strategy*: *Our North*, *Our Heritage*, *Our Future*: *Canada's Northern Strategy*, 2009, http：//www. northernstrategy. gc. ca/index-eng. asp.

② 唐国强："北极问题与中国的政策"，《国际问题研究》，2013 年第 1 期，第 15 页。

③ Government of Canada, *Statement on Canada's Arctic Foreign Policy*: *Exercising Sovereignty and Promoting Canada's Northern Strategy*, 2010, http：//www. international. gc. ca/arctic-arctique/assets/pdfs/canada_ arctic_ foreign_ policy-eng. pdf.

④ Griffiths Franklyn, Huebert Rob and Lackenbauer Whitney, *Canada and the Changing Arctic* Sovereignty, Security, and Stewardship, Wilfrid：Laurier University Press, 2011, pp. 13 – 15.

权和安全层面，加拿大的战略呈现出较为明显的外向型特征，但与此同时，其行为方式和思维逻辑又表现出较强的合作性，并注重治理理念的传播。

三、其他北极国家战略中的竞争合作性表征

这种战略取向以挪威和丹麦为代表。2003 年，挪威政府推出《北向战略：北方地区的挑战与机遇》（Look North：Challenges and opportunities in the Northern areas），成为其第一份官方的北极战略文件。该文件主要阐述了挪威北方政策的机遇与挑战，确立其主要治理目标和实施手段，并从国际法、和安全合作、地区合作、经济和行政管理等多个方面做出了政策性解释，为进一步明确和细化北极战略打下了基础。① 2006 年，挪威发布《挪威政府高北地区战略》（The Norwegian Government's High North Strategy），明确把北极事务作为其外交政策的重点之一。该文件指出，"高北地区是挪威政府最为重要的优先地区，这一政策不但包括国内和对外政策，也涉及政府继续负责任地管理现有自然资源，在高北地区行使主权，并且与其他邻国和伙伴国家在该区域进行密切合作"。此外，这一战略还涉及广泛和长期性地动员国家力量发展高北地区等问题。挪威的高北战略不仅是对高北地区的规划，而是全国性的综合发展战略，对整个国家、欧洲北部地区和整体都会产生重要影响。该文件将"存在、活动和知识"作为挪威高北战略的核心内容，涉及了原住民事务、对外政策与交往、环境保护、海洋资源管理与利用、石油开发、海运等内容。② 2009 年，挪威政府发布的《北方新基石——

---

① NOU, Look North! Challenges and opportunities in the Northern areas, 2003, http：// www. regjeringen. no/en/dep/ud/documents/nou-er/2003/nou-2003-32. html？id = 149022.

② Norwegian Ministry of Foreign Affairs, *The Norwegian Government's High North Strategy*, 2006, http：//www. regjeringen. no/upload/UD/Vedlegg/strategien. pdf.

挪威政府高北地区战略的下一步》（New Building Blocks in the North：The next step in the government's High North Strategy）提出，完善对于挪威对北部海域的管理和监督，构建更为有效的海上救援系统，切实加强保障航行安全。文件还提出，挪威将进一步开展油气资源勘探研究工作，特别是可持续利用方面的技术研发。继续行使主权并加强跨界合作，保障原住民的历史、文化和社会经济发展，特别强调了与俄罗斯开展合作的重要性。该文件将挪威的高北战略分为两个部分，第一部分主要涉及具体领域的政策规划，例如"培育高北地区关于气候和环境的知识，建立相应的气候与环境研究中心；在北部水域加强监管和紧急情况的应对能力，维护海洋安全，建立一体化的检测和通知系统；促进离岸石油和可再生海洋资源的可持续利用；促进北方陆上产业发展，开发高北地区的旅游业和采矿业；进一步发展北方基础设施，形成一体化的运输网络，更新电力基础设施和供电安全；持续在高北地区行使主权，促进跨境合作，加强海岸警卫队的活动和边境控制；促进原住民文化发展以及提升生活水平，对萨米人等少数民族的传统文化进行研究和保护，设立原住民文化产业项目，形成北方经济活动伦理指导纲领，为原住民语言发展建立数字化技术设施"。文件的第二部分通过具体的案例来诠释高北地区所面临的多重挑战与机遇，特别是在战略实施的阶段中所需要关注的问题。① 2010 年，《俄挪关于在巴伦支海和北冰洋海域划界与合作条约》的最终签署，结束了两国长达四十余年的边界争端。两国外长对该条约的评价是，"为解决两国在北极的共同任务，为基于非对抗和竞争性的国际合作注入了新的动力"②，条约不但解

① Norwegian Ministry of Foreign Affairs, *New building blocks in the north-The next step in the government's high north strategy*, 2009, http://www.regjeringen.no/upload/UD/Vedlegg/Nordområdene/new_ building_ blocks_ in_ the_ north. pdf.

② Совместная статья Министра иностранных дел России С. В. Лаврова и Министра иностранных дел Норвегии И. Г. Стере "Управляя Арктикой", "Globe and Mail", 22. 09. 2010 г.

决了长期困扰两国的海域划界、渔业和跨界油气田开发问题，也成
为各自北极能源战略和外大陆架政策的延伸体现。该协议表现出通
过合作与协商解决北极划界问题的典范作用，使挪威在对待主权和
安全问题上的战略扩张性大大减弱。①

2011 年，挪威外交部推出《高北地区——愿景和战略》（The
High North：Visions and Strategies），对挪威未来 20 年的高北战略设
定了一系列优先原则，主要包括：知识、主权、管理、环境、双边
和多边合作、国际法、渔业、油气资源、海洋运输、内陆产业发
展、基础设施、原住民、文化和民间交流等方面。从这份文件的核
心要素中可以看到，挪威的北极战略聚焦于资源利用背景下的技术
革新和科学研发，尤其注重知识和人才力量的储备，以及推动北极
的创新发展。② 2013 年，挪威新政府发布《政治平台》（Political
Platform）文件，提出将发展更为积极的高北地区战略，促进经济社
会发展。文件提出，"挪威高北地区战略的核心在确保自身利益的
前提下，加强与其他北极国家的合作，特别是与俄罗斯的合作。政
府将确保国家在高北地区的存在，以及通过可持续发展进行自然资
源的管理与利用，大力发展相关基础设施建设，保护高北地区的环
境。"③ 从该文件的具体战略规划来看，主要涵盖以下几个方面：确
保挪威在高北地区，包括斯瓦尔巴德群岛的现实存在和主权宣示；
继续发展与其他北极国家的建设性关系；密切与高北地区邻国之间
的产业合作与民间交流；为高北地区的本国产业发展创造合适环

---

① Treaty between the Kingdom of Norway and the Russian Federation concerning Maritime Delimitation and Cooperation in the Barents Sea and the Arctic Ocean, http：//www. regjeringen. no/upload/ud/vedlegg/folkerett/avtale_ engelsk. pdf.

② Norwegian Ministry of Foreign Affairs, The High North：Visions and Strategies, http：//www. regjeringen. no/uplaod/UD/Vedlegg/Nordomr？ dene/UD_ nordomrodene_ innmat_ EN_ web. pdf.

③ Political platform for a government formed by the conservative party and the progress party, Undvollen, 7 October 2013, http：//www. hoyre. no/filestore/Filer/Politikkdokumenter/Politisk_ platform_ EHGLISH_ final_ 241013_ revEH. pdf.

境；为高北地区自然资源的可持续发展与利用制订统一的管理计划；促进高北地区渔业发展；确保渔业和水产业得到相应的补充；为旅游业的发展创造机遇；帮助提高国家和国际层面对高北地区环境研究的能力；促进高北地区私营产业的发展；促进高北地区的矿业发展；延长边境口岸的开放时间从而促进渔业出口等。

科学研究一直是挪威北极战略中的重要部分，挪威将环境保护和气候变化作为推动高北地区经济发展的基础，不但强调科学层面的研究，也注重实际层面的价值创造和整体发展框架的建立。实际上，是将科学研究作为加强北极活动与存在，特别是资源控制、开发和利用的合理切入点。从具体数据来看，在2005—2007年间出版的北极科学成果的发表数量上，挪威仅次于美国和加拿大，位于世界第三。[1] 挪威研究理事会（The Research Council of Norway）作为北极科考的重要研究机构，主要负责组织和执行国家级别的科考项目，向政府提供科研报告和咨询，为相关的科研项目和国际合作进行经费拨款。2013年，该机构在"高北项目"的研究上投入约5.7亿挪威克朗，位于北极各国前列。[2] 在北极问题的国际合作上，挪威希望将高北地区建立在"高北部，低冲突"（High North, Low Tension）的状态之上。因此，非常重视与相关大国，特别是俄罗斯的双边关系发展。在其高北地区战略中，不断强调国际合作的重要性，还特别指出应进一步深化与俄罗斯的边境、海关、人员交流和环境合作。由于挪威在综合实力方面与俄罗斯、加拿大和美国此类北极大国相比具有一定差距，而其本身却拥有较为强烈的治理需求，所以更希望借助于外部力量来塑造"北极五国"间的战略平

① The Research Council of Norway, Norwegian Polar Research: Policy for Norwegian Polar Research 2010 – 13, The Research Council of Norway, 2010, p. 2.

② Norwegian Ministry of Foreign Affairs, The Arctic: Major Opportunities- Major Responsibilities, 2013, http: //www. regjeringen. no/nb/dep/ud/aktuelt/taler_ artikler/taler_ og_ artikler_ av_ ovrig_ politisk_ lede/ins_ taler/2014/arctic-dialogue. html? id = 753638.

衡，避免成为大国间博弈的"棋子"。因此，挪威是北冰洋五国机制和北极理事会的重要创始会员国，是北极治理机制化的主要支持方。挪威强调在领土和海洋争端中引入协商机制，以《联合国海洋法公约》作为解决北极争端的基础性法律文件，并积极推动北极理事会常设秘书处的建立。可以看到，挪威的战略竞争性主要体现在将行使主权作为核心，强调较为狭义的领土与争端解决，特别是"北极五国"机制。而其合作性主要体现在对于北极国际合作的支持，以及作为北极治理机制化建设的主要推动者，对于域外国家的参与具有一定的包容度和接纳心态。

丹麦的北极战略取向也具有竞争合作性。2011年，丹麦发布《2011—2020年丹麦王国北极战略》（Kingdom of Denmark Strategy for the Arctic 2011–2020），将其战略核心放在自治领土格陵兰和法罗群岛之上，特别关注当地的经济社会发展。该份文件将丹麦本土、格陵兰和法罗群岛作为三个平等的单元，强化丹麦王国在北极事务上的主体完整性。战略首先强调，"全世界的注意力正在转向北极，而战略的目标就是要加强丹麦王国北极全球性行为体的地位"[1]。战略提出，丹麦王国为了应对北极地缘政治环境的变化，以及各国关注度的提高，将重新定位自身北极行为体的角色，致力于建设和平、可靠和安全的北极，促进可持续发展和增长，尊重脆弱的气候环境，并与国际伙伴进行密切的合作。那么，如何去理解和平、可靠和安全的北极这一概念显得尤为重要。战略为此设立了三个目标：第一，提出应依照国际法解决海上边界争端，坚持国际法和相关机制的有效性。第二，提出应进一步加强海上安全，改善基础设施的落后现状。战略提出，与其他北极国家的合作应朝着推动海洋可持续发展前进，特别是加强对航行安全方面的科学研究或建

---

① Ministry of Foreign Affairs of Denmark, *Kingdom of Denmark Strategy for the Arctic 2011–2020*, http：//ec. europa. eu/enterprise/policies/raw-materials/files/docs/mss-denmark_ en. pdf.

立知识库。为提高北极航行安全，应设定相应的预防性措施，推动国际海事组织框架下的极地航行规则的最终通过，提高航行紧急救援服务能力，进一步提升航行安全标准的相关研究水平。此外，还要继续进行格陵兰周边水域的航行图绘制和测量工作，加强与北极水文学委员会的合作（The Arctic Hydrographoc Commission），避免因开发活动而引发海上事故。战略强调，应加强航行安全的防范措施，为北极航行引入具有强制性约束力的标准，或实施非歧视性的地区航行安全与环境标准，作为北极航行的普遍性准则。第三，不断加强在监测、搜索和救援方面的"近邻合作"，支持"联合北极合作协议"① 的实施，推动各国在海上搜救方面的数据共享，并鼓励和帮助格陵兰岛居民直接参与维护海上航行安全，如设置浮标或搜救人任务。与此同时，战略提出要加强开辟新北极航线的可行性研究，例如在法罗群岛水域为游船、油轮和其他船只建立经过安全和环境评估的航行线路等。丹麦认为北极应成为和平与合作的特别区域，需要加强自身在北冰洋地区的主权存在。因此，战略特别强调丹麦军队应存在于格陵兰和法罗群岛及其周边水域，进行监视和执法并宣誓主权。通过与其他北极国家进行合作并努力促进互信，将北极地区打造成为合作之地。

丹麦战略的竞争性不但体现在安全方面的主权意识，还表现在经济层面。战略将丹麦北极地区经济发展任务总结为：严格遵守国际标准进行矿物质资源的开采与利用；增加可再生能源的利用率；在开发过程中遵守可持续原则；继续寻找新的北极经济增长点，以及保持知识领域的领先地位，将渔业、水电、采矿业、旅游业等作为经济发展的优先方向，以达到吸引外部产业或资金进入的目的。可以看到，经济层面的竞争性取向并没有安全领域的直接，而是间

---

① Ministry of Foreign Affairs of Denmark, *Kingdom of Denmark Strategy for the Arctic 2011 – 2020*, http：//ec. europa. eu/enterprise/policies/raw-materials/files/docs/mss-denmark_ en. pdf.

接地希望通过与其他国家的合作来达到自身发展需求，由此维护自身在北极资源开发的相关知识、技术领域的优势地位，努力在"一系列与北极相关的研究领域保持国际领先地位，从而支持文化、社会、经济和商业的发展"[①]。

丹麦战略将北极国际合作视为优先方向，强调在气候变化、环境保护、海事安全、原住民发展等方面开展多层次的深入合作。报告将联合国气候变化框架公约、生物多样性公约、国际海事组织、世界贸易组织、欧盟、北极理事会等其他相关全球或地区性机制作为促进国际合作的重要平台，特别重视北冰洋五国内部件的紧密合作，并倡导相关的双边接触。丹麦的战略中将一些域外国家如中、日、韩三国称为"合法利益攸关方"，支持它们成为北极理事会观察员的诉求，但仍非常关注这些国家是否认同"北极五国"现已达成的相关协议。战略提出，需要与这些域外国家在航行问题上进行紧密的合作，开展更为有效的双边对话。丹麦在北极国际合作上的态度较为积极，合作性大于竞争性，这主要是缘于部分域外国家在商业和科技方面所具备的优势。丹麦希望将这些域外国家纳入北极治理的进程，借助此类国家的资源使自身收益，并通过双边或多边合作将"北极五国"现有的共识，作为规范性意见纳入北极国际合作的进程中。丹麦和格陵兰岛本身有着一定的身份差异[②]，这就带来了战略规划中的限制性因素。丹麦希望保持北极问题中的核心成员地位，又希望借助于外部力量开展资源、环保和航道等"低政治"领域的合作，特别是谋求来自于中国等新兴市场国家的外部资金与人才投入，以此带动格陵兰本身的

---

① Ministry of Foreign Affairs of Denmark, *Kingdom of Denmark Strategy for the Arctic* 2011 – 2020, http://ec. europa. eu/enterprise/policies/raw-materials/files/docs/mss-denmark_ en. pdf.

② 丹麦为欧盟成员，而其自治领土格陵兰和法罗群岛均不具备此身份。格陵兰的外交政策虽然由丹麦代管，但丹麦须考虑与欧盟政策的一致性。在北极问题上，可能与格陵兰在利益诉求上产生一定的差异性。

发展。① 与挪威的战略相似，丹麦也强调促进各国间在北极问题上的合作，但特别强调北约框架和"北极五国"框架内的合作。

虽然按照传统的北极圈概念，冰岛的陆地部分并不处于该区域内，但在各种不同的自然和政治地理认定中，都将其作为重要的北极问题参与者或主体对待。冰岛一直积极参与北极的地区事务，是《北极环境保护宣言》的签约国，也是北极理事会创始成员国。从参与角度和广度来看，由于海域划界或资源归属纠纷压力较小，冰岛的北极战略核心更多围绕与自身利益相关的航运和环境议题展开。2005 年，冰岛外交部发布了《北部到北部：航行与北极的未来》（North Meets North：Navigation and the Future of the Arictic）政策报告，详细论述了北极航线商业运行的可行性，并以历史、气候、经济成本与收益、基础设施建设和对环境的影响几个方面作为评估标准，对北极航道的大规模开发利用进行了展望。报告将冰岛自身视为北极航线中重要的"中转港口"，建议提前规划和设计应对航行事故的突发应急机制，并为应对大规模人类岸上和航行活动带来的负面影响，建立长效应对措施。2009 年，冰岛外交部发布《冰岛与北极》政策报告，其中特别指出在北极问题上开展与邻国多边合作的重要性。冰岛将北极理事会视为讨论北极议题和原住民事务的主要平台，并认为开展围绕北极的多边合作符合自身的国家利益。与挪威、丹麦的立场相似，冰岛也将北极环境问题视为核心关切，特别是对于大规模人类岸上活动与航行带来的人为挑战，例如油气泄漏等问题，并提出在冰岛建立北极应急反应中心。

从上述几份原则性政策文件来看，冰岛的北极战略似乎存在单一合作性取向，很难看到竞争性要素的存在。但实际上，上述文件更像是针对具体问题的可行性操作论证，以及相关政策的实践标

---

① 该观点根据作者 2014 年与丹麦外交部北极事务大使埃里克·罗伦岑（Erik Lorenzen）、格陵兰外交部副部长凯·安徒生（Kai Andersen）座谈归纳整理。

准，很难看到中长期的战略定位、战略利益判定和战略目标，似乎是一种自下而上的政策阐述方式。2011 年，冰岛发布的《冰岛北极政策议会决议》（A Parliamentary Resolution on Iceland's Arctic Policy）可以更为准确的反应其战略取向。决议提出，冰岛的北极战略在于"维护和确保在涉及北极气候变化、资源开发、环境保护、北极航运、综合发展等问题上冰岛的政治、经济和战略利益，并确保这些利益在与其他北极国家和利益攸关方合作过程中得到体现和发展"[①]。值得注意的是，此份文件明确指出了冰岛对于自身的北极定位，强调"北冰洋沿岸国"这一身份概念，希望在北极治理的多边机制中与其他各方享有一致的行为能力和话语权，特别是在政策与规则制定过程中，避免因身份效应被边缘化。从文件中可以看到，冰岛更倾向于开展与北方邻国，特别是北欧国家的北极治理与合作，并因此在北极战略取向上更为强调身份和地缘概念。但受制于自身较为有限的地区影响力和行为能力，又希望引入其他"攸关方"来平衡这一区域内部的力量非对称状态。也就是说，冰岛北极战略取向中的竞争与合作性在某些议题或阶段为共存状态，在部分条件下也有可能出现相互抵触的情况。在北极争端的解决主张中，冰岛虽然尊重《联合国海洋法公约》作为主要法律依据这一原则，提出可以在主权争端中引入公约相关的条款解决。但在具体操作层面，又积极追随俄罗斯、加拿大、挪威等国的步伐，开展外大陆架划界的申请工作。2009 年，冰岛国家大陆架界限委员会向联合国大陆架界限委员会提交冰岛外大陆架划界的部分申请，涉及雷克亚内斯（Reykjanes）海岭和挪威海盆的艾吉尔（Aegir）扩张脊等与其他邻国存在重叠区域的主权主张，成为围绕北极外大陆架划界争端

---

① A Parliamentary Resolution on Iceland's Arctic Policy，Approved by Althingi at the 139th legislative session March 28 2011，http://www.mfa.is/media/nordurlandaskrifstofa/A-Parliamentary-Resolution-on-ICE-Arctic-Policy-approved-by-Althingi.pdf.

的另一个成员，体现出一定的选择性竞争特征。①

　　芬兰全境有近 1/3 的地区位于北纬 60 度以内，是北极地区的重要成员，拥有大量的居住在北极圈内人口，并且也是北极理事会等治理机制的创始国。虽然并非"北极五国"中的成员，但芬兰一直将北极事务视为国家发展战略中的重中之重。正是由于芬兰的提议，"北极八国"召开了第一届北极环境保护协商会议，并随后促进各国签署《北极环境保护战略》，并最终为北极理事会的成立奠定了基础。该战略提出，当前北极的污染已经不再局限于任何政治边界之内，各国无法单独应对北极地区的环境挑战，这一问题需要更为广泛的合作。各方倡议在北极污染的数据监测方面进行共享和数据交换，定期召开会议进行评估和信息交流。2010 年，芬兰政府发布《芬兰北极地区战略》，提出"作为北极国家，在涉及到北部地区和原住民问题上，芬兰是北极事务的合理参与方。芬兰国土的大部分地区为亚北极（Sub-Arctic）地区，是世界上最北端的国家之一"。报告将芬兰的北极战略分为生态、经济活动与技术、交通与基础设施、原住民、北极政策工具、欧盟与北极地区几大部分，从不同的维度论述芬兰在北极事务中的自我定位与目标。该文件最为重要的意义，是提出了芬兰北极战略的核心目标，也就是既强调自身的北极事务行为体地位，又提出要加强多边合作，特别是与欧盟的合作。芬兰非常强调欧盟在北极事务中的作用，提出将协助欧盟出台具体的北极政策，将欧盟视为北极多边合作中的首选对象，这与芬兰本身的地区政治地位有关。

　　具体来看，无论是北冰洋沿岸五国，还是北极圈内八国中，芬兰都是唯一的欧盟与欧元区"双成员国"，特殊的身份归属使其希

①　The Icelandic Continental Shelf, Executive Summary of Partial Submission to the Commission on the Limits of the Continental Shelf pursuant to article 76, paragraph 8 of the United Nations Convention on the Law of the Sea in respect of the Aegir Basin area and Reykjanes Ridge, http：//www. un. org/depts/los/clcs_ new/submissions_ files/isl27_ 09/isl2009executivesummary. pdf.

望作为欧盟内部的北极事务主导方，将自身利益诉求和关切借助欧盟这一特殊多边机制，对北极治理机制的形成发挥作用。这种做法的好处在于，既在北极国家内部强调自身所具备的身份、利益和代表性的多元化，又巩固了在欧盟内部关于北极事务的话语权，成为欧盟参与北极事务的间接代表方。当然，这种做法的缺陷也较为明显，该报告过于希望强调芬兰的欧盟身份，以大量篇幅阐述了如何开展围绕北极事务的多边合作，特别是与欧盟的合作，导致该报告更像是芬兰北极外交政策的阐述文件，而非针对自身战略的谋划，缺少前瞻性和规划性。有学者提出，这份战略报告与"挪威和丹麦等国相比，没有把重点放到北极地区的开发问题上，也没有将北极问题纳入国家发展规划当中，缺乏远见"①。

2013 年，芬兰政府对该份报告在多个方面进行了修订，以应对快速变"热"的北极问题，试图打造北极战略的"升级版"。与上一版相比，修订版的北极战略报告关注的领域更广，目标更为明确，手段更为清晰。在自我定位上，芬兰强调北极国家这一身份归属，提出要创造北极的相关商业机遇，包括能源产业、北极海运业和造船业、可再生资源的开发与利用、矿产、清洁能源技术、北极旅游、北极交通基础设施建设和北极信息通讯与数字服务等多个方面，提出扩大企业参与度和民众惠及度，特别强调自身拥有的技术优势，为北部地区的经济和社会发展指出了具体方向。此外，报告在强调发展的同时，坚持环境保护理念并强调原住民利益，提倡北极开发的包容性和可持续性。报告延续了此前对于国际合作的重视，但强调这种合作必须建立在可持续的基础上，并对可能危害到北极环境的商业开发构想保持谨慎。芬兰北部地区居住着 9500 余名萨米人，是芬兰重要的北极原住民群体。根据芬兰的宪法规定，维

---

① Lassi Heininen, *Arctic Strategies and Policies：Inventory and Comparative Study*, The Northern Research Forum and The University of Lapland, 2011, p. 64.

护萨米人的语言和文化发展，是其维护人权的重要举措。在原住民方面，修订版更为细化了如何支持当地发展，提出创造可持续且运转良好的社会与工作环境，特别是使这些原住民在生活、教育、就业等方面得到平等有效的服务保障，并确保这一人群可以实质参与讨论相关原住民政策，特别是保障其在北极理事会各工作组内的代表性。另一方面，修订版报告特别加入了"北极稳定"和"内部安全"两方面的内容，提出由于国际法相关原则的约束，以及区域大环境中和平与合作理念的推行，北极发生传统安全危机的可能性较小。但由于特殊的地理与气候环境影响，相关非传统安全问题则存在更高的风险，例如航行事故、环境污染等问题需要各方进行相关的信息共享与行动协调。修订版报告提出，各方面就航行安全、极地导航、危机预防等问题借鉴俄罗斯、爱沙尼亚在波罗的海和芬兰湾海域的成功经验。

瑞典也是第一届"北极环境保护协商会议"的创始参与国，并同样签署了《北极环境保护宣言》，是北极治理中不可忽视的重要成员。但是，瑞典在北极战略制定上却出现了较为明显的滞后，政府层面很少就北极事务发布官方文件或表态，似乎看不到北极问题在其国家发展中占据明显地位。2011 年，由于担任北极理事会主席国，瑞典终于发布了《瑞典的北极地区战略》（Sweden's Strategy for the Arctic Region），并且随之公布了《瑞典的北极理事会计划2011—2013》。该战略首先提出，"瑞典制定北极战略的初衷是由于全球变暖对北极地区带来的影响，以及原住民生活条件的变化"。战略详细论述了瑞典在北极地区希望实现的目标，主要包括"减少温室气体排放，确保北极气候变化及其影响在国际气候谈判中得到应有的重视，保护北极生物多样性，增加在应对气候变化和环境保护问题上的国家科研投入；促进北极地区经济、社会和环境的可持续发展，突出国际法在能源和资源利用方面的重要性，以及充分利用瑞典在环境科技方面的专业性优势，促进瑞典在北极地区的商业利益；在北极理事会框架下促进萨米人及其他原住民的发展，保护其语言和传统，促进原住民参与北极政治进程，利用北欧及北极合作机制促进原住民群体的知识转移等"[①]。与其他北欧国家相似，瑞典的北极战略核心也同样聚焦于气候变化，特别关注气候、环保和生物多样性方面的科学研究，并致力于减少温室气体排放，增强北极的长期治理能力和应对气候变化的适应能力，强调北极地区的可持续发展。因此，在制定北极地区的经济发展目标时，其战略更像是一种"可控开发"，也就是强调在资源利用和开发时尊重国际法和现行国际规则，也借助先进的环保技术，不断提升经济发展中的可持续因素，提出考虑到北极独特的自然条件和较为敏感、脆弱的生态系统，在进行工业开发时应避免资源的过度使用而消失殆尽。同时，瑞典也强调多边合作的重要性，并提出充分利用北极理事会、欧盟、北欧部长理事会、巴伦支北欧—北极理事会等现有平台，协调各国在北极事务中的行动。作为欧盟成员国，瑞典还积极推进欧盟形成统一的北极政策，并支持欧盟对北极理事会正式观察员地位的申请。

可以看到，除了挪威和丹麦北极战略中所表现出来的竞争性合作取向外，冰岛、芬兰和瑞典的战略更多地体现出合作性的一面。但判断一国的北极战略导向，还需要从各国政治价值观中对合作治理的态度，北极问题在其国家整体战略中的排序，以及战略文件中对合作的强调程度来区别对待。

① The Ministry for Foreign Affairs of Sweden, Sweden's Strategy for the Arctic Region, http://www.government.se/content/1/c6/16/78/59/3baa039d.pdf.

第二节　北极国家的战略建构动因

在战略建构的动因问题上，作者将相关国家分为客观动因和主观动因两个方面。从字面的意思可以看出，客观动因主要指在客观上条件的变化，促使国家在相关区域、领域制定战略。主观动因主要指国家在主观上需要谋求的利益和目标，构建起相应的战略。

一、北极战略建构的客观动因

在客观动因方面，北极国家具有很大的相似性特征，特别是应对气候变化问题上。但气候变化所导致的北极融冰增速，对各国的影响却是不同程度的。根据科学家们的研究，全球变暖使北极海冰在过去 20 年中急剧减少，未来甚至有可能在夏季出现季节性无冰现象。2008 年夏季，北极历史上首次实现了西北、东北航道同时通航，使各航运大国重新聚焦于此。根据估算，从日本横滨港出发，经东北航道前往荷兰的鹿特丹港的航程比传统的苏伊士运河航线缩短近 5000 海里，航运成本节约 40%；从美国西雅图经西北航线抵达鹿特丹，则比传统的巴拿马运河航线节省 2000 海里的航程和 25% 的航运成本。①

对俄罗斯来说，融冰为北方航道②（Северный Морской Путь）

---

① Arctic Council, Marine Shipping Assessment, *The Future of Arctic Marine Navigation in Mid-Century*, 2008, http：//www. institutenorth. org/servlet/content/reports. html.

② 在不同的官方文件和研究报告中，对于该航道的名称存在多种翻译方式，如"北方海航道""北方海路"等，作者将中国和俄罗斯于 2014 年 5 月 20 日签署的《中华人民共和国与俄罗斯联邦关于全面战略协作伙伴关系新阶段的联合声明》中提出的"改善中方货物经俄铁路网络、远东港口及北方航道过境运输条件"作为依据，在本书中统一将该航道译为"北方航道"。

的季节性通航提供了新机遇。北方航道连接俄罗斯西部的巴伦支海和远东地区的楚科奇海,途径摩尔曼斯克、伊加尔卡(Игарка)、迪克森(Диксон)、杜金卡(Дудинка)、季克西港(Тикси)、佩韦克(Певек)和布罗伟杰尼亚(Провидения)等主要港口。[①] 苏联解体后,由于俄罗斯北部居民大规模向内地迁徙,该航道的利用率逐年下降。有学者统计,北方航道 20 世纪 90 年代初期的年均货运量仅 300 万吨,相当于苏联解体前平均水平的 1/3。[②] 苏联于 1990 年颁布《北方航道海路航行规则》(Правила плавания в акватории Северного морского пути)。此后,俄罗斯政府又相继出台了《北方航道航行指南》(Руководство для плавания судов по Северному морскому пути)、《北方航道破冰船领航和引航员引航规章》(Правила ледокольно - лоцманской проводки судов поСеверномуморскому пути)和《北方航道航行船舶设计、装备和必需品要求》(Требования к конструкции, оборудованию и снабжению судов, следующих по Северному морскому пути)等技术性规则,用于规范相关船只的航行。2013 年,北方航道管理局又公布了最新的《北方航道水域航行规则》,其中做出了多项政策调整。(见附录四)俄罗斯出于对北方航道的商业化需求,谋求建立以此为基础的国家安全运输通道,在航行技术和程序标准上进行了一定的改变。具体来看,北方航道的"历史性交通干线"属性没有改变,但为特定种类的航行提供了强制引航的"豁免权",为外国船舶的独立航行打下基础,也成为其航道开放策略的重要步骤。俄罗斯政府在这一过程中,不但提供了船只和基础设施等硬件配备,还建立了安全保障系统和航行规则等软件配套。可见,俄罗斯希望在航道问题中采取较为开放的战略,由此带动北部地区的经

---

① 郭培清:《北极航道的国际问题研究》,海洋出版社,2009 年版,第 24 页。

② Данилов Дионисий, *Северный морской путь и Арктика: война за деньги уже началась*, http://rusk.ru/st.php?idar=114689.

济发展。

挪威和丹麦战略的客观驱动也同样聚集于气候变化问题。渔业一直是挪威的支柱性产业之一，而其主要的渔区就集中于北极圈内的巴伦支海海域。1975—2011 年间，挪威的北极渔业渔获量占到了其全球渔获量的 50%，其中 1977 年的峰值时期占到了 82%。[1] 气候变化给高脆弱性的北极地区带来了特殊影响，特别是由于该地区特有的冰区特性。[2] 这种影响直接关系到鱼类生活水温的升高，北极融冰的速度加快导致海水含盐量降低、海水含氧量的升高和洋流与海浪变化带来海洋地理变迁。[3] 因此，挪威在其北极战略中一直把保护生态系统平衡和渔业资源的可持续利用放在显要位置。

应对全球变暖造成的北极融冰是丹麦的北极战略中的一项重要目标。由于丹麦本土并不属于北冰洋区域，其北极战略主要围绕格陵兰岛和法罗群岛这两块丹麦王国的自治领地所制定的。气候变化对当地居民生活产生的影响，是丹麦开展进一步研究和科考行动的重点。在其北极战略中，特别关注区域经济的可持续发展，并在此基础上重视生态系统和环境的保护，进行有限度的开发与合作。其最终目标是，通过跨国间的合作构建北极和平发展的客观环境。[4]

美国和加拿大的战略客观动因主要围绕航道问题展开，但这种共同性中却存在着不同的表现形式，特别是两国间权力诉求的矛盾。从历史的角度看，加拿大对于西北航道的权力诉求从未停止，借助直线基线来主张其领海基线，为西北航道赋予"封闭海域"的

① FAO, *FAO Yearbook*, *Fishery and Aquaculture Statistics* 2011, http：//www. fao. org/docrep/019/i3507t/i3507t00. htm.

② Stephan Macko, *Potential change in the Arctic environment：not so obvious implications for fisheries*, http：//doc. nprb. org/web/nprb/afs _ 2009/IAFS% 20Presentations/Day1 _ 2009101909/IAFS_ Macko_ EnvironmentalImplicationsForFisheries_ 101909. pdf.

③ Molenaar Erik and Corell Robert, *Background Paper Arctic Fisheries*, Ecologic Institute EU, 2009, p. 28.

④ Ministry of Foreign Affairs of Denmark, *Kingdom of Denmark Strategy for the Arctic* 2011 – 2020, http：//ec. europa. eu/enterprise/policies/raw-materials/files/docs/mss-denmark_ en. pdf.

法律地位。加拿大认为，这一水域具有"群岛水域"地位，并且处于加拿大领海范围内，以此来限制外国船舶的航行。加拿大与美国在此问题上的矛盾焦点在于，加拿大从习惯法的角度入手，希望剔除西北航道的"无害通过"[①] 这一重要的法律适用，而美国则认为该航道海域属于国际海峡范畴，各国均应享受这种航行权力。此外，美加两国在大陆架外部界限等问题上也存在明显的权力主张重叠，成为制定和规划北极战略的重要客观驱动。

二、北极战略建构的主观动因

从主观动因来看，俄罗斯北极战略的主要驱动来自资源需求。追踪溯源，战略是以一定的生产力为基础，并随着生产力的发展而发展的。经济能推动战略的发展，提高战略对环境变化的承受能力和应变能力，增强战略实践手段的选择性。另一方面，经济也同样制约战略目标、战略方向、战略重点的选择与确定。战略所追求的目的，归根到底是为了维护或获得一定的经济利益。据估算，在俄罗斯主张的北极地区拥有相当于 800 亿吨的离岸油气资源储备。[②] 2012 年，俄罗斯公布了《2030 年前大陆架油气开发计划》，为北极的资源开发设定了一系列目标和规则。2009 年，俄罗斯政府通过《2030 年前新能源战略草案》，提出位于北极海域和俄罗斯北部地区的资源可以弥补西西伯利亚现有油气储量日益减少的局面。该草案强调进一步开发俄罗斯北部地区、北极海域、远东及西伯利亚地区的能源。因此，俄罗斯的北极战略中非常强调能源储备在加强国家综合实力与影响力方面的作用，提出将北极打造成为"俄罗斯最重

---

① 根据《联合国海洋法公约》规定，外国船只有权在某国领海进行无害通过，也就是不损害沿海国的和平、安全和良好秩序的通过。

② Yenikeyeff Shamil and Kresiek Timothy, the Battle for the Next Energy Frontier: The Russian Polar Expedition and the Future of Arctic Hydrocarbons, *Oxford Institute for Energy Studies*, 2007, p. 12.

要的自然资源战略基地"。

对于加拿大来说，其战略的主观驱动除了经济利益上的考虑，更重要的是吸纳原住民团体参与政策的制定，以此推动战略的执行效果，将改善北部地区居民生活作为其处理北极事务的核心。加拿大积极推进国际层面的资源开发工作，从而创造就业和吸引外资，使北部地区居民成为真正的受益者。同时，加拿大的联邦制结构决定了其北部原住民群体缺乏统一的国家认同。因此，在其北极战略中特别关注增强国家认同，促进国家团结等目标。通过分权和自治的途径，使北部地区参与政治决策，加强与原住民部落领袖建立良好的伙伴关系，保证相关战略的实施。例如，加拿大联邦政府借助"领地财政支持计划"这一保障措施，通过资金和项目的转移支付促进北方居民的教育和就业。

传统安全需求是构建美国北极战略的主观动因。有学者认为，"正是出于地缘政治的考虑，北极的战略意义出于不可替代的地位"[1]。麦克尔·麦格威尔（Michael MccGwire）提出，"在冷战的不同时期，美国和苏联都希望借助北冰洋和北极，来创造各自的战略性优势"[2]。美国政府认为，"在北极地区的利益直接关系到美国的国家安全"[3]，并认为这种利益具有广泛性，需要与盟国或其他国家的协作，共同争取和维护。非传统安全需求是美国的次要关切，主要集中于环境保护和气候变化的科学研究，强调资源的安全、可持续开发与利用。因此，美国在北极问题上并不急于形成系统性的战略文件，也不急于在航道、资源开发等领域展开实质性部署，而是更多地以政策指令等形式强调美国的关切。

---

[1] Dosman Edgar, *Sovereignty and Security in the Arctic*, London and New York: Routledge, 1989, p. 9.

[2] Ibid., p. 24.

[3] National Security Decision Directive, NSDD-90, *United States Arctic Policy*, April 14, 1983, http://www.fas.org/irp/offdocs/nsdd/nsdd-090.htm.

挪威的北极战略在主观层面由资源驱动，这与其能源出口主导的经济结构密切相关。根据《2013年挪威统计年鉴》数据显示，油气出口及周边产业所创造的国内生产总值超过6787亿挪威克朗，占其GDP总量的24%，是挪威第一大经济产业。[①] 挪威还是重要的海事国家，在北极海域拥有众多的岛屿和海港。因此，挪威在北极国家中最先出台相关战略和政策文件，并根据形势变化及时进行调整和修订，特别是在推动北极区域和多边合作，北极治理机制的建设中发挥了超越自身实际影响力的"大国作用"。挪威的北极战略更为强调通过技术革新和科学研发等手段，拓展北极资源的利用，推进巴伦支海等其他近海石油开采的建设开发，启用配额制度管理相关进程，并根据科学计算高效使用和扩大勘探范围。[②] 值得注意的是，虽然资源开发是挪威的主观战略驱动，但其实现路径却并非简单的单独或合作开发，而是特别强调为发展北极石油开采活动的知识基础。在挪威看来，知识储备是其政策核心的概念，需要更加重视北极科学考察与研究。

丹麦北极战略的主观驱动主要来自于自身安全和主权需要。由于丹麦在北极地区的领地远离本土，因此特别强调加强海上安全以及维护格陵兰岛和法罗群岛的主权。在这个问题上，其战略构建主要有两个方面的考虑：首先，希望格陵兰岛拥有一个自治实体的地位，希望将自己定义为北极问题的"主要参与者"，以此来提升丹麦的全球角色。[③] 其次，为应对各国近年来在北极地区展开的较为频繁的动作，以及该地区地缘政治、经济大环境的变化，以此来体

---

① Statistics Norway, *Statistical Yearbook of Norway* 2013, https：//www. ssb. no/en/befolkning/artikler-og-publikasjoner/statistical-yearbook-of-norway-2013.

② Ministry of Foreign Affairs of Norway, *The Norwegian Government's High North Strategy*, http：//www. regjeringen. no/upload/UD/Vedlegg/strategien. pdf.

③ Ministry of Foreign Affairs of Denmark, Kingdom of Denmark Strategy for the Arctic 2011 – 2020, http：//ec. europa. eu/enterprise/policies/raw-materials/files/docs/mss-denmark_ en. pdf.

现丹麦战略的全球性视野。

冰岛北极战略的主观驱动与其所处的特殊环境密不可分。从自然环境来看，作为北极圈内的唯一岛国，北极的生态系统、海洋水文条件、气候温度的变化对其影响程度超过其他国家。从产业环境来看，捕捞业占冰岛出口总额的近1/3，而几乎全境的电能来自于潮汐发电为主的可再生能源系统。从政治环境来看，无论按照经济总量还是区域影响力的指标进行评估，冰岛都属于"小国"范畴，在北极事务上也不例外。为了避免在地区治理进程中被边缘化，冰岛在其战略中不断强调自身北极国家的身份认同，并积极引入域外国家参与北极事务，试图避免在北极国家内部出现排他性集团，使自身利益受到损害。因此，冰岛与同样希望获得更多独立话语权的格陵兰岛、法罗群岛进行合作，希望在北极事务中形成以"岛国"为认同标准的统一战线，增加自身在北极治理中的影响力。可以看到，冰岛战略的主观建构动因较为多元，其核心在于从多个层面淡化自身劣势，而希望建构一个北极合作与治理的完全参与方角色，从而维护自身的切实利益。

小　结

本章的论述重点在于，虽然北极治理的参与主体存在部分共享要素，但受到不同的战略思维取向影响，在自我定位、战略目标和实现手段等方面都存在较为明显的差异。此类差异的产生与各国北极战略建构的客观与主观动因紧密联系，也在客观上塑造了对北极治理本身的认同或排斥。总的来看，北极治理的成效取决于各个行为体，主要是北极国家对于治理的认同，按照不同类别大致可以分为北极治理消极方、北极治理矛盾方和北极治理积极方。

北极治理消极方以俄罗斯和美国为代表。俄罗斯北极事务大使安东·瓦西里耶夫（Антон Васильев）曾表示："为什么要谈北极治理？北极不需要治理，因为北极问题只需要在北极国家内部解决，特别是北极五国框架内讨论。俄罗斯不接受北极治理的概念。"[①] 北极是俄罗斯的"家园"，也就是俄罗斯的未来。俄罗斯是最早制定北极战略，并对自身利益进行细分的北极国家。[②] 根据《2020 年前及更长期的俄罗斯联邦北极地区国家政策基本原则》规定，俄罗斯北极国家利益主要集中在：将俄罗斯北极地区作为解决国家经济社会发展问题的战略性资源基地；维护北极的和平与合作区地位；保护北极特有的生态系统；将北方航道打造为"国家统一交通运输线"几个方面。[③] 以其北极战略内涵来看，其主要目的是以控制为手段，将主权、安全、资源、航道这四个方面作为目标推进，并且按照关切程度的不同进行系统地排序设置，具有相当的排他性和扩张性导向。北极治理的概念并不符合俄罗斯的战略需要，但相关的开发活动离不开大规模的基础设施建设与人力资源投入，特别是外资的支持。因此，俄罗斯对北极国际合作的态度基于狭义上的区域合作，希望借助外部资金实现对于上述领域的管控。

作为全球性的大国，美国在生态失衡、环境污染、恐怖主义等诸多全球性问题上的态度一直较为积极，但北极问题似乎是其中的

①　此番表态为俄罗斯北极事务大使出席中国北欧北极研讨会时做出的。与作者的交谈中，大使提出治理（Governance）一词在俄文中的表述是（Управление），具有控制、管理的含义。俄罗斯认为北极事务由于牵涉到领土主权、资源等问题，应当由北极国家自己解决。因此，俄罗斯在各种国际谈判和外交文件中拒绝接受以"北极治理"为表述的概念，而是提出改为"北极合作"。

②　Васильев А. В, *Арктическая транспортная система как фундаментальный фактор развития региона.*：круглый стол в РБК，24 ноября 2011 года，http：//top. rbc. ru/pressconf/24/11/2011/626215. shtml.

③　Основы государственной политики Российской Федерации в Арктике на период до 2020 года и дальнейшую перспективу，Утверждены Президентом РФ 18 сентября 2008 года（Пр. 1969），Опубликовано：27 марта 2009 года в РГФедеральныйвыпуск №4877，http：//www. rg. ru/2009/03/30/arktika-osnovy-dok. html.

一个例外。美国政府分别在 1983 年、1994 年和 2009 年签发过三部北极相关的《总统令》，主要以政策文件的形式，简要地对美国的北极问题立场进行过阐述。但是，上述文件无论在内容构成、主旨目标和涉及范围上都十分有限，只能被视为是政策性的宣誓文件。直到 2013 年，美国政府才最终出台了第一部《北极地区国家战略》，详细地表明了北极问题的官方立场和战略目标。可见，无论是与俄罗斯、加拿大等北极大国，还是其他相关中小国家相比，美国的战略规划都存在着较为明显的滞后性，而北极在其国家安全战略中的定位也并非处于核心位置。这也可以看到，美国在北极问题上并不急于主导相关进程，而是希望做一个治理的"搭便车者"，在自身利益不受到侵犯的前提下，从属于一个多边的治理框架。也就是希望做一个公共物品的"受益者"，而非"提供者"。这虽然不符合美国的国际战略传统，但却从另一方面表明了北极问题在美国战略中的次要地位以及其对北极治理的消极性态度。

加拿大是典型的北极治理矛盾方。地缘因素决定了北极问题在加拿大国家战略中的核心地位，解决多年来的各类主权争端是其战略的终极目标。加拿大与美国之间的波弗特海之争，与俄罗斯、丹麦之间的罗蒙诺索夫海岭之争，与丹麦之间的汉斯岛之争等此类历史遗留问题显然是其战略优先。更为重要的是，与俄罗斯把北方航道看为主权范围内事务一样，西北航道对于加拿大的意义也围绕主权展开。主权问题必然延伸至利益划分，而在这个层面加拿大的北极政策具有明显的排外性，加拿大的政治价值观又非常强调治理的必要性，形成较为明显的矛盾状态。

北极治理的积极方以北极中小国家为主，特别是挪威和丹麦。两国被视为北极治理积极方，与自身的地缘环境和战略定位密不可分。虽然挪威和丹麦在经济发展上处于发达国家内水平，但在影响力和行动能力层面，还是显示出其软弱的一环，尤其是处于俄罗斯、加拿大、美国的大国"夹缝地带",很难在北极治理的议题设定、议程规范、规则构建中以自身力量发挥应有作用,维护自身权益。因此,需要引入外部力量平衡北极国家内部的实力对比差异,以及自身的比较性劣势。两国不但积极谋求北极国家内部的合作治理,也和域外国家探讨共同治理的可能性。需要指出的是,挪威与丹麦在支持中国获得北极理事会正式观察员地位问题上发挥了重要作用。①

总的来看,各国对于治理角色的认同形成了非常有意思的三方格局。这种格局的主要特征是:从国家利益出发,各国在北极开发的问题上拥有较多的利益交汇点或共同利益,但在开发方式、参与范围、规则与议题设定上,大国拥有较强的执行力,但缺乏政治驱动力;中小国家具有强烈政治意愿,但受制于自身的能力。在两者之间还存在着一股平衡力量,试图缓解两方在治理态度上的矛盾。

---

① 该结论根据 2013 年作者与丹麦、挪威驻华大使的交流座谈中获得对方证实。

第三章
北极区域治理范式
The Arctic Governance Paradigm

　　按照一般的理解，区域治理中的区域概念指两个以上国家构成的特定空间，共享相同或趋同的地理、历史、文化、传统、价值的要素。在本章中，作者通过对北极区域治理范式的理论基础、治理框架以及北极渔业问题的案例分析，提出北极区域治理范式强调区域内部的多元整合、良性互动和价值认同，在指标构成上以域内的客观共性与主观建构、现实联系和潜在纽带、外部挑战与合作性博弈这三个层面作为标准，在治理框架上以制度设计推动身份认同和利益排他，以环境塑造构建域内"自主治理"模式，属于北极治理范式中的初级阶段。

第一节　区域治理的理论指向

　　区域治理的理论基础来自于区域主义，该理论在国际政治研究中并非新兴产物。这一理论的核心要义是"区域决定论"，也就是强调个体需要借助某一区域框架，在谋求自身利益的导向下，行为体间进行的内部互动。这种互动通常以要素间的整合为表现，并显现出一体化的趋势。

一、本地优先：区域治理的内核

"本地优先"（Prioritize the local）思想是区域治理的关键，也就是一切都以本地区为首。国家间的区域治理强调域内的互动，并促进区域内的历史、文化和身份等多元认同。而国家层面的区域治理，则指通过系统的方法来组建地方政府，将尊重和保留地方自治权作为其核心。[①]

那么，区域治理中"区域"的概念应当如何界定？20 世纪六七十年代关于地区一体化的争论中，学者们对"地区"、"地区一体化"（Regional Integration）、"区域主义"（Regionalism）和"区域化"（Regionalization）有着诸多不同的理解，[②] 对于区域内相互依存的要素也看法不一。例如，经济关系、政治和社会变量、历史及文化等要素。从历史的角度看，一般将区域分为三个类型：一是"超国家区域"（Supra-national Regions），主要包含一组或多组相邻的主权国家；二是"次国家区域"（Sub-national Regions），指一国内部的固定政治实体；三是"跨境区域"（Cross-border Regions），也就是涉及两国或多国间的边境地区。如果进一步概念细分，次国家区域或跨境区域更多地被看作是"微观区域"，而超国家区域则是"宏观区域"，也就是全球范围内的区域。宏观区域更多地被视为国际政治研究中的主要单元，而微观区域则是研究国内经济和社会发展的主要指标。约瑟夫·奈关于宏观区域的定义是："因地理关系或

①　Achibani, *Localism：A Philosophy of Government*（*New edition*）, The Ridge Publishing Group, 2013.

②　Russett Bruce, *International Regions and the International System. A Study in Political Ecology*, Chicago：Rand and McNally, 1967. ; Cantori Louis and Spiegel Steven, International Regions：A Comparative to Five Subordinate Systems, *International Studies Quarterly* Vol. 13, No. 4, 1969, pp. 361 – 380; Cantori Louis and Spiegel Steven eds. , *the International Politics of Regions. A Comparative Approach*, Englewood Cliffs：Prentice-Hall, 1970.

相互依存程度联系在一起的有限数量的国家。"① 也就是说，国际政治中的区域概念并非只因地理原因而自然形成，更是由不同的政治要素组成的一个互动范围。但是，在当前的国际事务中，由于国内与国际的疆界趋于模糊，更多的微观区域发展体现出跨界效应，因而更为强调微观与宏观区域间的共同性。② 具体来看，关于区域治理的理论定义主要以三个不同的维度展开：

第一，以制度为导向的区域治理。这类观点认为，制度是区域治理的核心，利用制度来推进一体化进程，才能实现区域主义的治理。把这个定义作为出发点，约瑟夫·奈提出可以在政治一体化（跨国政治制度）、经济一体化（跨国经济）和社会一体化（跨国社会）之间寻找突破。③ 也有观点认为，"区域治理的根本建立在制度之上，是一种制度框架内的协商过程，而这一制度框架具有明显的区域特征"④，提出"权力、制度和结构是影响区域主义形成与发展的关键变量"⑤。也就是说，区域治理的主要表象是一体化进程，而这种一体化进程的载体则是建立不同的制度或治理结构。在实践中，此类区域治理模式以部分地区的一体化进程为主要范例，其治理根基以地理归属为主要标志，而治理效果则是以一体化程度作为指标，强调统一的互动标准和行为准侧，例如欧盟、亚太经济合作组织（APEC）和南方共同市场（Mercosur）等。

第二，以体系为导向的区域治理。这类观点认为，需要建立一个多中心的体系来代替国际体系单极或两极格局。他们认为，不同

---

① Nye Joseph, *Peace in Parts. Integration and Conflict in Regional Organization*, Boston: Little, Brown and Company, 1971, p. 7.

② Nikki Slocum and Luk Van Langenhove, The Meaning of Regional Integration: Introducing Positioning Theory in Regional Integration Studies, *Journal of European Integration*, Vol. 26, No. 3, 2004, pp. 227 – 252.

③ Ibid. , pp. 230.

④ Edward Mansfield and Etel Solingen, Regionalism, *Annual Review of Political Science*, Vol. 13, No. 1, 2010, pp. 145 – 163.

⑤ 卢光盛：《地区主义与东盟经济合作》，上海辞书出版社，2008 年版，第 12 页。

的集团代表不同的区域，而利用多集团格局可以取代冷战时期的两大阵营对峙状态，此种模式含有稳定的因素，在一定程度上能够保障国际体系的和平与稳定。① 此种学说与区域主义兴起时的冷战背景紧密结合。但从实践来看，具有很强的理想主义色彩。虽然当时的确产生了以社会主义阵营主导的华沙条约体系和以西方自由主义阵营主导的北约体系，以及其他国家所倡导的"不结盟运动"（The Non-Aligned Movement），强调奉行独立自主、不与超级大国中的任何一个结盟的外交政策，但就国际体系的根本表征来看，还是处于两极对抗的态势，并且一度触碰战争的边缘。

第三，以认同为导向的区域治理。此类观点的论据核心在于，区域治理的构建关键在于区域内国家的某种集体认同。② 这种认同不但包括物质层面的客观性，还包括非物质层面的主观性，也就是共同价值观、共享目标和共识等要素的建构。这种主观性可以借助政治、经济、文化目标等工具进行认知塑造，从而决定了区域的范围。在主体界定上，通过塑造区域身份概念决定参与者的范围和种类。也就是说，此类区域治理将不同的要素认同作为首要界定标准，将地理构成或机制建设作为次要考量。例如，法语圈国际组织（Organisation Internationale de la Francophonie），就强调以法语为第一语言，并且受到法国文化显著影响的国家为主体，而阿拉伯国家联盟（The League of Arab States）强调国家间的历史与文化认同等。

总的来看，区域治理的核心要义在于制度、体系和认知三个方面。有学者认为，"区域治理的根本是形成一种'目标共同体'，其中包括具体的价值观或理念共享，在此基础上创造出有限空间内的行为规范，并且激励空间内行为体为了共同目标而产生积极互动渴

---

① Masters Roger, A Multi-Bloc Model of the International System, *The American Political Science Review*, Vol. 55, No. 4, 1961, pp. 780 – 798.

② Camroux David, Return to the Future of a Sino-Indic Asian Community, *The Pacific Review*, Vol. 30, No. 4, 2007, pp. 551 – 575.

望或行为"①。在作者看来，区域治理主要指相近地缘结构的主权国家群体，在利益拓展的过程中寻求共同认知和目标，并以此为框架借助相应的标准和行为准则进行互动的观念。在这当中，共同的地理联系和形态结构，向外扩展逻辑所产生的外溢效应与共同利益，以及共同的域外挑战和域内需求，构成了区域治理的主要推动力。

区域治理在理论指向上存在广义和狭义两种类型，二者的区别主要有以下几个方面：第一，是两者表现形式上的差异。狭义区域治理强调政治或经济领域的深度整合，建立内部高度合作和外部高度排他的共同体，消除彼此间的壁垒。广义区域治理更为强调区内的跨领域整合，建立内部良性竞争和外部限制性互动的模式。这也造成了两者在成员范围、议题设置和制度设计中的明显差异。第二，是两者兼容性的差异。狭义区域治理认为，区域的整合需要借助内部力量来完成，更多是依靠区内国家间更为密切的经济关系来实现，但对于区域间或区域外合作并不关注。广义区域治理不但强调区域内部的一体化，还认为这种区域意识或认同是建立在区域间合作之上。这也就意味着，广义区域治理不但重视区内自下而上的推动，也就是区内借助国家间合作的一体化进程，同样看重由外向内的外部力量，通过国家与区外机制的合作以及机制间的互动促进区内的良性竞争。因此，狭义区域治理的关注点仅限于内部整合能力，无法与外部力量和结构相互兼容。广义区域治理则自我消除了这一弊端，更为关注国际体系和地区间关系的作用，重视外部输入性的整合动力。第三，是两者认同标准的差异。狭义区域治理更为强调主权国家的利益认同，认为一体化的终极目标是服务于区内各自的国家、民族利益或区域共同利益。广义区域治理除了强调单一的利益认同，还关注与跨国家、跨民族、跨区域的利益及规范认

---

① Schulzetal Michael eds. , *Regionalization in Globalizing World*, Zed Book, 2001, pp. 22－23.

同，而全球跨区域间的共同利益，应当处于自身或民族利益之上。也就是说，狭义的区域治理更倾向于封闭式的互动方式，而广义的区域治理中存在更多的区外因素，具有半封闭式的特征。[①]

二、传统区域主义到新区域主义的理论演变

作为区域治理的核心观念，区域主义并非以单一线性式发展演变，其要素也随着这一过程发生改变。当前，对于区域主义的发展过程主要以"新旧"两个时间概念划分，此处的"新"主要是与20世纪50年代的第一次理论兴起对比而言。

区域主义起源于欧洲，主要是第二次世界大战后欧洲快速兴起的区域性组织以及一体化设想。这一时期，围绕如何推进欧洲一体化有着不同的看法，主要包含具有理想主义色彩的联邦主义，具有现实主义色彩的"政府间主义"（Intergovermentalism），以及具有自由主义色彩的"功能主义"（Functionalism）。联邦主义的观点认为，导致爆发两次世界大战的源头是主权国家间的协商体制和民族冲突，为了避免类似惨剧的再次发生，必须建立一种超国家机制来协调国家间关系，也就是类似于联邦制的一体化进程。功能主义的观点则认为，问题核心不在于建立超国家机制，而是建立专业性的合作组织来处理合作中的技术问题，避免依赖主权国家自身。而最终这类组织通过功能上的拓展，在一定程度上逐步替代政府的部分功能。[②] 两种理论在本质上均强调地区整合的重要性，但同时对于主权国家的功能提出了质疑，希望借助机制来改变这一合作赤字。区域整合理论之所以能够兴起，源于二战后国际格局的大背景。该理

---

① 赵隆："北极区域治理范式的核心要素：制度设计与环境塑造"，《国际展望》，2014年第3期，第30页。

② Mitrany David, the Functional approach to World Organization, *International Affairs*, Vol. 24, No. 3，1948，p. 359.

论对欧洲战后经济发展以及维持区域和平的需求起着得要作用。随着欧洲煤钢共同体建立和欧洲经济共同体的建立，区域主义在经济领域占据了指导性地位，但对安全和政治领域的影响力却不甚明显。

　　随着 20 世纪 70 年代世界经济大衰退的影响逐步蔓延，区域经济整合的过程放缓并一度停滞，导致对该理论的研究和实践进入了低谷期。环境保护、核不扩散、人权等新社会运动的频发爆发产生了超越了利益认同和阶级性。此类运动是建立在身份认同的基础上，从而导致国家以利益为导向的政治动员能力下降，出现明显的治理危机。有学者认为，西欧国家政治不稳定和经济发展放缓是限制一体化进程的主要因素[1]。这一时期的理论争论焦点集中于相互依赖理论、结构现实主义理论和霸权稳定论之间，有观点还提出"应当以'跨国主义'和'相互依存理论'来代替功能主义"。[2] 进入 80 年代，区域主义又一次随着欧洲的一体化进程重新兴起。《单一欧洲法令》确立了建立欧洲统一市场的目标，其产生的示范和压迫效应引发其他地区的区域主义进程，有如多米诺骨牌一发而不可收。[3] 欧洲共同体的一体化程度和范围不断扩大，直到《马斯特里赫特条约》、《阿姆斯特丹条约》和《尼斯条约》的签署与欧盟的形成，欧洲区域主义思潮逐步从西欧向东蔓延。区域主义的核心理念在这一阶段逐步从利益驱动转向认同驱动，因此，涉及的领域也远远超越经济这一点。

　　东欧剧变和苏联解体带来的两极格局崩盘，区域主义获得了其发展的第二次高峰，影响范围也从欧洲跨越至北美和亚太地区，建

---

① Wallace William ed. , *the Dynamics of European Integration*, London：Printer, 1990, p. 285.

② Haas Ernst, *The Obsolescence of Regional Integration Theory*, Berkeley：University of California, 1975, p. 124.

③ 丁斗：《东亚地区的次区域经济合作》，北京大学出版社，2001 年版，第 39 页。

立起多个区域性组织，而"新区域主义"的概念也随之被提出①。从区域主义发展演变的过程可以看到，其理论的深化并非呈线性式发展，而是随着国际格局的变化而波动，并逐步进行自我完善。作者认为，传统区域主义和"新区域主义"的根本区别有以下几个方面：

第一，在于两者表现形式上的差异。传统区域主义聚焦于经济合作，其主要目的用于推动区域内部的经济整合，消除彼此间的贸易壁垒，最终实现整体发展。"新区域主义"的表现形式以区域内部的竞争性合作为特征，不但超越了经济领域，推动域内政治、安全、文化等多领域的整合，并促进良性竞争以激发一体化动力。造成这一现象的主要原因，是传统区域主义诞生于二战后，兴起于冷战时期的两极格局下，而"新区域主义"则是以多级世界格局为背景的，两者所关注的重点，面临的障碍均有所不同。如果进一步观察，传统区域主义的设想其实是希望将经济与政治分离，通过经济上的整合来推动区域内部的跨国经济合作机制建立，并最终促进一种超国家机制的形成，特别是民众对于超国家理念的认同，有学者还提出"通过经济活动将逐步打开通往联邦的大门"②。但实际上，这种想法的问题在于经济活动无法完全脱离政治，甚至很大程度取决于政治协商和制度整合，特别是政治人物的认同和意愿。因此，单把经济作为一体化的核心议题，显然不符合各国发展的需求。

第二，在于两者兼容性的差异。传统区域主义的观点认为，区域的整合与发展需要借助内部力量来完成，更多是依靠国家间更为密切的经济关系来实现，但对于区域间或区域外合作并不关注。"新区域主义"中不但强调促进区域内部的一体化，还认为这种区

---

① Norman Palmer, *New Regionalism in Asia and the Pacific*, The Free Press, 1991, p. 225.

② Michael Burgess, *Federalism and European Union: Political Ideas, Influences and Strategies in the European Community*. 1972 – 1987, Routledge, 1989, p. 51.

域意识或认同是建立在区域间合作之上。有学者就提出"新区域主义"不但反映出区域意识和认同、国家推动区域一体化,还包括区域间的国家合作。[1] 这也就意味着,"新区域主义"不但重视内部自下而上的推动,也就是区域内借助国家间合作的一体化进程,同样看中外部自上而下的力量,通过国家与域外机制的合作和机制间的互动,促进域内的良性竞争以建立深度的一体化结构。此外,"跨区域"因素逐步在"新区域主义"中得到体现,特别是已经建立或形成共识的系统规则,可以适用于区域间联系和互动,形成区域间的依存关系。[2] 因此,传统区域主义的关注点仅限于内部整合能力,无法与外部力量和结构相互兼容。"新区域主义"则自我完善了这一弊端,更为关注国际体系和地区间关系的作用,重视外部输入性的整合动力。

第三,在于两者认同标准的差异。从根本上看,两种理论均强调区域内的认同。传统区域主义更为强调主权国家的利益认同,认为一体化的终极目标是服务于域内国家、民族各自的利益或区域共同利益。"新区域主义"除了强调单一的利益认同,还关注与跨国家、跨民族、跨区域的利益及规范认同,而全球跨区域间的共同利益,应当处于自身或民族利益之上。实际上,也就是把区域主义和全球化的大背景联系了起来。虽然也有学者持完全相反的观念,认为区域主义与全球主义相对立,提出全球主义源于"民主和平论"而区域主义实际上是以地缘经济学和地缘政治学为指导,这两种哲学思想从根本上相抵触。[3] 但"新区域主义"在一定程度上已经超越了地缘概念本身,而关注区域间的共同利益及认知,这实际上成

---

[1] Louise Fawcett and Andrew Hurrell eds. , *Regionalism in World Politics*, Oxford University Press, pp. 37 – 73.

[2] Werner Feld and Gavin Boyd, eds. , *Comparative Regional Systems*, Oxford: Pergamon Press, 1979, p. 472.

[3] 宿景祥:《亚洲意识与东亚经济合作》,时事出版社,2002 年版,第537—552 页。

为了传统区域主义迈向真正全球主义的中间阶段。

总的来看，"新区域主义"经过多年的演变和国际格局大背景的影响，与传统区域主义在表现形式、兼容性和认同标准上有着较为明显的差异，也反映出国际体系从两极到多极，甚至无极的格局变动。在区域治理中，这种核心理念的演变也非常明显。

三、区域治理的指标体系构成

对于区域治理各项指标的研究，可以被看作是评估区域治理在该问题或地区的实践情况。学界对于这一问题的研究由来已久，最早可以追述至布鲁斯·拉赛特（Bruce Russett）的定量分析法，将区域治理的分析指标定为：各国在政治制度上的同步程度、在经贸关系中的依赖程度、在社会以及文化层面的相近程度、还包括在对外事务中的立场一致程度。[①] 有学者提出，根据五种变量来理解当前的区域治理，也就是把社会、经济、政治和组织凝聚力的程度作为指标，认为应该按照区域化、区域认知度和认同感、区域内的国家间合作、国家促进区域一体化和区域凝聚力这几个层面来观察区域主义的效果。[②] 也有观点认为，区域融合度可以保障内部成员在领域间差异化缩小，增强内部的凝聚力并塑造区域特性，并把这种融合程度分为几个不同的阶段：一是自然形成的区域空间（Regional Space），也就是从纯地理因素考量区域，不包含任何人为的组织范围；二是区域复合体（Regional Complex）阶段，意味着在民众群体间不断扩大的跨地域关系；三是区域社会（Regional Society）阶段，出现诸多认为组织或自发的政治、经济、文化甚至军事交往；

---

① Russett Bruce, *International Regions and the International System： A Study in Political Ecology.* Chicago：Rand McNally，1967，p. 252.

② Hurrell Andrew and Fawcett Louise eds. , *Regionalism in World Politics. Regional Organization and International Order*, Oxford University Press，1995，p. 129.

四是区域共同体（Regional Community）阶段，将形成一个持久的组织框架（正式或非正式）促进和推动社会交流，以及价值观和行为的趋同，最终建立起跨国公民社会；五是区域制度政体（Regional Institutional Polity）阶段，也就意味着成为拥有固定结构、决策机制和行动能力的行为体。但是，这些阶段间并不具备传承性，并非前一阶段必然向后一阶段过渡演变。[1] 还有学者把区域治理的能动指标与全球化紧密结合，提出应当把"生产模式与国际分工的关系、权力关系分布、社会文化网络和行为体间关系等"作为主要指标。[2]可以看到，学者们对区域治理的指标界定并不完全一致，但多数按照政治、经济、社会和对外关系这几大领域标准对其进行了划分，认为区域治理的最终目标是在一定范围内建立相应的经济或安全联盟。在作者看来，将指标领域化固然可以作为解释区域治理的进程和效果的一个侧面，但还可以从以下几组关系进行评估：

第一，是客观共性与主观建构的关系。从字面的理解来看，区域治理是以固定的区域为实践平台的，而这个区域应具备"特性共享"（Shared Characteristics）的要素。例如，区域治理在欧洲的发展就根植于相关国家在地理上的相邻关系，在民族上的融合程度，在宗教、历史和文化上的继承性等。究其根本，是一种自然形成的共性特征，很多研究把这一特性共享看作是欧洲一体化发展的根本动力。然而，如果将其作为指标应用在东北亚、东南亚或非洲地区的一体化进程中，却产生了诸多障碍阻力。从根本上看，或许是忽略了主观建构的作用。这里的主观建构主要涉及非自然形成的特性，例如：统一身份的认同建构，相同价值观的理念建构，共同责任的资格建构等。由于这种建构过程产生于行为体的主观意愿，更

---

[1] Soderbaum Frederik and Shaw Thimothy eds. , *Theories of New Regionalism*, New York, Palgrave Macmillan, 2003, pp. 28 – 29.

[2] Mittelman James, *the Globalization Syndrome*：*Transformation and Resistance*, Princeton University Press, 2000, pp. 25 – 28.

加能够反映不同行为体的真实目的，自然也会在一体化程度上取得更为明显的效果。因此，在共性指标中应当既包括客观共性，也就是共同的地理、历史、文化或宗教传统，也应当包括在面对共同威胁和挑战，以及针对共同目标所进行的主观建构。

第二，是现实联系和潜在纽带的关系。这里的现实联系是学界普遍认为的各项政治、经济、社会等指标，具体表现为经济贸易的相互依赖程度，国家治理模式和意识形态的相互兼容程度，人民交往和文化交流的密切程度等。这些指标可以借助量化方法来准确反映区域内单一行为体间的联系程度，如按照优惠贸易安排①（Preferential Trade Arrangements）的广度和数量界定，按照国家的政治文明、宪政体制、法律体系的相互兼容程度界定，以及按照人员迁徙流动、文化借鉴传承的频繁程度界定。这种评判标准的优点在于可以将量化数据作为依据，评估区域内部的一体化程度，但缺点是无视了显性指标外的潜在联系。比如，区域内各国间的潜在纽带也是值得关注的重要指标。这当中包括政治精英的理性选择与行为偏好，利益集团的跨界效应与逐利标准，以及制度框架的约束程度等。区域内各国进行互动的主要推动力不仅在于现实的经济需求，也同样取决于主要政治精英的理性选择标准以及其自身的行为偏好，而各国间这种标准和偏好的接近程度是推动区域化的潜在动力。同样，利益集团间的跨界合作也在一定程度上决定着国家间各种显性关系的紧密程度，而区域内制度框架的约束力度则是一体化进程的关键性指标，制度约束过强可能引发内部合作意愿与外部利益诱惑的矛盾失衡现象，而制度约束赤字则又会导致组织结构松散，最终影响到区域合作的成效。

第三，是区域的外部挑战性与内部的合作性博弈。正如很多学

---

① 优惠贸易安排是经济一体化较低级和松散的一种形式，指在实行优惠贸易安排的成员国间，通过协议或其他形式，对全部商品或部分商品规定特别的优惠关税。

者所提出的，区域治理的实践效果和深化程度已经不单单涉及其内部，还取决于外部的压力和威胁。区域内成员所形成的共同意识塑造出共同的外部挑战和对手，也就加强了"区域内聚性"[①] （Regional Cohesions），促进形成更多的特性共享和联系纽带。值得注意的是，仅仅依靠外部压力所产生的凝聚力，在外部威胁消失或逐步式微的同时，其生长与再造的土壤也就消失殆尽。例如，北约在两极格局瓦解和华约体系崩溃后，出现了很长一段时间的动力真空期，缺乏此间建立在外部威胁上的共同意识与目标。作者认为，除了需要关注"输入性压力"所能产生的凝聚效应外，还应关注区域内部的合作性博弈发展，促使各国在外部挑战较弱的环境中塑造自我合作态势，在博弈过程中寻找各领域的合作效应，从而激发产生区域内的新互动点与逐利方向，并同时提高区域本身的外溢效应。

也就是说，区域治理的指标体系构成需要量化分析，但也不能忽视定量和定性的相互结合，特别是需要同时关注显性和隐形因素。按照不同领域的一体化程度可以评估区域治理的实践效果，但一体化的动力却不仅仅来源于政治、经济和社会等方面的现实联系。对于共同性的主观建构程度，区域内潜在纽带的维护程度，都是区域治理实践中的重要推动力，自然也是区域治理指标体系中不可缺少的成员。

第二节　北极区域治理范式的核心要素

北极的区域治理范式强调客观约束，以"半封闭"或"封闭式"的制度框架限制治理主体范围，特别是以北极理事会为代表的

---

① 区域内聚性是区域内国家与域外国际社会间相互协调处理跨区域政策事务、区域间互动关系有组织化的内在因素。

"罗瓦涅米进程"和以"北极五国"外长会议机制为代表的"伊卢利萨特进程",强调北极区域内部的身份认同和利益排他性,形成对外排他性和内部协商性共存的互动格局。其治理核心在于主体资格的区域排他性、客体范围的区域集中性、利益争端的区域协商性以及终极目标的区域概念性。此外,还以环境塑造提升区域一体化动力,强调区域内外的身份塑造以及域内"自主治理"的意识塑造,成为狭义区域治理的实践。

一、区域治理的制度设计

制度设计(Design of Institutions)在北极区域治理范式中扮演着重要角色。这一概念由部分西方学者提出并应用于国际关系领域,他们关注的重点并非制度对个体的约束和协调效应,而是着重讨论制度形成的起源,强调理性主义的选择过程[1],以反向路径研究个体对制度本身的影响,从而提出主观设计的可能性。从功能的角度观察,制度的存在旨在减少行为体间交易成本的有效路径,在谋求个体利益最大化的基础上以固定的规则为指导进行交往行为。这种基本的理性个体假设希望证实各行为体将以收益来计算行为,也就是以预期结果决定先期过程。该概念提出制度作为约束个体行为的"游戏规则",其中的个体意志与价值导向无法避免。对于个体行为的共同预期和约束下的利益最大化是制度设计需要关注的重点,西方在研究制度设计时强调的"理性主义范式"[2]、跨国行为者

---

① Koremenos Barbara, Lipson Charles and Snidal Duncan, The Rational Design of International Institutions, *International Organization*, Vol. 55, No. 4, 2001, pp. 761 –799.

② Coglianese Cary, Globalization and the Design of International Institutions, Nye Joseph and Donahue John eds. *Governance in a Globalizing World*, Brookings Institution Press, 2000, pp. 297 –318. Alexander Wendt, Driving with the Rearview Mirror: On the Rational Science of Institutional Design, *International Organization*, Vol. 55, No. 4, 2001, pp. 1019 –1049. John Duffield, The limits of Rational Design, *International Organization*, Vol. 57, No. 2, 2003, pp. 411 –428.

和民主合法性的作用①，以及我国部分学者强调的"规范性"②，实际上是从不同的侧重点观察影响制度设计的因素。具体来看，北极现有的区域治理制度主要包括：北极区域环境保护策略及其机制化成果北极理事会、巴伦支欧洲—北极理事会、北极地区议员大会和北欧部长理事会等。在这一系列制度的起源、形成和完善过程中，区域主义理念均占据了主导性位置，特别是以北极理事会的建立为主的"罗瓦涅米进程"和以"北极五国"外长会议机制为主的"伊卢利萨特进程"③。

"罗瓦涅米进程"起源于1989年的北极环境保护协商会议和1991年的《北极环境保护战略》，也就是北极环境保护合作的开始。根据这一文件的要求，签约国内部将实现污染数据和信息共享，控制污染物排放和应对外部输入性污染，深化北极环境合作。④ 在机制化建设层面，不但设立了定期会议制度，还组建了海洋环境保护工作组（The Protection of the Arctic Marine Environment Working Group，简称 PAME）、监测与评估工作组（Arctic Monitoring and Assessment Programme Working Group，简称 AMAP）、突发事件预防、准备和反应工作组（Emergency Prevention，Preparedness and Response Working Group，简称 EPPR）和动植物保护工作组（Conservation of Arctic Flora and Fauna Working Group，简称 CAFF）。

"罗瓦涅米进程"的核心成果是1996年成立的北极理事会。北极圈内八国为北极理事会的成员国，理事会主席一职由各成员国每

① Tallberg Jonas，*The Design of International Institutions*：*Legitimacy*，*Effectiveness*，*and Distribution in Global Governance*，Collaborative Project at Stockholm University，Funded by the European Research Council forthe Period 2009 – 2013.

② 朱杰进："国际制度设计中的规范与理性"，《国际观察》，2008年第4期，第53—39页。

③ 作者将北极理事会奠基文件《北极环境保护宣言》的签署地芬兰罗瓦涅米，以及北冰洋外长机制奠基文件《伊卢丽萨特宣言》的签署地格陵兰伊卢利萨特归纳为两种不同的机制进程。

④ Declaration On The Protection Of Arctic Environment，http：//iea. uoregon. edu/pages/view_treaty. php？t = 1991 – DeclarationProtectionArcticEnvironment. EN. txt&par = view_ treaty_ html.

两年轮流担任。法国、德国、荷兰、波兰、西班牙、英国、中国、意大利、日本、韩国、新加坡和印度为观察员国。除了成员国外，六个北极本地社群代表成为北极理事会中的永久参与方，其中包括北极阿撒巴斯卡议会（Arctic Athabaskan Council）、阿留国际协会（Aleut International Association）、哥威迅国际议会（Gwich'in Council International）、因纽特北极圈会议（Inuit Circumpolar Council）。俄罗斯北部地区原住民协会（Russian Association of Indigenous Peoples of the North）、萨米理事会（Saami Council）。享有观察员地位的政府间或议会间组织包括：红十字会与红新月会国际联合会（IFRC）、世界自然保护联盟（International Union for the Conservation of Nature，简称 IUCN）、北欧部长理事会（Nordic Council of Ministers，简称 NCM）、北欧环境金融公司（Nordic Environment Finance Corporation，简称 NEFCO）、北大西洋海洋哺乳动物委员会（North Atlantic Marine Mammal Commission，简称 NAMMCO）、北极地区议员常设委员会（Standing Committee of the Parliamentarians of the Arctic Region，简称 SCPAR）、联合国欧洲经济委员会（United Nations Economic Commission for Europe，简称 UN-ECE）、联合国开发计划署（UNDP）、联合国环境规划署（UNEP）。享有观察员地位的非政府组织包括：海洋保护咨询委员会（Advisory Committee on Protection of the Seas，简称 ACOPS）、北极文化网关（Arctic Cultural Gateway）、国际驯鹿养殖者协会（Association of World Reindeer Herders，简称 AWRH）、极地自然保护联盟（Circumpolar Conservation Union，简称 CCU）、国际北极科学委员会（IASC）、国际北极社会科学协会（International Arctic Social Sciences Association，简称 IASSA）、国际环极健康联盟（International Union for Circumpolar Health，简称 IUCH）、国际原住民事务工作组（International Work Group for Indigenous Affairs，简称 IWGIA）、北方论坛（Northern Forum，简称 NF）、北极大学

（University of the Arctic）、世界自然基金会北极规划小组。

至此，北极理事会中享有完全参与能力的主体构成符合关于宏观区域的定义，也就是因地理关系或相互依存程度联系在一起的有限数量的国家，以地理意义上的北极地区为治理范围，其工作组的设置标准也符合以推动域内的合作协调应对未来环境挑战的治理议题。不可否认，部分观点认为北极理事会是北极问题的主要治理机制，在谈论北极多边合作时，也以北极理事会作为案例加以论证。但是，如果从北极理事会建立的起源、进化演变的过程和其规章制度来看，实际上具有非常明显的区域主义治理特征，在成员构成和成员国、永久参与方以及观察员国间的权责划分上表现的尤为明显。

2011 年，北极理事会发表的《努克宣言》①（Nuuk Declaration）中提出采用北极高官会议（Senior Arctic Officials）报告附件（Annexes to the SAO Report），对观察员地位所享有的权利和义务提出了一系列明确的约束限制。② 具体来看，这些约束要求观察员承认北极圈国家在该地区的主权和派生权利，以及相应的管辖权，接受《联合国海洋法公约》等现有多边法律框架在该地区的适用性。文件特别提出，需要尊重原住民的价值观、文化、传统和相应的利益。同时，观察员应展示自身的合作意愿，特别是一定的资金能力，促进永久参与方或原住民群体的发展，以及将自身利益诉求与北极理事会趋同，对北极理事会工作表现出相应的能力和意愿需求，将成员国或永久参与方作为代理方，向北极理事会转达关切议题。

也就是说，北极国家通过制度设计界定了北极主权争议的归属

---

① Nuuk Declaration 2011 of Arctic Council, http：//www. arctic-council. org/index. php/en/document-archive/category/5-declarations? download = 37：nuuk-declaration-2011.

② Senior Arctic Officials Report to Ministers, May 2011, http：//Arctic-council. npolar. no/acc-ms/export/sites/default/en/meetings/2011-nuuk-ministerial/docs/SAO_ Report _ to _ Ministers _-_ Nuuk_ Ministerial_ Meeting_ May_ 2011. pdf.

范围，表现出治理的半封闭性。该制度将治理主体范围进行了严格限制，分为"完全行为能力"和"限制行为能力"两个类型。其中，成员国和永久参与方作为完全行为能力主体，扮演了观察员的代理者角色。观察员作为限制行为能力主体，只能通过这一代理者表达自身意愿和诉求，并且没有对任何决议的实质性提出否决权。不但如此，限制行为能力主体的旁听权利也受到严格限制，必须得到完全行为能力主体的许可和邀请。但是，为了提高北极理事会相应的项目运行能力，限制行为能力主体获得了部分项目的资金参与权，也就是通过北极理事会各类工作组的项目计划，开展项目资助活动。值得注意的是，这种资助的额度被严格限制在完全行为能力主体的资助额度以下。同样，限制行为能力只有经轮值主席国批准，才可以针对相关议题发表看法或提交书面意见，而这种意见表述行为也必须位列于完全行为能力主体之后。[1] 通过制度设计对于主体行为能力实施限制措施，其目的在于维护治理权力的区域集中性，也从客观上反映出对于北极治理的超区域化和权力外溢效应存在排斥。

另一方面，区域治理范式的重点在于强调域内的身份认同和利益排他，这也就势必导致相关制度以身份和地域特征为主，强调共同利益和对外立场的一致性。伊卢利萨特进程起源于2008年召开的北冰洋沿岸国家部长级会议。此次会议讨论了包括气候变化、海洋环境、航行安全等一系列问题，并签署了《伊卢利萨特宣言》（Ilulissat Declaration）。这一进程的核心在于，特别强调阻止建立任何"新的综合性国际法律制度来治理北冰洋"[2]，在《联合海洋法公

① Senior Arctic Officials Report to Ministers, May 2011, http://Arctic-council. npolar. no/acc-ms/export/sites/default/en/meetings/2011-nuuk-ministerial/docs/SAO_ Report_ to_ Ministers_ -_ Nuuk_ Ministerial_ Meeting_ May_ 2011. pdf.

② Arctic Ocean Conference, *The Ilulissat Declaration*, 2008, http://www. oceanlaw. org/downloads/arctic/Ilulissat_ Declaration. pdf.

约》的框架下通过合作与协商自主解决北极事务，并继续发挥北极理事会的重要作用。北冰洋沿岸五国提出，由于本次会议的主题是讨论北冰洋的司法制度和法律管辖权问题，北极理事会其他三个非北冰洋沿岸成员国并未受邀参加会议。不仅如此，北极原住民组织作为北极问题的主要参与方，也没有被邀请参加此次会议。《伊卢利萨特宣言》提出，"北冰洋正处在一个巨大变化的起点。气候变化和融冰对脆弱的生态系统、原住民生活的社区以及自然资源的开发来说存在潜在影响。由于加拿大、丹麦、挪威、俄罗斯和美国对北冰洋的大片海域拥有主权、主权权利和司法管辖权，在处理这一系列相关问题时具有得天独厚的优势"[1]。北冰洋沿岸五国通过此次宣言，试图建构其自身享有排他性治理权这一集体身份，因此特别强调对于海域本身的管辖权力。此外，该宣言还提出，"没有必要制定一套新的综合性北冰洋国际法律制度，五国将根据国际法采取相应的国内治理行动，通过与其他攸关方合作来保护脆弱的北冰洋海洋环境"[2]。这一进程的核心在于，表明北极国家内部出现了较为明显的分化趋势，形成以北冰洋沿岸国家为主体的"核心成员"和其他北极圈内国家为主体的"外围成员"。两者间虽然存在广泛的利益共享，但由于实力比较悬殊造成了一种力量间的不平衡状态，引发了议题主导权的争夺。对于外围成员来说，实力差异促使其更希望引入域外平衡力量，通过区域间或多边合作来改变当前"议题依附"状态。而对于核心成员来说，域外力量的加入将明显"稀释"其在北极区域治理中的现有主导权，特别是议题设定和制度设计权。因此，"北极五国"谋求建立具有外部排他性的小范围协调机制，借助实力优势实现各自利益诉求，并对外围成员进行一定的

---

① Arctic Ocean Conference, *The Ilulissat Declaration*, 2008, http://www.oceanlaw.org/downloads/arctic/Ilulissat_ Declaration. pdf.

② Ibid. .

"责任捆绑"，通过增强权力集中性促进区域治理。

作者认为，"伊卢利萨特进程"的基本逻辑在于强调其成员所具备的北冰洋沿岸国的共同身份，并且表明对于《联合国海洋法公约》的共同制度认同，其主要目的在于避免法律或制度"真空论"，从根本上消除产生北极新法律制度或条约体系的可能性。也就是说，无论是"罗瓦涅米进程"还是"伊卢利萨特进程"，其共同核心在于主体资格的区域排他性、客体范围的区域集中性、利益争端的区域协商性以及终极目标的区域概念性，具有明显的区域治理范式特征。两者的区别在于，前者在表现形式上强调区内的跨领域整合，建立北极国家间良性竞争和与非北极国家的限制性互动模式。在兼容性上更为关注国际体系和地区间关系的兼容作用，重视外部输入性的整合动力。在认同标准上除了强调单一的利益认同，还关注与跨国家、跨民族、跨区域的利益及规范认同。也就是说，狭义的区域治理更倾向于封闭式的互动方式，而广义的区域治理中可以看到更多的域外因素，具有半封闭式的特征。

二、区域治理的环境塑造

无论是封闭性或半封闭性的制度设计中，环境塑造都是区域治理范式不可或缺的一部分。这里的环境既包含区内各国合作中所面临的挑战这一内部环境，也包括区内国家对于外部挑战的关切度这一外部环境，既包括治理过程中各行为体的互动意愿这一主观环境，也包括治理机制中的互动结构这一客观环境。北极区域治理通过环境塑造提升区域一体化动力，强调区域内外的身份塑造和区内"自主治理"的意识塑造。具体来看，可以分为以下两个层面：

区域内外的身份塑造。身份塑造是指对于某种特定身份认同的一种建构方式。身份认同代表了成员在特定社会系统中所扮演的角色，代表了不同身份所享有的权力和责任义务，通过特定身份在系统内参与整合。按照传统理论的理解，区域主义治理所必须的核心要素首先是"区域"联系。这种区域不但是地理概念中的地区，也包括统一的身份认同、理念认同和环境认同。也就是说，区域治理范式中的行为体，对域内、域外的合作态势、挑战威胁和治理角色应当具有一致性，努力实现共同目标，并在环境塑造上取得共识。例如，在环境问题上北极国家将其塑造为"内部事务"而拒绝外部国家参与。加拿大《北极外交政策声明》中提出，"北极国家有能力通过内部协调妥善解决现有北极问题，而域外国家是这其中的补充性力量"。加拿大认为，"北极五国"协调机制与北极理事会机制是北极治理中的关键平台，增强区域内的合作将有效促进北极治理关键伙伴间的互动。[①] 从实践来看，"罗瓦涅米进程"中的完全行为主体以及"伊卢利萨特进程"中的核心成员，均强调拥有共同的地域身份认同，塑造出参与治理的固定范围。除了地理身份，由地理联系而产生的利益交汇和重叠被视为其共同利益，或者是利益身份。这种利益身份又可以被看作为一种间接身份，相较于地理身份而言，对其的认同更容易被建构和塑造。例如，在北极渔业问题上就因对于渔业资源需求的差异而出现生产国和消费国的不同身份，在北极航道开发问题中出现的直接受益方和间接保障方，在北极环境保护问题上出现的积极方和消极方等。值得注意的是，这些利益差异虽然将不同国家捆绑于不同的身份认同，但始终是处于北极区域这一地理身份之下的间接身份，也可以被看作为次级身份。按照区域主义治理的指标构成来看，这种塑造恰恰是结合了客观共性与主观建构。身份认同的建构首先以固定的北极区域为平台，也就是

---

① Government of Canada, *Statement on Canada's Arctic Foreign Policy*: *Exercising Sovereignty and Promoting Canada's Northern Strategy*, 2010, http://www.international.gc.ca/arctic-arctique/assets/pdfs/canada_arctic_foreign_policy-eng.pdf.

地理上的共享关系，是一种自然形成的共性特征。而对于不同利益身份的建构则产生于行为体的主观意愿，这也包括在面对共同威胁、挑战或针对共同目标所进行的主观建构。①

域内"自主治理"的意识塑造。对于区域治理来说，行为体在推进一体化或激励互动行为的同时，还会面临诸如"公共地的悲剧""囚徒困境"等集体行为中的主要矛盾，从而造成单个国家作为治理行为体的理性行动带来集体的非理性化结果。在应对和化解这一悖论问题上，有着以制度约束为主的控制说和以放任自由为主的两类观点，而自主治理就是产生于二者之上，演变出来的集体行动理论。这一理论强调低外部压力环境下，小规模群体形成较为固定的治理框架，通过对于公共物品的自主管理域使用，达到有效治理。② 该理论的代表学者为埃莉诺·奥斯特罗姆（Elinor Ostrom）提出，"自主治理必须遵从清晰界定边界原则、收益和成本对称原则、集体选择的安排原则、监督原则、冲突解决机制原则、对组织权最低限度的认可原则等方面。"③ 从建构主义的角度看，这些原则的表现形式以正式和非正式机制并举展开。按照自主治理理论所提出的观点，治理目标的特征为复杂性和不确定性，无法仅以单一方式进行治理④，北极问题恰好具备了这样的特性。自主治理强调普遍性权威下的行为一致，也就是行为体出于对自主治理框架的认同，促

---

① 赵隆："北极区域治理范式的核心要素：制度设计与环境塑造"，《国际展望》，2014 年第 3 期，第 32 页。

② 这一理论认为，由于组织成员之间以及组织成员与公共资源之间利益的高度相关性，他们比任何外部的权力中心更关心资源的良性发展和存续问题，以及如何对公共资源进行治理才能保证这种良性发展和存续的实现，这种多中心的自主制度是解决"公地困境"的最好选择。

③ ［美］埃莉诺·奥斯特罗姆著，徐逊达译：《公共事物的治理之道——集体行动制度的演进》，上海三联书店，2000 年版，第 51 页。

④ Anderies John, Janssen Marco and Ostrom Elinor, A Framework to Analyze the Robustness of Social-ecological Systems from an Institutional Perspective, *Ecology And Society*, Vol. 9, No. 1, 2004, p. 18.

进集体行为的产生。[1] 这一标准符合北极区域治理范式中所强调的，就是由域内行为体提供相应的公共物品，以制度或非制度安排的协商性治理为工具的互动模式。从区域主义治理的构成指标来看，这实际上就是加强现实联系和潜在纽带的关系。自主治理不但强调内部的政治、经济、社会相互依赖的程度，还强调对于区域机制的认可程度，而其灵活的制度安排则避免了制度约束过强可能引发内部合作意愿与外部利益诱惑的矛盾失衡现象，而制度约束赤字则又会导致组织结构松散。[2] 从根本来看，北极自主治理所体现出的是对外的排他性和内部协商性，也是狭义区域治理的重要实践。

第三节　从渔业问题看北极区域治理

一、北极渔业问题概述

渔业资源是北极资源中最早被人类开发利用的资源。渔业资源的游动性和海洋生物的生态含义，使北极渔业的治理也具备了一些指标意义。从地理概念上看，北极渔业主要与以下几大区域紧密关联：东北大西洋海域（涵盖巴伦支海、挪威海东部和南部、冰岛及东格陵兰周边水域，图1-2第27区块）；西北大西洋海域（涵盖加拿大东北水域、纽芬兰和拉布拉多，图1-2第21区块）周边水域；西北太平洋海域（涵盖俄罗斯与加拿大、美国之间的西南陆地界限沿岸水域；东北太平洋海域，主要指白令海水域，图1-2第

① Buck Susan, Book Reviews on Elinor Ostrom's Governing the Commons: The Evolution of Institutions for Collective Action, *Natural Resources Journal*, Vol. 32, No. 2, 1992, pp. 415 – 417.

② Ostrom Elinor, *Understanding Institutional Diversity*, Princeton NJ: Princeton University Press, 2005, pp. 35 – 37.

61、67 区块）①。

在生物种群方面，北极海域的海水常年温度较低，海水中浮游生物少，鱼类的种类和数量也同样较少。在整个北极海域内，只有巴伦支海和格陵兰海海域因处在寒暖流交汇处而被视为世界较好渔场之一。北极海域鱼类种群包括太平洋毛鳞鱼（Mallotus Villosus）、格陵兰鳒鲽（Reinhardtius Hippoglossoides）、北方长额虾（Pandalus Borealis）、北鳕（Boreogadus Saida）、大西洋鳕（Gadusmorhua）、黑线鳕（Melanogrammus Aeglefinus）、狭鳕（Theragra Chalcogramma）、太平洋鳕（Gadus Macrocephalus）、蛛雪蟹（Chionoecetes Opilio）、鲱鱼（Tepre Pacificum）、大西洋鲑鱼（Salmo Salarlinnaeus）和红王蟹（Paralithodes Camptschaticus）等。② 其中，北鳕和狭鳕的分布范围最广，高营养价值和短繁殖期使二者成为北极渔业资源中最为重要的经济鱼类。

近年来，北极渔业资源利用与发展前景受到了各国的关注，但对于北极的"海洋空间规划"（Marine Spatial Planning，简称 MSP）尚缺乏统一标准。③ 从生态的角度来看，MSP 的主要意义在于培养合理使用和共享海洋空间的意识，特别是保护脆弱生态系统的现有资源。而从治理的角度来看，MSP 旨在"按照用途分析和分配海洋立体空间的过程，作为一种政治进程的手段实现不同的生态、经济和社会目标"④。特别是为海洋用户组之间的互动创造条件，以促进经济发展、人类健康与环境保护的不同需求间的平衡状态。作为治理手段的一种，可以使不同层级的治理主体（国际、超国家、国

---

① Arctic Climate Impact Assessment, *Scientific Report*, Cambridge University Press, 2005, p. 11.

② Ibid. , p. 693.

③ 此处的海洋空间规划主要针对北极地区渔业资源的区域划分。

④ Douvere F. and Ehler C. , New perspectives on sea use management: initial findings from European experience with marine spatial planning, *Journal for Environmental Management*, Vol. 90, 2009, p. 78.

家、地区和本国）间产生政策制定能力的共享；则可以协调国家行为体、市场角色和公民社会组织间的治理行为。对于北极渔业治理来说，这一共享资源或共同空间产生拥挤时，用户群体间的摩擦无法避免。在历史上，这种因海洋空间利用而产生的竞争状态往往会最终走向冲突，成为多次渔业争端的客观诱因。但是，多用户间针对同一区域的和平共处状态并非不可实现，例如荷兰提出的"北海2015海洋综合管理计划"（Integrated Management Plan for the North Sea 2015）[①]，建设海域使用的监测跟踪系统，提出建立"健康海洋、安全海洋和有利海洋"，实现海洋空间的合理有效管理。

受到资源枯竭、环境污染、生物多样性下降等紧迫性问题的影响，北极海域及其渔业资源的保护已经成为北极治理的核心议题之一，MSP自然成为渔业治理的重要选项。联合国粮农组织关于海洋空间的划分是目前各国普遍接受的标准，按照这种划分方式，北纬66度内的海域属于北极海域，这就包括了18号区块的整体，21、27区块的部分海域。（见图1-2）也有更为广阔的海域划分标准，如美国国家海洋与大气管理局划分出17个与北极相关的大型海洋生态系统，海域面积超过20万平方公里。[②]

北极海域的海水常年温度较低，鱼类的种类和数量也同样较少。在整个北极海域内，只有处在寒暖流交汇处的巴伦支海和格陵兰海海域被视为世界较好渔场之一。据统计，北极地区捕捞渔业占全球捕捞渔业的市场份额从2006—2010年间一直稳定在4%左右，年捕捞量约为360万吨。其中较为特殊的是2008年，受全球金融危机造成的市场萎缩影响，该比例下降至3.8%左右。（见图3-1）

---

① Netherlands：Interdepartmental Directors' Consultative Committee North Sea, *Integrated Management Plan for the North Sea* 2015（*Revision*）, Rijswijk, 2011. http：//www. zeeinzicht. nl/doc-sN2000/IBN2015%20（EN）. pdf.

② NOOA, Large Marine Ecosystems, http：//www. lme. noaa. gov/index. php? option = com_content&view = article&id = 47&Itemid = 41.

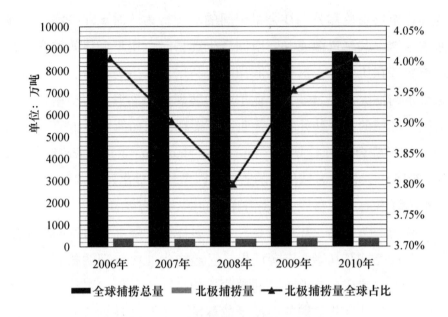

图 3 - 1　北极渔获量占全球份额

资料来源：根据联合国粮农组织 2010 年 Fishstat 数据绘制，按照联合国粮农组织的北极海域划分统计，包含 18 区块和 21、27 区块（见图 1 - 2）的北纬 66 度以北部分。①

　　但是，仅仅分析北极渔业在全球市场的份额显然不能反映北极渔业对具体国家的重要性。从各国在北极渔业市场的份额来看，"北极五国"处于绝对主导地位。2006—2010 年间，"北极五国"的渔获量超过整个北极渔业市场的 90%。（见图 3 - 2）可以说，北极海域是大部分北极国家的主要渔业产地，对其中个别国家甚至是支柱性产地，具有重要的现实和战略意义。

---

① FAO, Fishstat software, http：//www. fao. org/fishery/publications/yearbooks/en.

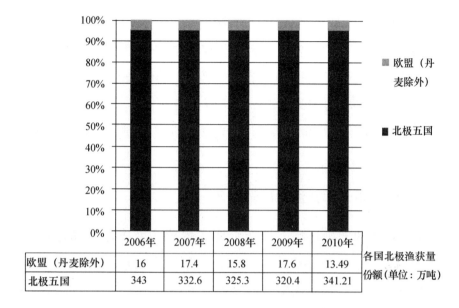

	2006年	2007年	2008年	2009年	2010年	
欧盟（丹麦除外）	16	17.4	15.8	17.6	13.49	各国北极渔获量
北极五国	343	332.6	325.3	320.4	341.21	份额(单位：万吨)

图 3-2 各国北极渔获量份额比例

资料来源：作者根据联合国粮农组织 2010 年 Fishstat 数据绘制，按照联合国粮农组织的北极海域划分统计，包含 18 区块和 21、27 区块（见图 1-2）的北纬 66 度以北部分。

从历史来看，围绕北极渔业资源的争端时常出现，并在一定程度上影响着现代海洋法、渔业制度的发展。13 世纪以前，现代海洋制度中的领海、公海概念尚未成型，海洋属于人类共用范畴。此后，海洋大国通过单边行为限制其他国家的正常捕捞需求，并在霸权思想的主导下规划海界。为了应对这一趋势，海洋自由的主张逐渐得到非霸权国的认可，并随之产生了"公海自由"① 这一重要的国际法准则。在国际海洋法和相关制度发展进程中，北极渔业问题扮演了独特的作用。例如，公海自由原则中是否包括捕鱼自由制度

① 公海自由原则的核心在于，公海应开放给全体人类使用，各国不得依国际法中领土取得方式或其他理由，取得公海的全部或部分，各国不得占领公海全部或部分，各国不得使用其他任何方法妨碍公海使用。

在 19 世纪末曾经被质疑，1893 年和 1902 年的"白令海渔业仲裁案"的裁决，否认了在公海上为强化保护措施而限制外国船舶的主张，并进一步巩固了公海捕鱼自由制度。① 具体来看，北极渔业问题的争端和解决成为领海基线、200 海里专属渔区（Exclusive Fishing Zone，简称 EFZ）和专属渔区外海域的责任等制度建设的理论和实践基础。

（一）英国—挪威渔业区划界争端

由于特殊的地理环境，挪威沿海水域蕴藏着丰富的渔业资源。1935 年，挪威以国王诏令的形式提出，将挪威海岸的岛屿、岩石和暗礁外缘点间的直线基线作为基础划定其领海，主张在该区域内拥有专属捕捞权。英国反对挪威划定基线的方法，认为挪威的"直线基线法"②违反了国际法的相关规定，直线基线的长度不得超过10 海里，挪威仅可以在跨越海湾的地方使用直线基线。在外交谈判失败后，多艘英国渔船遭到挪威相关执法部门的扣留，并最终导致英国于 1949 年向国际法院就这一系列事件提起诉讼。③ 国际法院认为，挪威海岸线具有明显的锯齿状和迂回曲折特征，在受理相关案件和诉求时必须考虑到这一特点，以及当地居民对渔业作为谋生手段的依赖性现实。法院同时认为，长期以来，国际社会包括英国在内对于挪威划定直线基线的做法采取容忍态度，使挪威这一

---

① ［英］伊恩布朗利著，曾令良、余敏友等译：《国际公法原理》，法律出版社，2002 年版，第 255 页。

② 直线基线法是指在海岸线极为曲折，或者近岸海域中有一系列岛屿情况下，可在海岸或近岸岛屿上选择一些适当点，采用连接各适当点的办法，形成直线基线，用来确定领海基线。

③ 按照挪威在法庭上的主张，挪威政府曾于 1869 指定桑德摩尔（Sondmore）海岸前之两个岛屿为基点，连接为长 26 海里的直线基线，也曾于 1889 年指定罗姆斯达尔（Romsdal）海岸外 4 个岛屿为基点，确定长 7 海里到 23 海里不等的直线基线，这些划界基点的主张在当时并未受到质疑。

直线基线主张具有"历史性权利"①特征。沿海国有权根据自己的地理特点选用划出领海基线的方法,但直线基线不应明显的偏离海岸的基本方向,基线向陆地一面的海域应是沿岸国的内水。

最终,国际法院作出裁定,认为挪威 1935 年法令所采取的划定渔区的方法是不违反国际法的,该法令所划定的直线基线也同样不违反国际法。这一判例最终作为海洋法的基本原则被普遍接受,在 1958 年《领海及毗连区公约》第 4 条和 1982 年《联合国海洋法公约》第 7、8 条中得到进一步体现。②可以看到,对"英挪渔业案"的判决是国际上首例有关领海基线问题的判决,也是首次承认直线基线作为测算领海宽度的一种方法的合法性,对现代海洋法的发展具有重要影响。

(二)英国—冰岛的"鳕鱼战争"

"鳕鱼战争"是指英国和冰岛之间自 1948—1976 年,因争夺鳕鱼资源而发生的一系列"战争"。③ 20 世纪 60 年代之前,沿海国之间的各类海域界限并未清楚划分,渔业捕捞行为在北极海域基本按照公海自由进出原则,直到著名的英国—冰岛鳕鱼争端爆发。当时,欧洲鳕鱼的主要产区位于冰岛海域,许多欧洲国家在该海域对鳕鱼进行大肆捕捞。为了保护鳕鱼资源和本国渔民的经济利益,冰岛政府先后多次宣布扩大领海区域,于 1958 年宣布将领海扩展至距离海岸 12 海里,要求其他国家船舶离开该海域。由于不认同冰岛这一主张,英国的数艘拖网渔船并未离开,皇家海军派遣数艘舰艇护

---

① 历史性权利指不是根据国际法一般规则正常地归于一国,而是该国通过历史的积累和巩固过程而获得的对一定地域或海域拥有的权利。有的可相当于完全的领土主权,如对历史性海湾的权利;有的则是达不到主权程度的某种权利,如通过权(如领海无害通过、陆地过境)、特别捕鱼权(如沿海捕鱼、采珍珠)、划定海域边界方式的特殊权利(如领海基线)等。

② 李令华:"英挪渔业案与领海基线的确定",《现代渔业信息》,2005 年第 2 期。

③ 详见维基百科:鳕鱼战争,http://zh.wikipedia.org/wiki/%E9%B3%95%E9%B1%BC%E6%88%98%E4%BA%89.

航为渔船护航，"鳕鱼战争"一触即发。但是，因两国均为北约成员国，英国认为如果双方的争端升级必然引起美国等其他盟友的干涉，因此开始与冰岛进行谈判，并与1961年正式承认冰岛12海里的领海界线。1972年，冰岛政府颁布《冰岛岛外渔区规章》，不但宣布其针对外国的禁渔区域扩大为50海里，还限制了海底拖网、外洋拖网和丹麦式拖网的捕鱼船舶进入，由此引发第二次"鳕鱼战争"。[①] 冰岛认为，国际法并未确定渔业水域的范围，因此，对于海洋资源的利用，其权利与义务就归沿岸国家所有。在此次冲突中，冰岛舰艇和渔船采用割断渔网、炮轰船舶的方法驱逐外国渔船，造成多艘英国渔船严重受损。最终，在北约的斡旋下，英国再次做出让步使两国达成和解。1975年10月，由于相关海域鳕鱼捕获量的大幅下降，冰岛再次宣布将针对外国的禁渔区域扩大到200海里，引发联邦德国和英国的不满。两国的渔船强行闯入禁渔区捕捞，并与冰岛海岸防卫队对峙，导致英国海军的巡防舰与冰岛的"雷神号"军舰碰撞，数艘渔船被扣留。此次渔业争端历时近半年，甚至导致英国和冰岛断交。在此期间，虽然法国、意大利、联邦德国和美国等欧共体、北约主要成员国进行了一系列的调停努力，但均因英国的坚持而终告失败。1976年2月，欧共体出于无奈宣布欧洲各国的海洋专属区界限为200海里，英国被迫在同年与冰岛签约，正式承认冰岛的"专属渔区"[②] 界限。这一专属渔区为沿海国行使专属捕鱼权和渔业专属管辖权，以及养护渔业资源措施构建了一个特别的管辖区域。在该区域内，沿海国享有专属捕鱼权和渔业专属管辖权，但不妨碍其他国家的航行、飞越、铺设海底电缆和管道、进

---

① 北京大学法律系国际法教研室：《海洋法资料汇编》，人民出版社，1974年版，第345页。

② 专属渔区亦称"捕鱼专属水域"或"渔业养护区"，是沿海国家为行使专属捕鱼权或养护渔业资源在邻接领海以外的公海区域内而划定的，最大宽度从测量领海的基线量起不超过200海里。

行海洋科学研究等公海自由；除依照国际协议或经沿海国许可者外，外国渔民不得从事捕鱼活动。虽然英国与冰岛两国在冲突中均遭受了损失，但这一系列争端使200海里专属渔区制度在1976年后获得国际社会的广泛承认，成为《联合国海洋法公约》最终形成专属经济区（Exclusive Economic Zone，简称EEZ）制度的重要依据，是促进现代海洋制度发展的重要一环。

（三）欧盟—加拿大西北大西洋渔业争端

1995年2月1日，为保护因捕捞过度而受到生存威胁的大比目鱼，西北大西洋渔业组织下属的渔业委员会在布鲁塞尔召开会议，确定1995年西北大西洋海域的格陵兰大比目鱼（Greenland Halibut）最高捕捞限额由6万吨降为2.7万吨。加拿大所获的配额由上年的7200吨增至1.63万吨，占捕捞总额的比例由去年的12%升为60%，并将欧盟的捕捞配额降为13%左右。[①] 欧盟作为《西北大西洋渔业公约》的签约方，依据该公约的第十二条"异议"条款，决定不执行新的捕捞配额，并且单方面设置了约1.8万吨的新配额。[②] 虽然从渔业养护的角度看，欧盟的行为可能会对西北大西洋海域的大比目鱼种群造成威胁，但根据《联合国海洋法公约》和西北大西洋渔业组织的现行制度，欧盟的行为并未违反任何国际渔业法律规定。[③] 欧盟成员国的捕捞船仅在国际水域从事捕捞活动，按照"公海自由"的海洋法基本原则，有权利单方面设立捕捞配额。

---

① William Abel, Fishing for an International Norm to Govern Straddling Stocks: The Canada-Spain Dispute of 1995, *The University of Miami Inter-American Law Review*, Vol. 27, No. 3, 1996, pp. 553 - 566.

② Jessica Matthews, On the High Seas: The Law of the Jungle, *The Washington Post*, April 9, 1995.

③ 根据《公约》的规定，所有国家均有义务在养护和管理跨界鱼类种群和高度洄游鱼类种群方面进行合作，但欧盟重新在国际水域捕捞的配额，并未直接违反该项规定并不承担相应的义务。从另一个角度看，《公约》关于这项义务执行标准的表述可能过于含糊。

作为回应，加拿大政府单方面宣布禁止欧盟成员国的船只在西北大西洋毗邻加拿大专属经济区的国际水域从事格陵兰大比目鱼的捕捞行为，同时授权海岸警卫队扣押违禁进入这一海域进行捕捞的西班牙和葡萄牙渔船。[①] 1995 年 3 月 9 日，加拿大籍巡逻舰对正在其专属渔区外海域捕鱼的西班牙籍拖网渔船开火，还采取了登船、扣留和拘捕船长的措施，而西班牙政府派出护卫舰作为回应。[②] 欧盟指责加拿大不仅粗暴地违反国际法，而且与正常的国家行为极不相称，并指责加拿大扣留船舶与船长的行为侵犯了欧盟成员国的主权。加拿大政府则指责西班牙渔船过度捕捞（Overfishing），严重破坏与影响到加拿大专属渔区之外的渔业资源的养护，西班牙在随后将此争端提交国际法院，单方面起诉加拿大，还请求欧盟实施对加拿大的贸易制裁措施。经过多次的外交斡旋和政治努力之后，双方最终和平解决了此次争端。[③] 加拿大政府同意废除之前颁布的《沿岸渔业保护法》（Coastal Fisheries Protection Act）和禁止西班牙、葡萄牙两国船只进入西北大西洋渔业组织的监管区（Regulatory Area）和加拿大专属经济区外国际水域开展捕捞活动，并释放了之前扣留的船舶。[④] 双方还签署了重新制定修订了 NAFO 的捕捞配额协议，将当年剩余捕捞配额的 41% 分配给欧盟和加拿大，同意建立新的渔船监测系统，各自指派独立观察员负责监测监管区内所有渔船，并将双方在该区域内 35% 以上的渔船纳入卫星追踪系统。[⑤]

---

① 朱文奇：《国际法学原理与案例教程》，中国人民大学出版社，2006 年版，第 205 页。

② Robert Kozak, Canada Seizes Spanish Fishing Ships on High Sea, *Reuter*, March 10, 1995.

③ Anne Swardson, Canada, EU Reach Agreement Aimed at Ending Fishing War, *The Washington Post*, April 16, 1995.

④ Canada-European Community: Agreed Minutes On The Conservation and Management of Fish Stocks, *International Legal Materials*, Vol. 34, 1995, pp. 1260 – 1263.

⑤ EU and Canada: EU Signs Easter Deal on Fishing Rights, *Agricultural Service International*, May 5, 1995.

此次争端还涉及到鱼种资源养护这一重要问题。北极地区的渔业资源具有其独特的高度洄游鱼类（Highly Migratory Species），这种鱼类一般在介于专属经济区（或专属渔区）与临近的公海海域之间来回迁徙，其特点是广大的地理分配性，在生命周期中往往会出现远距离的地理分布。从养护的角度看，相关制度至少需要遵循以下标准：维护可持续的海洋生态系统，保护生物多样性和栖息地的适当规模，以及种群长期生存能力；建立科学研究区域，监测种群的自然变异性，以及捕捞和其他人类活动对该种群及其生态系统的影响；保护易受人类活动影响的区域，包括罕见或高度多样性栖息地的特性等方面。1982年《联合国海洋法公约》中也经做出了相应说明，提出"如果同一鱼种群或有关联的鱼种的几个种群出现在专属经济区内而又出现在专属经济区外的邻接区域内，沿海国和在邻接区域内捕捞这种种群的国家，应直接或通过适当的分区域或区域组织，设法就必要措施达成协议，以养护在邻接区域内的这些种群。"① 另一方面，相关公约还规定了沿海国对专属经济区内自然资源的主权权利，但这种主权权利不能延伸到专属经济区以外的海域。

但当此案提交给国际法院时，欧盟、加拿大和西班牙都尚未批准《联合国海洋法公约》，无法适用该法律管辖。按照《联合国海洋法公约》的基本原则，加拿大无疑对其专属渔区的自然资源有专属管理的主权权利，但不应超出专属渔区之外。此次争端涉及到两个法律框架间的使用冲突，既涉及沿海国在专属经济区对自然资源的主权权利，又可能适用公海的生物资源开发与养护管理制度。同时，《联合国海洋法公约》第64条并未对该鱼种给予明确的定义，

---

① 联合国：《联合国海洋法公约》，第五章"专属经济区"，第63条"出现在两个或两个以上沿海国专属经济区的种群或出现在专属经济区内而又出现在专属经济区外的邻接区域内的种群"，第2款，http://www.un.org/zh/law/sea/los/article5.shtml.

仅在《附录一》中以列举的方式，指出 15 种鱼类属于高度洄游鱼类。① 因此，对这种鱼类的捕捞必然涉及到两个法律框架的适用冲突，既涉及沿海国在专属经济区的对自然资源的主权权利，又可能适用公海的生物资源的开发与养护法律制度，这种法律上的模糊地带也为争端埋下了伏笔。

因此，联合国于 1995 年 8 月 4 日通过了《1982 年 12 月 10 日〈联合国海洋法公约〉有关养护和管理跨界鱼类种群和高度洄游鱼类种群的规定执行协议》（下称《渔业种群协定》）。该协议提出，"一些地区的跨界鱼类种群和高度洄游鱼类种群遭受现有管制的滥捕，未经许可的捕捞行为导致一些种群的过度捕捞，这种行为很可能会使某些鱼类种群严重枯竭"②。协议确认了有关区域渔业组织有权制订关于跨界鱼类种群和高度洄游鱼类种群的养护和管理措施，敦促各国和实体协力处理这类捕捞活动，在跨界鱼类种群和高度洄游鱼类种群的养护、管理和开发方面依照协定广泛采取预防性做法。更为重要的是，虽然最终国际法院认定对此次争端没有管辖权，但还是确立了对于这种洄游类种群的养护管辖权限，提出沿海国须与捕捞国采取共同行动和联合管理机制，在西北大西洋渔业组织等区域性渔业机制的框架下具体承担两种法律制度间的责任"空白"。

---

① 包括长鳍金枪鱼（Thunnus alalunga）；金枪鱼（Thunnus thynnus）；肥壮金枪鱼（Thunnus obesus）；鲣鱼（Katsuwonus pelamis）；黄鳍金枪鱼（Thunnus albacares）；黑鳍金枪鱼（Thunnus atlanticus）；小型金枪鱼（Euthynnus alletteratus, Euthynnus affinis）；麦氏金枪鱼（Thunnus maccoyii）；扁舵鲣（Auxis thazard, Auxis rochei）；乌鲂科（Bramidae）；枪鱼类（Tetrapturus angustirostris, Tetrapturus belone, Tetrapturus pfluegeri, Tetrapturus albidus, Tetrapturus audax, Tetrapturus georgei, Makaira mazara, Makaira indica, Makaira nigricans）；旗鱼类（Istiophorus platypterus, Istiophorus albicans）；箭鱼（Xiphias gladius）；竹刀鱼科（Scomberesox saurus, Cololabis saira, Cololabis adocetus, Scomberesox saurus scombroides）；鱼其鳅（Coryphaena hippurus, Coryphaena equiselis）。

② 联合国：《执行 1982 年 12 月 10 日联合国海洋法公约有关养护和管理跨界鱼类种群和高度洄游鱼类种群的规定的协定》，http://www.un.org/chinese/aboutun/prinorgs/ga/54/doc/a54r32.htm.

可以看到，关于北极渔业捕捞的数次争端均起源于对于各自主权范围的认定差异，从根本上来看这是由于渔业资源特殊的自然属性，很难将其按照非移动性和可预测性的其他自然资源加以划分，造成各方在利益认定上的争端。但是，数次争端最后的结果均在推动海洋法、渔业管理制度更加完善方面得到了正面的体现，特别是通过治理的手段，实现了一定程度上的主权让渡，体现了治理作为协调争端工具的长期效应。当前北极渔业治理面临的挑战，主要以几类关系的失衡所导致的：

第一，需求与供给关系的平衡。北极的渔业资源开发一直是相关国家经济发展的重要依托。从全球来看，海产品贸易虽然不是全球贸易体系中的关键部分，但近年来增速迅猛。根据相关数据显示，1976—2006 年的 30 年间，全球海产品贸易额从 280 亿激增至 860 亿美元，[1] 2010 年更是达到 1194 亿美元，全球捕捞渔业的总产量增至 8860 余万吨。[2] 随着需求量的快速增长，渔业市场的规模和捕捞总量也不断攀升。有观点认为，全球超过 3/4 的深海渔业市场正处于饱和与过度开发状态中[3]。这种快速增长的趋势不仅对全球海洋生物多样性造成潜在威胁，也影响渔业市场和贸易的合理水平。还有观点认为，造成过度开发的根本原因是渔业资源长期以来被视为一种可再生资源，渔业市场的主体可以无偿享受这一公共物品，但并未限定保护或提供此类公共物品的职责划分。在这种条件下，无法明晰确认鱼类资源的具体所有权，从而无法明晰责任与义务，很容易导致传统意义上的"公共地的悲剧"（Tragedy of the

---

① Asche Frank and Smith Martin, *Trade and Fisheries: Key Issues for the World Trade*, Staff Working Paper ERSD, 2010, p. 3.

② FAO, *Fishery and Aquaculture Statistics Yearbook*, 2011, p. 19, http://www.fao.org/do-crep/019/i3507t/i3507t00.htm.

③ OECD, *Strengthening Regional Fisheries Management Organizations*, OECD Publishing, 2009, p. 17.

Commons）。① 从另一个层面看，这种挑战实际反映了渔业资源利用与生态平衡保护之间的利益鸿沟，也就是利用现有资源和保护未来市场的悖论。

第二，自由与管控关系的平衡。按照国际公法的基本原则，特别是国际习惯法所规定，公海捕鱼自由似乎是一种普遍性权力。该原则在日内瓦《公海公约》（Convention on the High Seas）和 1982年《联合国海洋法公约》第七部分中都得到了体现，而这种自由被认为是"公海法律制度所要定义和保护的主要目的"。② 实际上，这种制度是建立在一种假设之上，即公海区域的鱼类种群保有量和渔业捕捞需求量相等，甚至假设为供大于求。随着世界人口的不断增长和捕鱼技术的更新换代，这种假设失去了现实依据。但是，除了捕鱼自由和实施养护之间的矛盾之外，沿海国自身对于捕鱼区域的权力扩张，体现出各国对于自由捕捞和管控制度之间的平衡需求。第二次世界大战之后，沿海国以捕鱼区、专属经济区等形式不断扩大自己的专属捕鱼管辖范围，使公海自由这一权力空间变得更为狭窄，也催生了制定统一受管控的渔业规则方案或条约的需求。从根本上来看，渔业治理中的自由原则必须建立在与养护、规范和管控相互平衡的基础之上，由于渔业资源的特殊属性，对其的养护与捕捞规范甚至比自由原则更为重要。

第三，普遍性与特殊性的平衡。北极渔业治理与其他地区相比具有独特性，必须在遵守普遍性治理原则的同时考虑北极地理的特殊性。例如，气候变化是全球渔业潜在的挑战之一，但对于具有冰

---

① Rudloff Bettina, *The EU as Fishing Actor in the Arctic*：*Stocktaking of Institutional Involvement and Existing Conflicts*, Working Paper, German Institute for International and Security Affairs SWP, 2010, p. 5.

② ［英］罗伯特·詹宁斯、亚瑟·瓦茨著，王铁崖等译：《奥本海国际法》，中国大百科全书出版社，1998 年，第 182 页。

区特性的北极地区则带来了特殊影响。① 这种影响体现在鱼类生活水温的升高，北极融冰的速度加快导致海水盐含量降低、海水含氧量的升高和洋流与海浪变化带来海洋地理变迁等方面。② 当然，这种变化对于北极渔业的影响有着不同的"正负极"，造成的后果需要以不同行为体、不同区域来进行具体分析。有观点认为，气候变化中的全球变暖部分就使北极渔业得到积极发展，例如融冰对于新渔区的开发有着促进作用。也有观点认为，北极渔业的未来发展并不应存在很高期待③，因为潜在的鱼类捕捞区域仅限于深海区，这与现有的主要渔业需求不相符。在北极航道开发的大背景下，由沿岸国家陆地河流的流入和远洋船舶从域外海域带入的疾病和寄生虫等传染病潜在源，也被视为治理不确定性的主要源头。北极地区远比其他地区更易受到气候变化带来的影响，北极渔业的治理架构和原则也很难仅仅参照全球渔业的普遍性规则。具体来看，当前渔业治理的目标主要分为以下几点：

1. 非法、无报告及不受规范捕捞

非法、无报告及不受规范捕捞（Illegal，Unreported and Unregulated，简称 IUU）是一个全球性问题，不仅破坏了世界各国获取渔业资源的平衡，还降低了海洋生态系统的自适应能力，使北极海域在海洋生物多样性遭到破坏和鱼类资源加速流失的情况下，更易于受到环境变化的影响。④ 非法捕捞指违反有关国家法律或国际义务的捕捞行为，无报告捕捞是指捕捞行为未在相关国家机构或国际渔

① Stephan Macko, *Potential change in the Arctic environment: Not so obvious implications for fisheries*. William W. L. Chueung, Climate change and Arctic Fish Stocks: Now and Future. Reports of International Arctic Fisheries Symposium, 2009, http://www.nprb.org/iafs2009/.

② Molenaar Erik and Corell Robert, *Background Paper Arctic Fisheries*, Ecologic Institute EU, 2009, p. 12.

③ VanderZwaag David, Koivurova Timo and Molenaar Erik, Canada, the EU and Arctic Ocean Governance: a Tangled and Shifting Seascape and Future Directions, *Journal of Transnational Law and Policy*, Vol. 18, No. 2, 2009, p. 247.

④ 联合国环境规划署：《全球环境展望年鉴》，中国环境出版社，2006 年，第 70 页。

业组织"申报"或捕捞"遗报",违反了"国家或国际程序"。不受规范捕捞是指按照国际法的规定,无国籍或未悬挂该国国旗的船只在归属于某区域渔业管理组织的海域捕捞,或捕捞方式不符合国家应尽责任的情况,满足这三个条件中的任意一条即被认为是非法、无报告及不受规范捕捞①。

世界自然基金会 2004 年发布的《巴伦支海鳕鱼——最后的大型鳕鱼资源》报告称,"鳕鱼全球捕捞总量从 1970 年的 310 万吨萎缩至 2000 年的 95 万吨,如果按照这种趋势继续发展,15 年后全球的鳕鱼资源将消耗殆尽"②。在北极地区,位于巴伦支海的全球最大的鳕鱼资源区遭受了过度捕捞、非法捕捞和工业发展的巨大威胁,在挪威与俄罗斯专属经济区间的"圈洞"(Loop Hole)公海海域尤为明显。该海域的渔业资源由俄罗斯和挪威共同管理,占全球鳕鱼总捕鱼量的一半。根据海洋探索国际委员会(International Council for the Exploration of the Sea,简称 ICES)2010 年发布的渔业捕捞数据③,北极海域的 IUU 捕捞行为在 1990—1997 年间增大规模出现,但随着各国捕捞总量整体的下降和渔业资源的减少,逐步呈现出较低水平。但自 2001 年开始,IUU 捕捞量大幅度超出捕捞配额部分,在 2005 年达到了总量约 13.7 万吨的峰值,相当于鳕鱼合法捕捞总量的 30%。④

在 IUU 问题的管理和应对上,主权国家是重要的行为体。但对于此行为的打击和制裁仅能依靠国家的单独行动,例如在自身的渔

---

① Stokke Olav, Barents Sea Fisheries: the IUU struggle, *Arctic Review on Law and Politics*, Vol. 1, No. 2, 2010, pp. 207 – 224.

② WWF, *the Barents Sea Cod-the Last of the Large Cod Stocks*, 2004, http://wwf. panda. org/? uNewsID = 12982.

③ International Council for the Exploration of the Sea, Catch Statistics 2010, http://www. ices. dk/marine-data/dataset-collections/Pages/Fish-catch-and-stock-assessment. aspx.

④ Stokke Olav, Barents Sea Fisheries: the IUU struggle, *Arctic Review on Law and Politics*, Vol. 1, No. 2, 2010, pp. 207 – 224.

业执法区域制定严厉的约束制度。但在国家管辖权外的公海部分，IUU 现象成为一种"顽疾"。也有学者认为，"鱼群的洄游习性导致它们通常逾越人为的渔区界限，这成为单一国家力量打击 IUU 现象的主要困难"①。实际上，针对此问题的治理必须经过多方面的手段综合介入，将责任有效地分摊至港口国、船旗国以及沿岸国。从渔业资源的控制、渔船的监管、相关责任方与观察员的设立，推进 IUU 的治理。另外，由于通过 IUU 方式产生的渔业资源无法避开市场渠道来获得利润。因此，入港和入市环节就显得尤为重要，港口国必须承担打击 IUU 行为的主要责任，设立严格的港口和市场准入标准。有学者认为，通过渔船进港临检制度可以核实不同船只的捕捞活动，是否符合相关管辖国规定，并设置入港许可制度。而港口国有义务将相关信息向区域治理机制通报，以保证相关数据的全面性。② 同时，通过相应的执法惩戒机制完善国内立法的辅助作用也不可忽视。

2. 加强环境保护及鱼类养护

气候变化带来的影响是鱼类分布情况与各国渔获量的重要影响因子，特别是在渔场定位，洄游鱼类的轨迹和渔汛判断过程中成为主要考量因素。北极海冰的消退极有可能增加人类对近岸石油和天然气的开采，"新航道开辟带来的资源开发和陆地行为，很有可能带来污染物排放和航运事故等诸多影响鱼类生态系统的威胁。"③ 从具体影响来看，大西洋鳕主要分布于英国、冰岛、挪威等国近海和巴伦支海的斯匹次卑尔根岛海域。这些海域主要受来自于墨西哥湾的北大西洋暖流影响，加上西斯匹次卑尔根暖流、挪威暖流、西格

---

① Erceg Diane, Deterring IUU Fishing through State Control over Nationals, *Marine Policy*, Vol. 30, No. 2, 2006, pp. 173 – 179.

② Ibid., p. 174.

③ Arctic Council, *Arctic Marine Shipping Assessment Report*, 2009, www. nrf. is/index. php/news/15-2009/60-Arctic-marine-shipping-assessment-report-2009.

陵兰暖流和东格陵兰寒流等多个海流交汇，形成了东北大西洋渔场。[①] 冬季随着较强阿留申低压（Aleutian Low）的东移，造成白令海水温变暖和冷池（Cold Pool）[②] 范围缩小，直接影响"白令海狭鳕"的种群变化。[③] 另一方面，以往受限于冰封地带和寒冷天气的陆地活动将随着环境的改变而出现新发展，例如农业开垦、资源开发等陆地活动增多，也会对渔业生态系统造成潜在影响。知识是治理的基础，缺乏冰区的科学研究是目前面临的另一大问题。由于缺少对冰区下生态系统的勘探，很难预估出该区域的鱼群储量和大小，这些不确定性对于现有渔业治理带来了风险，无法准确评估北极渔业未来的开发潜力。

3. 消除渔业贸易壁垒

值得注意的是，渔业管理的问题并非仅仅局限于捕捞环节，渔业市场的规范性也是其中的重要组成部分。对于沿海国来说，为了保障本国企业的利益，很多国家采取了对进口鱼类征收额外税费的措施，还有部分国家采取了不合理定价和倾销的方式争夺渔业市场。目前，已经有多起世界贸易组织框架下的渔业贸易争端，例如，2006—2008 年间欧盟针对挪威的鲑鱼反倾销案，挪威提出欧盟针对其所做出的反倾销措施不符合世贸组织规定，双方最终在 2008 年和解。[④] 2005 年，欧盟根据相关规定，针对挪威进行了另一起鲑鱼的惩罚性税收，起因为挪威销售至欧盟的鲑鱼属于其捕捞配额外所捕获的，违反了公平竞争的原则。[⑤] 这两起案件均是由于市场需

---

① Mann K. H. , Environmental influences on fish and shellfish production in the Northwest Atlantic, *Environmental Reviews*, Vol. 2, No. 1, 1994, pp. 16 – 32.

② 冷池是气象学中的概念，主要指相对的冷空气区域范围。

③ Wyllie-Echeverriat Tina and Wooster W. S. , Year-to-year variations in Bering Sea ice cover and some consequences for fish distributions, *Fisheries Oceanography*, Vol. 7, No. 2, 2002, pp. 159 – 170.

④ WTO Dispute Settlements, European Communities — Anti-Dumping Measure on Farmed Salmon from Norway (DS337), See: http: //www. wto. org/english/tratop_ e/dispu_ e/cases_ e/ds337_ e. htm.

⑤ WTO Dispute Settlements, European Communities – Definitive Safeguard Measure on Salmon (DS328), See: http: //www. wto. org/english/tratop_ e/dispu_ e/cases_ e/ds328_ e. htm.

求量的不断增加，沿海国在其渔业区和公海区域谋求更多的捕鱼自主权，并在市场交易环节通过国内立法的方式实现利益最大化，从而对北极渔业市场的规范运作造成了影响。未来北极渔业治理的重点，需要进一步强化机制建设和相应的法规更新，签署《技术性贸易壁垒协议》（Agreement on Technical Barriers to Trade，简称 TBT）、《倾销和反倾销协议》（Agreement on Dumping and Antidumping Applies，简称 DAD）和《补贴与反补贴措施协议》（Agreement on Subsidies and Countervailing Measures，简称 SCM），以防止渔业市场的贸易保护主义滋生。

二、北极渔业区域治理结构

北极渔业治理主体以主权国家为主，大致可分为以下三个不同的类型：一是北冰洋沿岸国家，这其中包括加拿大、美国、俄罗斯、挪威和丹麦；二是其他北极圈内国家，包括芬兰、瑞典和冰岛；三是第三方国家（从事远洋捕捞的国家），也就是通过签订双边协议享受北极国家的捕捞配额剩余部分的国家。除主权国家外，区域性机制也是治理主体的重要部分。例如，西北大西洋渔业组织（Northwest Atlantic Fisheries Organization，简称 NAFO）、东北大西洋渔业委员会（The North East Atlantic Fisheries Commission，简称 NEAFC）等。非国家行为体同样是渔业治理中不可或缺的一员，例如可持续渔业伙伴[①]（Sustainable Fisheries Partnership，简称 SFP）、

———————

① 可持续渔业伙伴成立于 2006 年，是致力于帮助水产养殖和捕捞业改进生产规范，增加全球可持续水产品的供应，对从事水产品经营、贸易、生产和相关业务的公司提供咨询和建议的非政府组织。其职能包括"保持海洋和淡水生态系统的健康，增加捕捞和水产养殖的鱼类数量，确保水产食品的供应""促进信息的获取，指导人们进行负责任的水产品选购，提高水产公司和其业务伙伴改进水产养殖和增加渔获量的能力"以及"确保水产业的可持续发展和从业公司的盈利能力"等方面。

海洋管理理事会①（Marine Stewardship Council，简称 MSC）、海洋探索国际委员会②（International Council for the Exploration of the Sea，简称 ICES）、海产品选择联盟③（Seafood Choices Alliance，简称 SCA）等，大型渔业企业也是推动北极各国渔业立法的重要力量。从实际来看，渔业问题反映出了北极区域治理范式中的路径要素，具体分为以下几个方面：

（一）制度设计层面

北极区域性渔业管理组织（Regional Fisheries Management Organization，简称 RFMO）已经具有相当长的历史，有的甚至起源于20世纪50年代。其中，西北大西洋渔业组织（Northwest Atlantic Fisheries Organization，简称 NAFO）成立于 1979 年，前身为国际西北大西洋渔业委员会（International Commission of the Northwest Atlantic Fisheries，简称 ICNAF），目前拥有来自北美、欧洲、亚洲和加勒比地区的 12 个正式成员国和美国、加拿大、法国（代表圣皮埃尔和密克隆群岛）和丹麦（代表格陵兰和法罗群岛）4 个公约区接壤国，欧盟是唯一的国际组织成员。西北大西洋渔业组织管理海域为国际粮农组织所认定的第 21 海区（见图 1 - 2），该组织的成立旨在促进合理利用、管理和养护公约适用区的渔业资源，恢复其主管水

---

① 海洋管理理事会是独立的非营利组织，由联合利华（Unilever）和世界野生动物保护基金会共同创办于 1997 年，并于 2000 年 3 月 1 日正为独立机构。海洋管理理事会的主要职能是定义可持续和良好管理的水产业标准，包括维持渔场所在海域的生态多样性及繁殖能力的条件下进行捕捞等原则，限制过度捕捞以保护渔业资源，并制定了相关环保标准促进负责任捕捞。其主要成员包括渔业资源的零售商，制造商以及食品运营机构。

② 海洋探索国际委员会的雏形始于 1902 年，由相关国家的科学家和研究机构通过信件交流的方式进行合作。1964 年，通过签署正式的公约文件，委员会具备了充分的法律基础和国际地位。该机构是增强海洋可持续发展的全球性组织，由近 4000 多名科学家和近 300 所研究机构组成研究网络。

③ 海产品选择联盟创立于 2001 年，是一项领导和创造海产品行业和海洋保育工作的全球性计划。该联盟通过帮助渔民、分销商、零售商、餐馆和食品服务供应商选择相应的海产品，保障海产品市场的可持续发展。

域的主要鱼种资源，对主要鱼种的捕捞实施可捕量制度（Total Allowable Catch System，简称：TAC）和各捕捞国的配额制度。东北大西洋渔业委员会（The North East Atlantic Fisheries Commission，简称NEAFC）成立于1959年，现有欧盟、丹麦（格陵兰和法罗群岛代表）、冰岛、挪威和俄罗斯五个正式成员，加拿大、新西兰和圣基茨和尼维斯联邦三个非成员合作方。东北大西洋渔业委员会管理海域为国际粮农组织（FAO）所认定的第27海区（见图1-2），该组织被视为小规模和较为封闭的沿海国组织，主要目的是建立更为有效的管控和执法机制以打击非法捕捞行为。相较于西北大西洋渔业组织，东北大西洋渔业委员会管理的海域面积更大，内部联系和约束更加密切，被认为是更为有效的解决内部争端的地区性机制。

在制度设计中，区域性渔业管理机制的主要职能被设定为：审查和监控本地区的渔业资源状况；制定并建议养护和管理措施；进行技术标准设定，对渔船和设备进行技术管控工作；对于基础资料的监控，包括渔船的捕捞、靠港、转运信息的记录与监管，执行渔船监测系统[①]（Vessel Monitoring System，简称VMS）；打击非法、未申报和无序捕捞行为；建立争端解决机制，通过合理的程序解决成员国间矛盾以及与第三方的争端；处理与第三方（非合同方）的关系等。北极区域性渔业治理框架下的鱼类捕捞及养护须经过国际海洋探索委员会的专业性科学建议，确定每类种群的捕捞总额、捕捞季节，并按照捕捞总额针对每一个成员国制定相应配额。[②] 由于冰区捕捞的技术滞后和区域性规则中术语使用的模糊，沿海国市场通过设定较高的捕捞总额以满足自身渔业利益集团，拒绝采取更为合理的养护措施。也就是说，沿海国对于可捕量和捕捞配额享有自由

[①] 渔船监测系统是一项渔业监视计划，渔船上安装的设备能够提供渔船位置和活动的信息。它有别于传统的监测方法，如海面和空中巡视、船上观察员、航海日志或码头审查。

[②] Chadwick Bruce, Fisheries, Sovereignties and Red Herrings, *Journal of International Affairs*, Vol. 48, No. 2, 1995, pp. 558 – 584.

裁量权，而只有在配额剩余的情况下才可以进行权力让渡，与第三国签订协议进行捕捞。这表现出制度设计环节中的权利范围限定意图。

（二）身份认同和利益排他层面

相关沿岸国强调北极渔业资源的非公共性质。虽然联合国关于海洋法的"三公约体系"是规范各类捕捞主体间的制度关系、捕捞程序与规则的重要依据，这主要包括 1982 年《联合国海洋法公约》、1994 年《关于执行 1982 年 12 月 10 日〈联合国海洋法公约〉第十一部分的协定》、1995 年《执行 1982 年 12 月 10 日〈联合国海洋法公约〉有关养护和管理跨界鱼类种群和高度洄游鱼类种群的规定的协定》。联合国有关海洋法的三部公约虽然并不是专门为北极地区而设计的，但是由于其内容的普遍适用性，北极理所当然也在公约约束的范围之内[1]，特别是 1995 年的《执行协定》不仅要求各国在养护方面适用"预防性办法"（Precautionary Approach），对捕鱼手段加以各种限制。此外，还规定了非船旗国对他国渔船进行登临和检查，在必要情况下可使用武力等[2]。可以说，上述文件在一定程度上否定了公海捕鱼的绝对自由。按照一般理解，北极是人类共有遗产（Common Heritage of Mankind）的属性似乎决定了它的"非竞争性"与"非排他性"要素，而其公海内的资源应被视为一种面向所有国家的公共物品[3]。但是，如果按照公共物品的视角分析，北极海洋资源的属性具有明显的两重性特征，特别是渔业资源。具体来看，"竞争性"指当仅供个体消费和效用的单一物品，

---

① Jabour Julia and Weber Melissa, Is it Time to Cut the Gordian Knot of Polar Sovereignty?, *Reciel*, Vol. 17, No. 1, 2008, pp. 29 – 33.

② 许立阳：《国际海洋渔业资源法研究》，中国海洋大学出版社，2008 年版，第 135 页。

③ Burke William, *The New International Law of Fisheries: UNCLOS 1982 and Beyond*, Oxford: Clarendon, 1994, pp. 34 – 37.

被一个或多个主体产生消费需求时，之间引发近乎于零和博弈的表象，而该物品仅供个体使用的特性则被称为"排他性"。对物品的使用和消费一旦发生拥挤（Congestion）①，就会出现排他性。由于渔业资源在某一区域、某一时段的有限性，"一经开采，其他国家就不可能再享有。因而在开采国家中将存在着很强的对抗和竞争"②。因此，虽然原则上来讲各国对于北极公海海域的渔业资源拥有捕捞的权力，但域内国家通过强调《联合国海洋法公约》中关于捕捞主体要"受到沿海国的权利、义务和利益的限制"以实现身份认同③。

区域治理范式中强调的另一个关键要素是环境塑造，在渔业问题中主要体现在自主治理需求的环境塑造上。沿岸国特别强调北极相关渔业活动须遵守地区性机制规范。认为归属国内管辖权的海域应按照可持续发展的基本原则规范行为，而共享渔区则适用于合作管理制度，将渔业问题的属性界定为"半公共"性质的管理。从治理模式来看，无论是《联合国海洋法公约》，还是《负责任渔业行为守则》（Code of Conduct for Responsible Fisheries）中涉及北极地区渔业管理的规定，特别是公海捕捞制度的规定，更多的是一种软性手段，较多地使用了"建议"、"有义务"、"应当"等术语，并多数以"在适当情形下……"等作为前提条件，并且并未建立相关的惩罚机制和措施。④ 在此情况下，沿岸国更倾向于采用没有外部压力的自主治理来实现区域内的互动，特别是争议的解决。国际海洋

---

① 苏长和：《全球公共问题与国际合作：一种制度的分析》，上海人民出版社，2000年版，第113—116页。

② 严双伍、李默："北极争端的症结及其解决路径——公共物品的视角"，《武汉大学学报（哲学社科版）》，2009年第6期，第75页。

③ 联合国：《联合国海洋法公约》，"公海上捕鱼的权利"，第116条，http://www.un.org/zh/law/sea/los/.

④ FAO，Code of Conduct for Responsible Fisheries，http://www.fao.org/docrep/005/v9878c/v9878c00.HTM.

法法庭的受理范围把案件管辖权分为强制性和自愿性两种①，而强制性管辖权范畴的"资源"只包含"区域内在海床及其下原来位置的一切固体、液体或者气体矿物资源，其中包括金属结核"②。从这个角度看，北极渔业争端并不属于强制性管辖权范围内，只能是争议双方以协议的形式选择争端解决程序，属于自愿管辖范畴。

这种自愿管辖的直接影响就是对于北极渔业问题治理的外部政治压力减弱。因此，沿岸国作为规模较小且相对稳定的群体对北极渔业这一公共资源管理自主形成特定的治理模式，也就是半封闭式并具有相当排他性的域内自主治理。这种模式强调行为体间在行动上的一致原则，并且认可区域自治组织的权威性，也就是沿岸国通过建立内部协商机制来实现对外排他性与内部的互补性竞争关系建立。例如俄罗斯、挪威和冰岛所签署的"圈洞"（Loop Hole）地区协议，以及俄罗斯—挪威联合渔业委员会（The Joint Russian-Norwegian Fisheries Commission，简称 JRNFC）等机制。按照一般的理解，区域内的双边或多边协议签订是为了减少交易成本，使相关区域的渔业管理和养护更多的体现共享原则。可是，在缺乏外部政治和制度压力的前提下，沿海国的理性选择更倾向于自身利益，希望实现域内更小范围的协议或机制。俄挪双边合作制度通过定期会晤机制，商讨各方捕捞量和规章制度，其中包括东北北极鳕鱼的捕捞。此机制所通过的决议对北极其他沿岸国来说具有相当程度的排他性，所有非沿海国通过批准此框架内独立的双边或三边协议，并接

① 国际海洋法庭根据《联合国海洋法公约》，对于两种情况具有强制性管辖权：关于迅速释放船只和船员的程序（《公约》第 292 条）和在组成仲裁法庭之前制定临时措施的程序（《公约》第 290 条第 5 款），详见 https：//www. itlos. org/fileadmin/itlos/documents/brochure/ITLOS_Brochure_ chinese. pdf.

② 2010 年 5 月 6 日，国际海底管理局理事会决定请海底争端分庭就"区域"内活动的个人和实体的担保国的责任和义务提出咨询意见。"区域"系指《联合国海洋法公约》确立的国家管辖范围以外海床洋底及其底土。《公约》宣布，"区域"及其资源是人类共同继承财产。"区域"内的资源，例如多金属结核和多金属硫化物，由国际海底管理局管理。

受俄挪双方所决定的捕捞配额与技术标准，才能获准在相应海域从事捕捞行为。因此，治理主体通过北极渔业问题的"半公共"属性塑造排他性较强的自主治理环境，以维护区域治理的需求合法性。

三、北极渔业区域治理困境与挑战

第一，目前的北极渔业管理体系已经将沿海国的渔业专属权通过养护途径拓展至公海中高度洄游鱼类范围中，在一定程度成为渔业权力扩张的又一重要标志。此外，沿岸国在区域性渔业管理制度中的关于捕捞量、捕捞规则等程序性内容的自由裁量权也得到进一步体现。随着各国相继提出 200 海里外大陆架划界的申请，进一步表明了沿海国希望透过渔业管理本身，扩大其控制海域范围和权力空间的企图。联合国渔业管理协定中强调，"各国在专属经济区外的水域享有自由捕捞的权力，但须合理地考虑其他国家利益作为前提"[①]。在区域治理范式中，其治理结构无法限制内部成员权力扩张的意愿，也没有正确界定渔业资源这一具有较强公共特性的资源。

第二，执法与惩戒的困难是北极渔业区域治理中的主要挑战。在国家利益至上原则的驱使下，区域性渔业管理组织的无约束"退出机制"成为各国规避原则，治理缺少执行力的重要原因。例如，西北大西洋渔业组织等区域性组织为了保护良好的结构和成员制度，设定了成员国的退出机制，这也成为各成员国违背义务的正当退出理由。在 1979—2003 年间，共有 12 个区域治理机制的成员国退出了 72 项保护和管理措施制度。[②] 区域性治理制度结构松散成为

---

① United Nations, Agreement for the Implementation of the Provisions of the United Nations Convention on the Law of the Sea of 10 December 1982 relating to the Conservation and management of Straddling Fish Stocks and Highly Migratory Fish Stocks, http: //www. un. org/depts/los/convention_ agreements/texts/fish_ stocks_ agreement/CONF164_ 37. htm.

② 许立阳：《国际海洋渔业资源法研究》，中国海洋大学出版社，2008 年版，第 107 页。

实现各国单一利益最大化的合法渠道。同时,区域治理范式中不同层面产生不同的治理主体,例如国家层面的捕捞国、船旗国与港口国,非国家行为体层面的船运公司等,还存在责任规避与利益认定模糊化的问题。

第三,北极渔业的区域治理建立在传统区域主义理论之上,也就是仅关注于区域内部的协调与互动,而忽视了区域间联系和多边合作。在传统北极渔业问题的范畴内,涉及主体和对象的范围相对更为封闭,相互依赖程度较低。但是,随着全球化的深入发展,资源、市场、技术和标准的区域界限逐步减弱,区域之间的联系和交往则更加密切,逐渐突破了区域制度的运行边界。因此,区域渔业的行动管理权限和产业技术标准不得不与全球性和跨区域间的相关标准进行协调,而市场需求范围的扩大也超越了单一的地域分割界定,需要更多的借鉴"新区域主义"理论中所强调的区域间合作。

第四,北极渔业治理缺乏多边治理中的集体原则。虽然区域治理将各主体间的互动限定在一定区域范围内,但并未解决主体间利益出现矛盾后导致的集体利益分化问题。在缺乏集体利益为导向的区域结构中,各行为体的互动就会缺乏动力和一致性。同时,主体间的利益诉求差异还导致区域内部的治理执行力弱化。区域内不同国家的发展水平和综合实力不一,渔业在其国民经济中的所占比重也有所不同,在具体问题上无法做到一致。把渔业困境放在北极区域治理范式的整体框架内来看,权力无序扩张、执法困境、跨区域性和集体原则的缺失是各国面临的普遍性问题。区域治理范式无法体现约束性原则、效率原则和代表性原则这三个方面,从而也无法进一步平衡不同治理主体间的利益、权力和责任,平衡治理路径的灵活性和适应性。①

---

① AGP International Steering Committee: *The Arctic Governance Project*, *Arctic Governance in an Era of Transformative Change*: *Critical Questions*, *Governance Principles*, Ways Forward, 2010, p. 12.

小　结

本章主要分析了北极区域治理范式的理论基础、治理框架，并通过北极渔业问题的案例分析，提出北极区域治理范式强调区域内部的多元整合、良性互动和价值认同，在指标构成上以域内的客观共性与主观建构、现实联系和潜在纽带、外部挑战与合作性博弈这三个层面作为标准，在治理框架上以制度设计推动身份认同和利益排他，以环境塑造构建域内"自主治理"模式。在以区域治理为特征的初级范式中，具有区域身份特征的北冰洋沿岸国和北极圈内国家强调区域内的多元整合、良性互动和价值认同。无论是以北极理事会为代表的"罗瓦涅米进程"，还是以"北冰洋沿岸五国"模式为代表的"伊卢利萨特进程"，都建立在区域身份认同和外部排他性这一合作基础上，成为北极治理初级阶段的制度尝试。在此期间，北极国家谋求建立以客观共性与主观建构、现实联系和潜在纽带、外部挑战与合作性博弈为区域认同的指标，通过制度设计来推动身份认同和利益排他，构建对外排他性和内部协商性共存的"自主治理"模式。问题在于，随着北极问题影响范围的扩大化，内部权力无序扩张和对于外部资源的需求暴露了北极区域治理范式在跨区域性和集体原则上的缺陷。作者认为，区域治理范式只是北极治理范式的初级阶段，在渔业问题等公共性和专属性共存的问题上具有一定的适用性，但同样具有明显的范式困境与缺陷。

第四章

北极多边治理范式
The Arctic Governance Paradigm

如果北极区域治理范式强调权利的区域一体化，那么多边治理范式则把权利的属性进行了细分。笔者在本章提出以"三级主体"和"选择性妥协"为特征的多边治理范式，并将《斯瓦尔巴德条约》的"权利分离法"作为参考模式，强调权利分离原则对于促进多元行为体展开集体行动的作用，而选择性妥协则有利于普遍性准则的构建。北极航道问题是典型的多边治理案例，通过对于航道治理的分析，可以看到多元行为体对于多边制度形成的推动力量，以及选择性妥协在保障多边互动主动性中的关键作用。

第一节　多边治理的理论指向

一、普遍互惠：多边治理的内核

多边治理的理论基础建立在多边主义之上，并且具有不同的内涵。实际上，历史上将"多边"作为国际关系术语的首次记载可追溯至1858年，而"多边主义"的概念则出现于第一次世界大战之后。詹姆斯·卡波拉索（James Caporaso）认为，"这时的多边真正成为一种'主义'，成为一种信念或意识形态，而不再是事务的简单的状态"①。还有学者认为，多边主义指"'多个'的国际治理"（International Governance of the 'Many'），其核心原则是"反对改变强弱力量杠杆和引发国际冲突的双边或歧视性安排"②。1990 年，罗伯特·基欧汉（Robert Keohane）将多边主义定义为"三个或更多的国家集团间协调政策的实践"③，也就是将多边主义看作是协调过程中的一个"动作"。值得注意的是，并不是所有的国际协调都可以称为多边主义。约翰·鲁杰（John Ruggie）提出，"多边的关键不在于是否存在于三个或更多国家间的协调，因为其他组织性形式也可以做到，而重点是它确立了国家间互动关系的基本原则"④。多边主义强调的是一种普遍的制度形式，国际秩序、机构、组织都是其表现形式。⑤ 此外，作为一种原则性概念，多边主义相较于其他制度则拥有"不可分割性"（Indivisibility）"普遍的行为准则"（Generalized Principles of Conduct）和"互惠的扩散性"（Diffuse Reciprocity）这三个特点。不可分割性被看作为其地缘和功能层面成本收益的分布范围，也就是内部的非排他性。普遍的行为准则强调的是用一种国家间普遍接受的交往模式来代替根据个体喜好、情景差异或特殊原因将国家间的互动以个案的形式区别对待。互惠的扩散性则强调参与者的预期收益建立在中长期之上，而非针对某个具

① Caporaso James, International Relations Theory and Multilateralism: The Search for Foundations, *International Organization*, Vol. 46, No. 3, 1992, pp. 600 – 601.

② Kahler Miles, Multilateralism with Small and Large Numbers, *International Organization*, Vol. 46, No. 3, 1992, p. 681.

③ Keohane Robert, Multilateralism: An Agenda for Research, *International Journal*, Vol. 45, No. 3, 1990, p. 731.

④ Ruggie John, Multilateralism: The Anatomy of an Institution, *International Organization*, Vol. 46, No. 3, 1992, pp. 66 – 68.

⑤ ［美］约翰·鲁杰著，苏长河等译：《多边主义》，浙江人民出版社，2003 年版，第 13 页。

体事务。①

在谈到多边主义的不可分割性时，无法忽视产生这种联系的
"认同"的价值。因为"多边主义是国际合作的一种特别形式，除
了共同利益之外，还需要强烈的集体认同感。"② 这种认同是建立在
参与者的相互关系之上的，特别是主观意识和身份判定。在认知
上，参与者必须产生群体意识，也就是强烈的集体认同感。虽然它
和区域主义都关注整体的身份认同，但区域主义更强调具有一定边
界的认同，而多边主义则希望产生跨越边界的认同感。从实践来
看，多边主义更像是区域主义的延伸阶段，更容易产生于区域认同
程度较高的群体。在这种架构下，国家的利益具有更大程度的不可
分割性，使他们更容易透过共同的行动去追求彼此的利益。③

普遍的行为准则主要表现在参与者对于平等权利和责任的认同
之上。这里的行为准则不单单指某种制度安排中的互动规则，还包
括了参与者自身的行为认知，也就是对于规则的认同。就像约翰·
鲁杰所指出的："多边主义的独特性，不仅仅在于协调三个或者更
多国家组成的国家团体的政策，同时也在于它是基于调整这些国家
间关系的一定原则所进行的协调活动。"④ 例如，国际法律制度、国
际组织的结构、程序和运行规则等，都属于多边主义中的普遍行为
准则。

互惠的扩散性源于参与者对于制度安排的预期。参与者通过
"做出自己的贡献向他人示好，但这种示好并非要确保能从特定行

---

① Caporaso James, International Relations Theory and Multilateralism: The Search for Founda-tions, *International Organization*, Vol. 46, No. 3, 1992, pp. 600 – 601.

② Hemmer Christopher and Katzenstein Peter, Why Is There No NATO in Asia? Collective Identity, Regionalism, and the Origins of Multilateralism, *International Organization*, Vol. 56, No. 3, 2002, pp. 575 – 576.

③ Ruggie John, Third Try at World Order? America and Multilateralism After the Cold War, *Political Science Quarterly*, Vol. 109, No. 4, 1994, p. 556.

④ Ruggie John, Multilateralism: The Anatomy of an Institution, *International Organization*, Vol. 46, No. 3, 1992, p. 574.

为者处得到回报，而是着眼于所属团体得到持续的满意结果。"① 也就是说，这种互惠首先是对互动的前景有着充分的利益预期，而如何形成这种利益预期建立在两个前提之上：一是在一定程度上遵守相应的义务，由此创造来自共同互动经验的信任感；二是连续的互惠行为，以此来促进长期合作。② 例如，在国际贸易过程中所产生的"最惠国待遇"标准，就是互惠扩散的代表。也就是说，这种互惠是以实现单一国家利益为最终目的，但实现的方式却是以实现群体利益为渠道。所以，必须在某一群体中出现了诸多的利益交汇点或共同利益时，才有可能产生这种互惠的扩散性。缺点在于，这种群体的利益共存性往往产生于较小范围的区域机制中，而非广泛的国际性机制。

总的来看，多边治理的理论核心根植于多边主义，而这种"多边"既存在于国家内部对于互动方式的一种理想这一主观层面，又存在于相关制度所遵循的行为方式这一客观层面。前者的出发点是个体，解释的是一种政策导向，后者的出发点是集体，表现的则是一种运作模式。当多边治理的理念融入国家的对外政策准则或战略时，它所代表的就是一种"行为"。这种行为建立在合作应对和治理相关的问题之上，表现出对于国际制度、准则或规范的态度，从而促进国家间的互动关系。因此，对于遵循这一原则开展的外交行为通常被称为多边外交。当多边治理的表现形式为国际制度中的互动方式规则时，更像是制度中的抽象形态。以这种形态构成的制度框架，通常将普遍参与、合作导向和统一准则作为基础，以此来规范国家间的互动方式并促进解决某些具体的共同问题。现存的国际合作机制绝大多数具有这样的运行结构，例如全球层面的联合国、

① Keohane Robert, Reciprocity in International Relations, *International Organization*, Vol. 40, No. 1, 1986, p. 20.

② Ibid., pp. 21 – 22.

世界贸易组织等。此外，诸多区域性机制也同样具有多边治理的形态，例如欧盟、非盟等，以一定区域范围内的国家间协调为基础。值得注意的是，多边治理在属性上与全球治理、区域治理的区别在于，后两者更多的是以所涉及的区域、领域范围为核心，强调地缘概念上的狭义和广义概念。多边治理则更多地表现于参与者的数量、互动的普遍性规则为主，也就是其核心概念中的"普遍的行为准则"，和后两者在概念上具有一定的差异，但同时又可相互兼容，演变为全球多边治理或区域多边治理。

二、多边治理的制度结构

多边治理的发展必须借助于制度性安排，或是形成某种秩序。汉斯·摩根索（Hans Morgenthau）认为，构成一定的国际秩序至少需要以下几个方面的努力，其中包括"权力平衡、国际法、国际组织、世界政府和外交"[①]。从历史来看，自 18 世纪开始，欧洲国家间秩序正是由权力平衡这一理念所主导的，也就是我们俗称的"均势"格局。国家通过主动行为以抵消外部权力的威胁，有助于增强国家间的权力牵制，并且阻止霸权国的权力扩张。但是，这种权力平衡的核心要素是打造一种稳定格局，而并未考虑如何预防破坏和平的行为。第一次世界大战成为所建构的结构的终结点，国际联盟（League of Nations）的成立也成为全球性多边制度的开端。但是，由于该制度本身并未完全履行建立国际新秩序的责任，而是立足于维护战胜国利益的歧视性条约，不但没有谴责战争的爆发和具体的制裁措施，在决策机制上也存在缺陷，因此很快便被第二次世界大战所吞没。二战后所建立的联合国则是国际联盟的"升级版"，不

---

① Morgenthau Hans, *Politics among Nations*, 6th Edition, New York: Knopf: Random House, 1985, pp. 451 – 500.

但将维护世界和平作为首要目的，更将促进国际合作应对共同问题作为核心理念，使其成为目前最具有广泛代表性的国际制度安排。

从功能的角度观察，制度的存在旨在减少行为体间交易成本的有效路径，在谋求个体利益最大化的基础上，以固定的规则为指导进行交往行为。全球性制度安排在参与方式和资格上具有较强的开放性，权利和角色的划分坚持非歧视性原则，在运行机制上保障了各参与者通过机制平台谋求共同利益的机会，最终从一定的国际秩序过渡至具体化的国际组织。国际制度不仅会规范国家的行为，而且会扩大国家的认同，使无政府状态和权力政治等原始社会的特色得以转变，而建立所谓的"多边安全共同体"。[1] 全球性多边制度以主体范围和权利的划分来体现多边主义的不可分割原则，以制度的约束性反映主体互动过程中的普遍准则，以促进稳定合作来体现互惠的扩散性。

从概念上讲，这一层面的多边治理也具有全球治理（Global Governance）的初级形态。以国家参与为基础，通过构建利益认同来实现理性和规范性的互动准则，是全球性多边主义的核心目标。而针对全球性问题所提倡的集体行动方式，也是全球治理所强调的基础。但是，两者之间还是具有根本性的差异。有学者认为，"治理的绩效必须建立在高层次的制度规范之上，并且需要全球化对促进合作的良性影响"[2]。全球治理除了具有强烈的制度观之外，还强调行为体的多元化与组织机构的"超国家化"。按照全球治理委员会的界定，"公民行为体应当成为国家间关系中的信息传播者，世界范围内民意的倡议者，以及各国不同反对意见的表达者。治理的主体不但包括传统的公共机构或权威制度，也包括个体机构或个人

① 秦亚青："多边主义研究：理论与方法"，《世界经济与政治》，2001 年第 10 期，第 20 页。

② Keohane Robert, Governance in Partially Globalized World, *The American Political Science Review*, Vol. 95, No. 1, 2001, pp. 1 – 13.

的共同协作，其路径不局限于正式制度与规范，也包括非正式的软性和协商性安排"①。从另一个角度来看，全球治理为不同主体在多种层面创造了互动空间，而不仅仅依附于国家中心这一传统理念。这种治理通过规范创新实现结构更新，在多层空间内促进互动协同状态的形成，构建不同层面的治理个体。而多边主义更为强调主权国家对于共同利益的认同、集体行动的意愿和行为准则的遵守能力，与全球治理的基本理论存在着一定的距离。因此，以全球性制度安排为表现形式的多边主义，可以被归纳为广义的多边治理。

在全球性制度安排之外，还存在着相当一部分区域性制度。此类安排有的以领域为界定标准，例如：协调全球经济问题的国际货币基金组织和世界银行；也有类似北约的集体安全机制，还有以地域为界定标准的欧盟、非盟等；以多边主义的理念为标准，分别处理不同领域、不同区域的问题。在功能上，区域性和全球性的制度安排有着较强的一致性，例如：限制大规模暴力的出现，避免由于全球化深入发展而出现的权力泛化，以制度化来促进各参与者发掘合作动力等。特别是通过制度性安排，可以有效地引导国家增强对区域或全球社会的认同，对共同责任和挑战的认同，增强集体行动的根本动力。

当然，二者的缺点也非常相似。首先，由于在约束力较高和执行效力较强的制度安排中，离不开一定程度的权力让渡和责任均摊，也就是部分超国家性，而国家意愿和行为的不可控成为机制有效性的最大不确定因素。其次，两者在权力划分上都具有一定程度的差别化对待。由于国家间力量对比的差异，为了保障大国参与集体行动的积极态度和稳定性，必须保证其对于制度安排本身存在一定的利益预期，特别是与自身付出相符合的回报预期。因此，在某

---

① Commission on Global Governance, *Our Global Neighborhood*, Oxford University Press, 1995, pp. 2 – 3.

种程度上也造成了权力的不平等，例如在联合国中的安理会常任理事国否决权等。有观点认为，如果机制的决定权落入少数国家手中，他们便可以不通过机制而仅需私下讨论来制定决策，从而违背多边主义的本质[①]。

合法性和效率是多边制度性安排的另一个主要矛盾点。具有高度合法性的机制往往缺乏效率，因为缺少广泛多边性的影响，特别是过渡强调了普遍性行为准则造成的合作困境。而在高效互动的机制中，也会因为由部分国家主导的普遍代表性的缺失，引发对于其合法性的质疑。有学者提出，在关于机制的效率和合法性问题上，很难找到折中方案[②]。

三、多边治理的指标体系构成

从运行规则来看，形成有效多边治理必须建立在高度的合法性和效率原则之上，但在实践中很难完全达到理论上的多边制度安排构想。因此，对于多边治理的形成和效率评估就需要借助其他方面的指标作为依据，主要分为以下几个方面：

第一，在于多层认同的形成。多边制度安排的形成基于众多共同性要素，这其中包括集体的目标、价值、规则，从而形成理念性的认同以达到推动集体行动的目的。这种共识的重要性在于，必须要在理念层面使参与者接受一定的行为准则，从而建立起更为紧密的制度性安排，也就是"使机制形成一种有原则和共同的了解"[③]。

---

① Kahler Miles, Multilateralism with Small and Large Numbers, *International Organization*, Vol. 46, No. 3, 1992, pp. 681 – 708.

② Zacher Mark, Multilateralism Organizations and the Institution of Multilateralism: The Development of Regimes for the Non-Terrestrial Spaces, in Ruggie Gerard, *Multilateralism Matters: The Theory and Praxis of an Institutional Form*, Columbia University Press, 1993, pp. 399 – 442.

③ Kratchwil Friedrich and Ruggie Gerard, International Organization: A State of the Art on an Art of the State, *International Organization*, Vol. 40, No. 4, 1986, p. 770.

在这一层面，参与者的主观意愿极为重要，这种意愿不仅仅来自于手段的"便利性"（Accessibility）和"被接受性"（Acceptability），还包括参与者的内部需求与外部制度认同的结合，也就是形成稳固的内部认同基础。

另一个是实质性认同，也就是制度化建设的程度。通过建立促进参与者平等交流，共同协商的合理机制，可以影响这些参与者自身对于机制程序的认同。从实践来看，与经济发展相关的多边治理更容易建构出有效的制度性安排，这主要与参与者对于经济利益的合作意愿有关，其理念性认同的深度和接受度相较于其他形式更为明显。而参与者对于程序的实质性认同，则由于经济制度在惩戒和执法手段上更为具体，其合法性和有效性也就显得更为明显。相反，在没有形成多层认同的多边主义制度中，出现参与者抵触和不配合的情况更容易出现，从而也会产生"无效多边"①。

第二，在于主权权力让渡的形成。集体行动是多边治理中一个要素，也是在全球化背景下众多参与者共同应对具体全球性问题的行为准则。但是，参与多边制度和产生集体行动的必要条件往往与国家主权密切联系。由于"多边治理是一个要求很高的形式"②，对于参与者间的权利协调也是其中的必要环节，这就要求国家必须通过将自己的一部分主权权力让渡给多边制度，使得该制度获得相应的执行能力和权威性，并有能力协调和解决制度内部所产生的问题。从理论上来看，主权的表现形式具体为对内的权威性和对外的自主排他性两个层面，而参与多边制度将会带来在某种程度上对外自主性的缺乏。例如，国家在对外交往的准则中必须遵守国际法律制度，在具体领域中的协调方式必须遵循所签署的国际条约和国际

---

① Van Oudenaren John, What Is "Multilateral"?, *Policy Review*, No. 117, 2003, pp. 39 – 42.

② Ruggie John, Multilateralism: The Anatomy of an Institution, *International Organization*, Vol. 46, No. 3, 1992, p. 572.

组织规则等。需要注意的是，这种权利的让渡不仅是国家参与多边机制的被动性付出，也是出于对机制性合作的稳定利益预期的主动性意愿，特别是为了限制由于单一参与者的非理性行为而违反相关机制的规则所带来的共同利益损失。有学者认为："只有当国家的法律和政治行为模式受到多边主义机制的影响而产生变化时，才可以被认为是主权受到多边机制的威胁。"[1] 但实际上这种影响带来的变化不是由国家被动性接受，而是国家通过参与多边机制所产生的多边立法延伸性所带来的，从根本上是国家为了保障多边机制的效率需要放弃对于某个问题的决策权，将此交由集体讨论协商，是一种主动的权力让渡。在某种程度上，这种权力让渡肯定会对国家主权造成威胁。因此，在参与不同多边制度性安排时，国家首先会对自身利益的得失进行评估，从而决定参与的可能性和积极性。但是，这种让渡对于多边性机制的执行力和效果来说则是决定性因素。

第三，在于大国推动与力量协调的形成。大国推动型的多边制度也被称为"阶级化多边"，主要指部分国家在多边机制中所处的优势地位，这种非对称格局的形成主要因为机制依赖于大国的影响力和权威。例如，在国际货币基金组织中，美国等西方国家拥有的资源更为充足，该组织的运行有赖于这些国家的投入，因此形成了非平等性的"加权投票制度"[2]，而联合国安理会常任理事国的地位则是取决于大国对于维护世界和平和地区安全所拥有的非对称力量。当然，这些特殊性权力不单单是由于客观的力量对比差异，也是为了确保大国参与并维护机制的有效性。虽然大国参与多边机制是出于利益诉求的考虑，但多边制度安排对于这些国家并非唯一选

---

① Kal Raustiala, Sovereignty and Multilateralism, *Chicago Journal of international Law*, Vol. 1, No. 2 , 2000, p. 402.

② 加权投票制度指按照会员国缴纳会费的额度来决定，缴纳会费越多其相应的投票加权就越大。

项，其选择的基本考虑主要是对于多边制度的评估结果有利于自身
的发展，同时可以解决大国间的共同问题。对大国来说，多边约束
是具有一致性的，包括其他大国和中小国家。在多边制度安排之
下，大国希望通过短期的权力让渡来达到长期的稳定合作。但是，
大国虽然是制度稳定的保障性因素，但其参与制度的动机也时常受
到质疑，其中包括领导力赤字、责任分摊及合法性缺失几个方面。①
从领导力赤字来看，多边制度中领导力和主导地位的不明确特征，
可以使大国合理规避与其自身实力和地位为标志的多边性义务，大
国还可以利用多边机制来逃避相应责任，进行不合理的责任分摊。
同样，大国的实力优势可以通过不符合多边行为准则的方式，破坏
多边机制的合法性，从而造成约束力的单边倾向。

当然，对于中小国家来说，这种普遍性准则带来的更多是平等
合理的制度安排，以及更多的利益诉求空间。中小国家可以借助多
边制度来摆脱大国对其的地缘控制，并尽力维持制度的延续性，主
观降低对于机制合法性的挑战。因此，中小国家对于多边制度的参
与意愿也比较积极，特别是对于和大国的利益捆绑与相互依赖格
局，使中小国家产生一种心理上的"一体感"，以及"搭便车"的
考量。对于部分实力较弱的小国来说，这甚至是他们对国际体系调
整的寄托窗口。② 中小国家通过参与全球性的多边制度，成为应对
全球性问题的主题之一。而通过参与以地域或区域为特征的多边制
度，则会获得技术转移和市场开发等方面的实际利益，特别是参与
以安全为主要目标的多边制度，成为其借助外力维护自身安全的首
要选择。例如，"荷兰在经济高度发达的同时，其军事力量和国防
能力并不十分雄厚，正是借助了参与北约的集体防卫能力来保障自

① Brenner Michael ed. , *Multilateralism and Western Strategy*, Palgrave Macmillan, 1994, pp. 217 – 220.
② Sewell James ed. , *Multilateralism in Multinational Perspective*, St. Martin's Press, 2000, pp. 175 – 189.

身安全"①。可以看到，由于大国和中小国家对于参与多边制度都有着不同的利益预期，制度维护成本也会因其寻求共同利益和价值认同的积极性而随之降低。也就是说，"权力分配在多边主义制度下是比较松散的，因此组织结构也更为稳定"②。所以，大国和中小国家对于多边主义制度安排的建构同样重要，只是扮演的角色和功能略有差异。从多边安全机制来看，中小国家需要大国实力的保护，而大国则需要中小国家维持稳定的政治局势和经济发展，形成由经济繁荣带动和平发展的共同诉求，这就必须要在不同主体之间形成一种良性的力量协调。

总的来说，多边治理的本质主要是强调建立国家间互动与合作的普遍性准则，这种准则的表现形式可以是制度化的组织，也可以是普遍性的行为规范。虽然多边治理带来的主权让渡会造成部分国家在心理层面上的利益损失，但由于全球化格局中大国和中小国家的互有所需这一客观事实，使不同行为体间产生了诸多的利益汇合点，并最终形成不同层面的集体认同，这为多边治理的有效性打下了坚实基础。从实践来看，国际法和国际多边组织机制的不断发展，也从客观上证明了多边治理的合理性。当然，真正实现多边秩序还需要从参与者数量和范围的扩容，建立具有平等权利义务的制度规则，推动更为一致的秩序认同以及提高各方积极性方面继续努力。不可否认的是，多边治理在理论和实践中还存在着诸多问题，特别是关于制度失灵和合法性缺失等方面尚未完全解决，但这种理论的兴起还是代表了各国在对外事务中的普遍价值取向，以国际法和国际准则为基础，通过平等的互动和协调，以制度性安排或组织为平台推进合作的模式已经成为大多数国家的共同意愿。

---

① Sewell James ed. , *Multilateralism in Multinational Perspective*, St. Martin's Press, 2000, pp. 114 – 144.

② Martin Lisa, *Multilateral Organizations after the U. S. -Iraq War of* 2003, p. 40, http: // files. wcfia. harvard. edu/747_ _ Multilateral_ organizations. pdf.

第二节　北极多边治理范式的核心要素

一、"三级主体"和"选择性妥协"的演变

北极多边合作的参与者是治理主体的构成要素，其构成范围也是治理框架中的必不可少的概念界定。多边治理的核心概念强调"普遍的行为准则"，而这种行为准则表现出参与者对于平等权利和责任的认同。总的来看，北极治理范式从区域向多边过渡的进程中，出现了较为明显的行为体多元化趋势，也就是从一元行为体向多元行为体的演变。这里的"多元"不单单指行为体的本质发生变化，其行为方式也发生了从"合作性博弈"到"选择性妥协"的明显变化，而这种变化带来的直接影响，则聚焦于多边治理的构成基础之上，也就是普遍性行为准则的合法性。

第一，需要理解治理主体的构成。按照传统的概念界定，治理主体或行为体可以分为国家治理、社会治理和全球治理三个不同的领域。在国家治理当中，权威型的政府构成治理的一元主体；在社会治理中，由政府、企业、媒体、公众、公共组织等构成治理的多元主体；而在全球治理中，包括主权国家、非正式的公民社会组织和精英个人。这里的"主体"泛指负责制定和实施全球议题的个体，通过不同的界定要素和层级划分，形成多层主体结构。① 上述三者均可根据自身的需要或目的发现问题、提出议题并推动设定议题。出于对国家安全的重点关切，主权国家将北极传统安全、海洋划界和主权归属等问题设定为核心议题；各类区域性的行政机关、

---

① ［英］戴维·赫尔德著，胡伟等译：《民主与全球秩序——从现代国家到世界主义治理》，上海人民出版社，2003 年版，第 5 页。

自治区或其他地方行政主体关注本地区的经济社会发展，以及航道与港口开发、渔业治理等问题；各类非政府组织根据不同的机构定位，将生态建设、环境保护、气候治理作为治理的关键议题。需要注意的是，主权国家作为北极事务的主要行为体，相较于地方自治机构、非正式的社会组织、原住民团体等更具有资源统筹的优势，其行为能力和影响范围也更为广阔，是影响北极治理范式的关键责任方。

有学者指出，"北极在一定程度上的公共属性以及全球性影响，无法通过单边或局限多边的模式解决矛盾，而是应当纳入更多的行为体开展广泛合作"[1]。在北极多边治理中，多元治理主体可以分为"一级独立主体"、"二级代理主体"和"三级辅助主体"三种类型。所谓一级独立主体，是指有独立的政策制定、战略规划、信息沟通、义务承担能力的主体，这主要包括各主权国家的中央政府。这类主体的主要特点是决策权和行为能力的独享，因此在收益分配和责任承担上更具备独立性，因而在多边治理主体中占据优势地位。从范围来看，这里的一级独立主体已经不单单局限于地理范畴中的北极国家，而是随着北极问题影响的泛化，北极开发潜力的拓展等因素蔓延至北极圈外。对于新加入的主体暂时还没有准确的称谓定义，有学者将其称为"近北极国家"[2]，也有专家认为是"利益攸关方"。所谓二级代理主体，是指虽然也具备一定程度上的政策制定、战略规划、信息沟通和义务承担能力，但在法律地位上隶属于某个一级独立主体，或受限于某类更高级别的法律或行政约束，这类主体通常包括联邦制国家中的民族或行政自治区，以及单一制国家中的地方政府或次级行政单元。此类主体的特点是决策权和行

① Загорский Андрей，*Арктика：зона мира и сотрудничества*，Москва：ИМЭМО，2011，p. 12.

② 参见陆俊元：《北极地缘政治与中国应对》，时事出版社，2010 年版；柳思思："近北极机制的提出与中国参与北极"，《社会科学》，2012 年第 10 期。

为能力的非独享，在多边治理中需要通过一级独立主体作为"代理人"，实现收益和责任的诉求。需要注意的是，这类主体的收益和责任诉求与其存在隶属关系的以及独立主体的诉求并非吻合，在行为积极性上也并不同步，甚至有可能出现利益冲突。因此，导致两个主体的策略制定和行为方式出现一定的抵触。例如，阿拉斯加州出于自身发展的需要，在北极开发问题上更希望引入包括北极或非北极地区的外国战略投资者，这与美国联邦政府的整体北极战略并非完全一致。加拿大政府受到北方地区政府关于捕猎诉求的影响，制定出与其国家战略并不十分吻合的海豹捕猎许可，并引发与其他国家的矛盾。俄罗斯联邦政府出于安全考虑，谨慎对待北部地区吸引外资的条件和义务，这也与当地政府的切实需求产生差异。[①] 可见，虽然一级独立主体是地方政府的代理人，但两者间最终的诉求妥协还是经过了中央和地方的二元博弈所产生。所谓三级辅助主体，是指不具备独立的政策制定、战略规划、信息沟通和义务承担能力的主体，在治理中也没有决策权和行为能力，但却是具体议题的参与方或行为人，或其立场可以间接影响"二级代理主体"和"一级独立主体"的决策与行为。此类主体的主要特点是在法律上不具备独立资格，却又在科技、知识等领域具备专业性，是契约执行环节中不可或缺的一部分，因此具有一定的辅助性效应。一般来说，涵盖各种商业机构、国有或私营跨国企业、科研院所、社会团体等非国家行为体。各级主体在多边治理中所处的位置，可以用"中心—外围—边缘"的关系结构予以表现（见表4-1）。

---

① Лукин Ю. Ф., Российская Арктика в изменяющемся мире, Архангельск, 2012, стр. 42.

表 4 – 1 北极多边治理三级主体关系结构

	中心治理	外围治理	边缘治理
一级独立主体	主权国家中央政府		
二级代理主体		次级行政单元、地方政府、民族自治区	
三级辅助主体			跨国企业、科研院所、社会团体

第二，选择性妥协（Selective Compromise）是多边治理范式中的重要路径。在区域治理范式中，由于治理参与者和治理客体的范围有限，区域利益与个体利益的重合度较高，因而呈现出以排他性为主的域内自主治理模式。在这当中，北极域内主体间的博弈更多地以收益分配为主要目标，也就是通过主体间的合作博弈，首先诱发区域共同利益的正增长，亦或在实现自身利益诉求时避免侵害域内其他主体的利益。从理论的角度看，这种合作性博弈所产生的结果可以带来"合作剩余"①，也就是博弈各方合作时所运用的技巧，更容易获得更为趋同的利益预期，从而产生剩余的利益分配。另一方面，由于区域治理中主体具有较为趋同（Convergence）的身份认同和价值取向，更便利于在有限范围内进行信息的传递和交流，并最终通过信息的互换产生可行性较高的共同约定，甚至形成一定程度上的"准联盟"概念。值得注意的是，这种准联盟方式的合作一旦达成，必须以一套强制性约定作为内部利益分配的法律基础。有学者提出，"目前北极地区还缺乏具有支配性的政治法律机制，缺

---

① 合作剩余指合作者通过合作所得到的纯收益，也就是扣除合作成本后的收益（包括减少损失额），相较于不合作或竞争所能得到的纯收益即扣除竞争成本后的收益（也包括减少损失额）之间的差额。

乏促进区域总体发展的制度性安排，更缺乏协调北极资源和航运通道的共识性机制"①。从这一点来看，带有强制性条款的法律基础是保证合作性博弈的关键，但这种具有普遍强制性意义的契约在实践中很难实现，特别是由于背叛成本与收益的非对称性，其可执行性水平也相对较低，从而导致了北极区域治理只能局限于"高政治"层面的利益分配，但无法在"低政治"或非政治层面实现更为广阔范围的责任划分。

在北极多边治理范式中，这种合作性博弈无法适应范围逐步扩大的行为体参与，以及治理客体范围的相应拓展。在此种条件下，合作性博弈逐步向选择性妥协过渡发展，也就是多边环境下治理主体出于个体理性的边际效应，产生实现个体利益诉求时的选择性妥协行为，也就是塑造一种竞争与合作并存的互动关系。从广义来看，这种选择性妥协更像是合作与非合作性博弈的总和，也就是在不同的时间、环境和物质环境下，既关注于合作性博弈中的利益分配，又注重于非合作性博弈中的策略选择。合作性博弈的前提条件可能是由于对于集体收益的强烈预期，而选择非合作性博弈的理由则是个体利益与共同利益存在非对称性时自身策略和行为的差异所导致的。也就是说，虽然区域治理的范围更小，但其互动绩效却取决于集体行为，多边治理的参与者和客体范围更大，但互动成效则更注重于个体的策略选择，也就是"选择性妥协"产生的可能性。

二、《斯瓦尔巴德条约》与"两权分离理论"

除了多元主体和选择性妥协，北极多边治理框架中的另一要素

---

① Borgerson Scott, Arctic Meltdown, *Foreign Affairs*, Vol. 87, No. 2, 2008, pp. 63–77.

是其运行机制。《斯瓦尔巴德条约》（简称《斯约》）又称《关于斯匹次卑尔根群岛行政状态条约》，是规范各国在北极地区活动的重要法律依据，成为北极治理的一种制度尝试。该制度的缺陷体现在条款解释与适用的自由度上，但其中的核心要素——"两权分离理论"（Separation of Rights Theory）可以被视为构建北极多边治理制度的启发。

斯匹次卑尔根岛是斯瓦尔巴群岛当中最大的岛屿，位于北极圈内并具有重要的地缘政治和经济意义。1920 年，挪威、美国、英国等国签署《斯约》，中国等其他国家在 1925 年加入。截至目前，有近 40 个国家加入了该条约，加入较晚的两个国家是冰岛和捷克，分别在 1994 年和 2006 年加入。规范了对于在岛屿上的行为准则和治理规范，特别是涵盖了关于环保、非军事（Demilitarized Zone）地位以及非歧视性原则等方面的规定，以及两权分离理论中"所有权"和"运营权"分离的延伸，提供了多边参与北极事务的路径尝试。

从条约的历史背景来看，斯瓦尔巴德群岛一直被视为北极地区重要的自然资源储藏地。[①] 1596 年，荷兰探险家威廉·巴伦支（Willem Barentsz）发现这个无人居住的群岛，在 20 世纪被挪威更名为斯瓦尔巴德群岛（Archipelago of Svalbard）。17 世纪，英国、荷兰、丹麦和挪威曾围绕该群岛的主权和捕鲸权发生冲突，伴随着潜在矿产资源的发现，更多的利益冲突随之产生。但是，直到 19 世纪中叶之前，各国在该地区的活动都仅限于单方面或以双方协议为基础的有限的资源获取行为。此后，斯瓦尔巴群岛逐渐回归平静，由于没有一个国家拥有实质性的支配，该群岛在法律上逐渐向"无主地"（Terra Nullius）的状态靠拢。这段时期，相关国家自由进入并

---

① Nordquist Myron and Heidar Tomas，*Changes in the Arctic Environmental and the Law of the Sea*，Brill 2010，pp. 552 – 553.

毫无节制地开发活动，带来了过度捕猎的危险，造成北极弓头鲸与海象几乎濒临灭绝。① 与此同时，科学家开始通过探险研究该群岛的生物、植物和地理状况，也有部分企业为了探寻新的煤炭资源，加入了勘探的队伍，直到一战结束后全球煤炭市场的疲软而结束。②

在这段时间，挪威曾经非常积极地向北方扩展其管辖区，并声称斯瓦尔巴德群岛的法律制度需要重新制定，也曾经有科学家提出将斯瓦尔巴群岛改为殖民地并交由挪威管理。为此，挪威与瑞典和俄罗斯达成协议，由三国成立联合管理委员会，全面负责群岛的行政管辖，并对建立行政首脑总督制、安全部队等问题作出了详细安排。在上述安排中，三国特别提到了签约国的公民拥有利用岛上资源的平等权力，而关于环保等问题则设立特殊款项，被视为是《斯约》中非歧视性原则的起源。最终因为一战的影响，上述建议和计划最终并未实现。③ 一战后，各国在巴黎和会上宣布成立斯匹茨卑尔根委员会，同意挪威对斯瓦尔巴群岛的主权诉求，同时规定签约国有权在该群岛上进行各类经济活动，包括矿业和渔业等。此外，条约还规定了签约国有权对斯瓦尔巴德群岛领水区域进行控制，并禁止将该岛军事化，以及设立任何军事设施。

具体来看，各国在条约问题上达成一致取决于几个先决条件：一是自然条件的恶化带来的潜在需求。由于过度狩猎、无序捕捞和过度开采，斯瓦尔巴德群岛上的自然资源处于无序管理下的滥用状态，生态系统继续得到重建和恢复，这使各国在客观上有了一定的缔约动力。二是在资源开采过程中频发的国际冲突引发了各方避险

---

① Avango Dag and Hacquebord Louwrens, Between Markets and Geopolitics: Natural Resource Exploitation on Spitsbergen From 1600 to the Present Day, *Polar Record* Vol. 47, No. 1, 2011, pp. 30 – 32.

② Ibid., p. 32.

③ Wrakberg Urban, Nature Conservationism and the Arctic Commons of Spitsbergen 1900 – 1920. *Acta Borealia*, Vol. 23, No. 1, 2006, pp. 7 – 8.

的主观需求。相关国家在矿业开采中引发的冲突对长期利用和深度开发造成了障碍，对于设施的投资建造带来了威胁。因此，各国均希望通过缔结多边合约来避免冲突，规范多方共同开发的市场环境。三是国际大环境中海洋管辖范围的扩张趋势引发各方维护利益的远期需求。特别是国际海洋法发展中关于一系列新的海洋法律地位规范，影响了群岛水域的相关资源归属，各方也希望通过缔约来实现各自利益的最大化，利用统一的法律制度框架来规范相关海域的资源归属、开发与利用。当然，随着《联合国海洋法公约》的诞生和不断发展，重新界定了领海、毗连区、专属经济区、大陆架等海洋法律地位，对该条约造成了重要影响，由此引发了缔约国借助《联合国海洋法公约》中的新规定，提出各类新的诉求以扩张自身海洋管辖范围。《斯约》签订之初，相关法律尚未对除一国领海之外的其他海洋法律地位做出规定，特别是专属经济区等概念。随着《联事国海洋法公约》赋予沿岸国家更多的权利和诉求空间，围绕《斯约》中的主权归属、资源开发引发了一系列争端。[1] 在这些争端中，挪威扮演了重要角色。《联合国海洋法公约》所确定了新法律地位，为挪威提出大陆架、渔业区等新区域的权力诉求提供了论据支持。这些矛盾焦点围绕挪威新的海洋权力诉求是否可以应用于享有平等权力的《斯约》缔约国之上，也就是挪威在专属经济区和大陆架的主权适用问题。[2]

　　《斯约》的最大特点，就是在非歧视性原则得到保障的前提下成功实践了"两权分离理论"，成为北极多边治理中重要的制度创新。因此，对于"两权分离理论"实施的背景要素、基本条件和难点缺陷的分析，便成为构建北极多边治理框架的重要步骤。本节所

　　[1]　Øystein Jensen and Rottem Svein, The Politics of Security and International Law in Norway's Arctic Waters, Polar Record, Vol. 46, No. 1, 2010, p. 79.

　　[2]　Molenaar Erik , Corell Robert, Koivurova Timo and Cavalieri Sandra, *Introduction to the BackgroundPapers*, Arctic Transform, 2008, p. 17. www.arctic-tranform.eu.

讨论的两权分离并非传统意义上的企业制度，是"所有权"和"经营权"的另一种形式，也就是"主权"和"主权权利"的分离。这里的主权指斯瓦尔巴德群岛在法律上的归属权，也是国家对该区域所拥有的至高无上的、排他性的政治权利。而主权权利可以理解为从主权派生出来的一系列次级权利的总和。具体来看，在国际海洋法制度中，各国在其领海享有排他性的主权，而由此派生出的主权权利就包含了属地管辖权、资源专享权、航运权和战时中立权等一系列次级权利。从二者的关系特性来看，主权是国家的固有属性，无需经过第三方授予，具有绝对的不可分割性和排他性，是一种抽象的法律概念。主权权利依附于主权，表现为对于某个具体领域或事物的治理权利，不具备绝对的不可分割性或排他性，是一种具体的行政概念。在实践中可以看到，主权的丧失与国家和具体地区在法律上的消亡成为正比，而主权权利的分割与让渡，则是在法律规定的保障下完成的，这种让渡可以使所获得的收益更大。换句话说，在多边合作的背景下，主权与主权权利的分割不但是可行的，甚至在某些问题上存在必要性，以获取更为稳定的治理结构或更大的集体利益。那么，实现这种权利分离的必要条件究竟有哪些？

从环境要素的层面来看，权利分离必须建立在多边共识之上，而这种多边共识所追求的目标必须是超越个体利益的。例如，各国在斯瓦尔巴德群岛问题上之所以能够产生妥协效应，其重要原因是无序治理状态带来的后果出现了代际效应，生态系统的破坏不仅造成了当前的个体经济利益损失，还影响到远期的潜在集体利益，而个体利益是依附于这种集体利益之上的。其次，权利分离必须建立在统一的心理预期之上。由于第一次世界大战带来沉痛的后续心理及现实效应，各国存在普遍的避险心理，而这种心理不单单是客观上的自身反映，也是主观上对于其他主体的战略预判。在世界大战刚刚结束后的国际环境中，各国不但认为应当从自身的角度避免冲突，也对其他国家同样具备此种心理而存在预期，从而成为达成多边协议和权利分离的重要动力。

从运行层面的要素来看，权利分离必须建立在普遍性行为准则的基础上。这种普遍性不仅仅涉及到主权权利的范畴，甚至影响到一部分主权。例如，虽然条约从法理层面认定了挪威对于该区域的主权，但他同样需要遵守关于非军事化区域的普遍性准则，也就是条约第九条规定"根据挪威在国际联盟所承诺的权力和义务，挪威将不会建造或允许他国在上述领土建立任何海军基地，并且不建造任何可被用于战争的防御性工事"①，这也是拥有主权的行为体和拥有主权权力的行为体必须遵守标准化的行为方式。当然，权利分离的运行要素离不开确立两者间的依附关系这一前提。也就是说，其他国家必须首先认可挪威对于该区域的主权，才可以分享由此带来的主权权力让渡，而这种让渡建立在非歧视性原则的基础之上。

从难点和缺陷来看，《斯约》所实现的权利分离虽然阶段性地解决了多边治理中的普遍性准则问题，但却没有办法完全解决机制重叠和适用性等纵深问题。从实践来看，《斯约》中权利分离和非歧视性原则在挪威看来不仅适用于领海范围，因此单方面宣布将其在群岛附近的领海范围自原有的4海里范围延伸至普遍通行的12海里，从而根据《联合国海洋法公约》中的新规定，作为沿岸国实现独占领海外部的毗连区、专属经济区、渔业区等相关海域管辖权与利用权。挪威认为，《斯约》的平等待遇条款并不适用于斯瓦尔巴

---

① Treaty Between Norway, The United States of America, Denmark, France, Italy, Japan, the Netherlands, Great Britain and Ireland and the British overseas Dominions and Sweden concerning Spitsbergen signed in Paris 9th February 1920, http：//www. ub. uio. no/ujur/ulovdata/lov-19250717 – 011-eng. pdf.

群岛的大陆架及其毗连水域，① 在专属经济区和大陆架范围内独享自然资源是国际海洋法的新发展赋予沿岸国的相应合法权力。② 另一方面，挪威还否定了斯瓦尔巴德群岛拥有大陆架，提出相关大陆架是挪威本土大陆架的自然延伸③，希望从根本上杜绝各国利用《斯约》中的权利分离和非歧视性原则在上述区域实现与自身的平权。但是，诸如俄罗斯、冰岛等国家则认为条约中关于缔约国的相关责任和权利也同样适用于这些海域，并提出挪威的司法管辖权不可以延伸至渔业保护区内的渔船管理上。④ 当然，由此爆发的冲突并非只局限于法律条文和政府的对外表态之上，挪威海岸警卫队在2004 年就曾以非法捕鱼为理由逮捕了西班牙的渔船，而西班牙则认为挪威在非领海海域进行的审查和罚款权力并不符合《斯约》的规定，⑤ 事实上，各国争执的问题集中于《斯约》的规定中对于相关海域的法律解释与之后的《联合国海洋法公约》存在差异，以及其赋予签约国的平等权利是否仅限于群岛的领海及领土，而不包括后续出现的新的外部海域。⑥ 根据《斯约》规定，挪威并不享有沿岸国权利，也不可能提及之后才出现的渔业保护区和大陆架等新法律管辖区域。⑦ 大多数国家针对挪威的这种诉求，都给与了较为明确的态度，也就是要求非歧视性原则的同样适用与延伸。⑧ 也就是说，

---

① Øystein Jensen and Rottem Svein, The Politics of Security and International Law in Norway's Arctic Waters, Polar Record, Vol. 46, No. 1, 2010, pp. 75 – 83.

② Torbjørn Pedersen, Denautical milesark's Policies Toward the Svalbard Area, *Ocean Development and International Law*, Vol. 40, No. 4, 2009, pp. 319 – 332.

③ Nordquist Myron and Heidar Tomas, *Changes in the Arctic Environmental and the Law of the Sea*, Brill 2010, pp. 555 – 556.

④ Torbjørn Pedersen, the Svalbard Continental Shelf Controversy: Legal Disputes and Political Rivalries. *Ocean Development and International Law*, Vol. 37, No. 2, 2006, pp. 339 – 358.

⑤ Figenschou Raaen, *Hydrocarbons and Jurisdictional Disputes in the High North: Explaining the Rationale of Norway's High North Policy. Fridtjof Nansen Institute*, 2008, p. 80.

⑥ Torbjørn Pedersen, the Svalbard Continental Shelf Controversy: Legal Disputes and Political Rivalries. *Ocean Development and International Law*, Vol. 37, No. 2, 2006, pp. 339 – 358.

⑦ Ibid., p. 345.

⑧ Ibid., p. 350.

虽然权利分离在特定的环境和运行条件下，权利分离的确成为实现普遍性准则的一种创新尝试，特别是促进了"选择性妥协"的实践作用，以及北极多边治理的制度建设和有效性检验，但其局限性同样不可忽视。

总体来看，北极多边治理的核心要素体现在三级主体、选择性妥协和权利分离这三个方面，其中三级主体构成了多边治理的制度基础，选择性妥协是多边治理的价值取向，而权利分离则代表了多边治理制度框架中实现普遍性准则的应用工具。与北极区域治理不同的是，以《斯约》为代表的北极多边治理范式在主体上更为多元化，运行方式从排他性的内部博弈转为非排他性的选择性妥协，而治理工具则以非歧视性的权利分离的方式，实现了多边环境下的普遍性准则建构，也保障了治理的成效。在这种制度框架下，斯瓦尔巴德群岛成为北极多边治理的"试验田"，在很长一段时间内保持了和平稳定的合作态势，也是至今为止北极地区唯一具有多边色彩，涉及具体利益分配问题的政府间条约，可以被视为实现整个北极地区多边治理的切入点。

第三节　从航道问题看北极多边治理

航道问题是北极诸多问题中的核心部分，近年来得到了世界各国的广泛关注。随着气候变化开启的北极航道可行性研究，不但成为各国政府和国际学术界讨论的焦点，更是跨国航运公司关注的重要议题，甚至有可能改变现有全球贸易格局。本节将北极地区重要的航运问题作为研究的背景，从多个层面分析多边治理范式在航道问题上的适用基础、表现形式和治理效果，借助国际海事组织《极地规则》的制定与发展，以及主要相关国家的政策转变，分析多边治理范式的作用和局限性。

一、北极航道概述和现状评估

北冰洋位于北极区内，是全球四大洋之一。北冰洋包含巴芬湾（Baffin Bay）、巴伦支海（Barents Sea）、波弗特海（Beaufort Sea）、楚科奇海（Chukchi Sea）、东西伯利亚海（East Siberian Sea）、格陵兰海（Greenland Sea）、哈得逊湾（Hudson Bay）、哈得逊海峡（Hudson Strait）、喀拉海（Kara Sea）、拉普捷夫海（Laptev Sea）、白海（White Sea）等"边缘海"① 和"陆间海"②。一般而言，"洋"是指以大陆陆地为边界的广阔海域，中间没有陆地间隔；"海"则是组成大洋的封闭或半封闭海域，前者如欧洲的里海，后者则如亚洲的东海与南海。按照普遍接受的概念，北极航道问题主要涉及三个航道：以北方航道（Northern Sea Route，简称 NSR）为代表的东北航道（Northeast Passage，简称 NEP）、西北航道（Northwest Passage，简称 NWP）和所有沿岸国管辖权之外的穿极航道（Transpolar Passage，简称 TPP）。（见图 4–1）

从航行路线的特点来看，可以分为三个类型：北极内航线（Intra-Arctic Routes），指航行路线的起点和终点均位于北极区域内；北极终点线（Destination Arctic Routes），指航行路线的起点或终点位于北极区域内，另一点位于北极区域外；过境线路（Transit Routes），指航行路线起点和终点分别为太平洋和大西洋海域，期间过境北冰洋。如果按照功能划分，则需要关注三个运输走廊：一是将北方航道和东北航道连接欧洲大陆和美国东海岸，以及将北方航

---

① 边缘海又称陆缘海（Marginal Sea），是位于大陆和大洋的边缘的海洋。其一侧以大陆为界，另一侧以半岛、岛屿或岛弧与大洋分隔。

② 陆间海也称地中海或自然内海，在海洋学上指具有海洋的特质，但被陆地环绕，形成一个形似湖泊但具海洋特质的海洋，一般与大洋之间仅以较窄的海峡相连。

道、穿极航道和西北航道连接亚洲和北美洲西海岸的"北部海上走廊"（Northern Maritime Corridor，简称NMC）；二是格陵兰岛和斯瓦尔巴德群岛之间的"弗拉姆走廊"（Fram Corridor，简称FC），它将穿极航道与北大西洋相互连接并最终与北部海上走廊对接；三是"戴维斯走廊"（Davis Corridor，简称DC），它连接北部海上走廊的西部分支和北美洲东海岸。从现实意义和利用价值来看，东北航道和西北航道是承担北极航运的主要路线，也是此处讨论的重点所在。

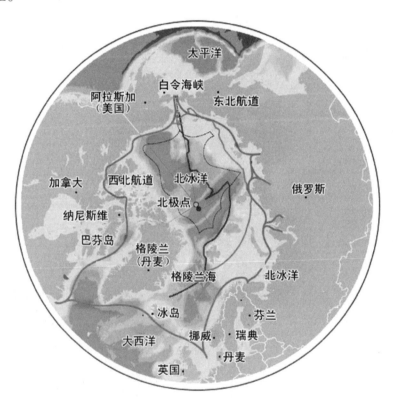

图4-1　东北、西北航道示意图

资料来源：Mapping Solutions，Anchorage，http：//mapmakers. com.

（一）东北航道与北方航道

东北航道西起冰岛，经过巴伦支海沿欧亚大陆北方海域直到东北亚的白令海峡。在实践中，东北航道与北方航道的概念时常交叉使用，容易造成概念上的混淆。按照普遍的观点，东北航道是俄罗斯北部航道的曾用名，该航道连接太平洋和大西洋北部海域，但没有具体的起点和终点地理位置坐标。[①] 目前，俄罗斯更多地使用连接白令海峡和喀拉海峡的"北方航道"这一概念。换句话说，北方航道是东北航道的主要组成部分。在讨论航道问题时，通常将北方航道视为东北航道的主要问题。对于该航道存在官方和非官方两类定义方法，其中官方定义记载于俄罗斯的各项法律文件中，而非官方定义则是按照管理、运营和地缘政治层面的不同指标混合形成。北方航道的最初构想是由俄国外交官德米特里·格拉西莫夫（Дмитрий Герасимов）提出的，但早在 11 世纪时的白海（Белое Море）沿岸从事殖民和贸易的波摩尔人（Поморы）已经对该航线进行了探索，并于 17 世纪建立了往来阿尔汉格尔斯克（Архангельск）和叶尼塞河（Енисей）河口的航线。这条航线被称为芒加塞亚（Мангазея）航线（以其最东的终点芒加塞亚命名），是北方航道的前身。根据俄罗斯联邦运输部北方航道管理局下属的北方航道信息办公室（Northern Sea Route Information Office）的最新估算，从日本横滨港出发经东北航道前往荷兰鹿特丹港的航程总长 11205 海里，比传统的苏伊士运河航线航程缩短 7345 海里，节省 34% 的航程距离。从中国上海经由同样的路线抵达鹿特丹的航程比传统的苏伊士运河航线航程缩短 8079 海里，节省约 23% 的航程距

---

① Østreng Willy, The International Northern Sea Route Programme: Applicable Lessons Learned, *Polar Record*, Vol. 42, No. 1, 2006, pp. 71 – 81.

离。[1]（见表 4 - 2）

表 4 - 2 北方航道航运里程表

始发港口	经由	抵达俄罗斯穆尔曼斯克港	抵达荷兰鹿特丹港
日本横滨港	苏伊士运河 北方航道	12840 海里 5767 海里	11205 海里 7345 海里
	航程距离差（%）	7073 海里（56%）	3860 海里（34%）
中国上海港	苏伊士运河 北方航道	11999 海里 6501 海里	10521 海里 8079 海里
	航程距离差（%）	5498 海里（46%）	2442 海里（23%）
加拿大温哥华港	苏伊士运河 北方航道	9710 海里 5406 海里	8917 海里 6985 海里
	航程距离差（%）	4304 海里（44%）	1932 海里（22%）

资料来源：Northern Sea Route Information Office. [2]

可以看到，北方航道与苏伊士运河这一传统运输走廊相比，在航程经济性具有相当明显的优势，特别是从亚洲和欧洲抵达俄罗斯北部地区的航程距离差。在这种背景下，诸多的航运大国和跨国公司开始对北方航道定期通航的可行性进行研究。根据挪威船级社（DNV）的估计，如果北方航道实现完全的商业化通航，每年将有360 万个标准集装箱经由这一航道运输。

---

[1] Northern Sea Route Information Office, http：//www. arctic-lio. com/NSR.

[2] Northern Sea Route Information Office, http：//arctic-lio. com/images/nsr/nsr_ 1020x631. jpg.

从北方航道发展的历史来看，俄罗斯在彼得大帝时期和沙俄时期都曾以发布宣言的方式，对北方航道提出主权要求，并宣传对相关海域实施垄断性经营。[1] 但长期以来，该航道均仅作为俄罗斯国内贸易的海上通道，并未对其他国家开放。苏联时期，政府还颁布了《苏联商业海运法》，规定外国航运需求必须通过苏联的相关机构通过船舶租赁的方式进行。从航道管理机构的演变来看，成立于1918 年的北方航道委员会（Комитет Северного морского пути）是最早建立的北方海航运活动管理机构，该委员会隶属于苏联人民贸易委员会。该机构的主要职责是建立一个由西伯利亚经北冰洋至西欧的可持续发展的海上通道。1932 年，苏联政府成立了"北方航道管理总局"（Главное управление Северного морского пути）负责航道管理与开发。1971 年 9 月 16 日，依据苏联部长会议出台第 683号决议，建立了"苏联海运部北方航道管理局"（Администрация Северного морского пути Министерства морского флота СССР），负责组织相关航运活动，确保主航道与相邻航道的航运安全，防止航运污染等方面的工作。目前，北方航道的主管机构为"北方航道管理局"（Администрация Северного морского пути），隶属于俄罗斯联邦交通部"海洋与河流运输局"（Федеральное агентство морского и речного транспорта）。根据2012 年 7 月 28 日的《关于北方航道水域商业航运相关法律部分条款的联邦修正案》规定，其主要职能包括："受理、审查和发放北方航道水域船舶航行的许可证申请；监测北方航道水域的水文气象、冰情和通航情况；在北方航道水域协调安装通航装置和进行水文地理工作区域的设备；组织船舶航行，提供信息服务（适用于北方航道水域），为船舶航行提供安全、通航水文和破冰船保障；根据指定水域的水文气象、

---

① Kolodkin A. L. and Volosov M. E. , The Legal Regime of the Soviet Arctic : Major Issues, *Marine policy*, Vol. 14, No. 2, 1990, pp. 158 – 169.

冰情和通航情况，拟定船舶在北方航道水域的航行线路和使用破冰船的建议；在北方航道水域，协助组织搜救行动；为北方航道水域进行船舶冰间领航的人员发放领航证；协助进行清除受船舶污染的危险和有害物质、污水或垃圾作业"[1]。

有学者认为，"苏联在20世纪60年代之前没有对北方海域实行有效管理"[2]。1965年开始，苏联海洋船舶部提出对外国船舶在北方航道的航行进行收费，还提出在部分海峡进行强制性领航和登船领航。[3] 此外，还制定了如《加强毗邻苏联北方沿海地区和北部地区环境保护的法令》《专属经济区环境保护法》等一系列防止污染和保护环境的法律制度，其中包括了科考活动的报备制度，违反环保规定的罚款制度等。也就是说，从此开始，苏联谋求将国内管辖权普遍适用于北方航道，对该航道的权利扩张诉求初现端倪。

北方航道曾经是苏联北部地区以及西伯利亚的"生命运输线"，也是东西部地区相互连接发展的重要走廊，更是雅尔塔体系和冷战格局中主要的战略高地。从航道的运输总量来看，北方航道的航运高峰出现在1987年，货运总量达到670万吨。伴随着苏联的解体，北方航道的使用也陷入严重的需求危机，相关港口的货运量减少1/3，其中的部分港口因缺少一定的货运量已被废弃。（见图4-2）

① Правительство Российской Федерации，Федеральный закон от 28 июля 2012 г. N 132-Ф3，http：//text. document. kremlin. ru/SESSION/PILOT/main. htm.

② 郭培清、管清蕾："探析俄罗斯对北方航道的控制问题"，《中国海洋大学学报（社会科学版）》，2010年第2期，第7页。

③ Franckx Erik，*Maritime Claims in the Arctic：Canadian and Russian Perspectives*，Kluwer Academic Publishers，1993，pp. 156.

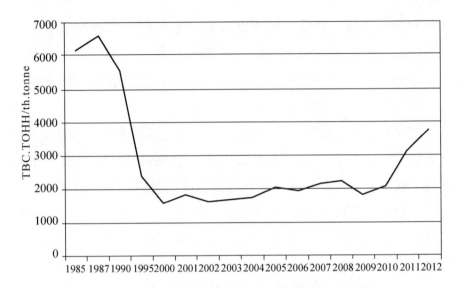

图 4 - 2 北方航道航运总量趋势表（1985—2012 年）

资料来源：Northern Sea Route Information Office，TransitStatistics. ①

　　1991 年，俄罗斯政府宣布北方航道重新开放，并对所有国家船只采取无歧视政策，但至今该航道的使用率并不高。近年来，由于气候变化的影响，北方航道无冰季出现频率和持续度都有所增加。2009 年夏季，德国布鲁格航运公司的两艘货船从韩国启程，途径俄罗斯符拉迪沃斯托克港和西伯利亚扬堡港，最后抵达终点站荷兰鹿特丹港，实现了北方航道的整体通航。② 根据统计，北方航道在近年来的使用率逐步提高，呈现了较快的发展趋势。（见表 4 - 3）

------

① Northern Sea Route Information Office，Transit Statistics，http：//www. arctic-lio. com/nsr _ transits.

② Kramer Andrew and Revkin Andrew，Arctic Shortcut Beckons Shippers as ice Thaws，*New York Times*，September 11，2009，http：//www. nytimes. com/2009/09/11/science/earth/11 passage. html? _ r = 1.

表4-3 北方航道航运统计（2010—2013年）

	2010年	2011年	2012年	2013年
运输总吨量	111000	820789	1261545	1355897
运输总航次	4次	34次	46次	71次

资料来源：Northern Sea Route Information Office，NSR Transit 2013.①

从2013年的航运细分类别来看，主要是由东至西的运输航次，其中东段起航的为41艘，西端起航的为30艘。在船旗国的数量分布上，俄罗斯为46艘，巴拿马为6艘，利比里亚为5艘，马绍尔群岛、希腊、塞浦路斯、挪威、芬兰各2艘，马耳他、中国香港、百慕大群岛、安提瓜和巴布达各1艘。在这其中，有25班航次的货轮悬挂了外国国旗。从运输货物的种类来看，液散货占据了主要位置。（见表4-4）

表4-4 北方航道航运货物分类表

载货种类	船只数量	载货量（吨）	满载排水量（吨）	东端起航载货量（吨）	西端起航载货量（吨）
液散货	31	911867		588659	323208
干散货	4	276939		203439	73500
液化天然气	1	66868		66868	
杂货物	13	100223		36846	63377
空载船	15		469703		
调配船只（主要为破冰船重新部署）	7		38027		
总计	71	1355897	507730	895812	460085

资料来源：Northern Sea Route Information Office，NSR Transit 2013.

---

① Northern Sea Route Information Office，NSR Transit 2013，http：//www.arctic-lio.com/docs/nsr/transits/Transits_ 2013_ final.pdf.

第四章 北极多边治理范式

183

按照这一趋势，如果北方航道的通航环境保持稳定，相关航运需求将随着航道基础设施建设的逐步成熟，以及各国冰区航行经验的积累而逐步上升。当然，关于该航道的大规模开发和利用问题还存在较多的争议矛盾，具体在本节第二部分进行详细论述。

（二）西北航道

第二条航线是穿越加拿大北极群岛水域的西北航线。该航道东起戴维斯海峡和巴芬岛以北至阿拉斯加北面的波弗特海，并最终经过白令海峡到达太平洋，全长约 1450 公里。与巴拿马运河航道相比，西北航道使北美洲与亚洲之间的航程缩短了 3500 海里。[①] 从通航环境来看，虽然西北航道在气候变化的影响下出现了短暂的夏季无冰状态，但如果从大西洋进入该航道，需要在格陵兰岛和巴芬岛之间巨大冰山间航行，造成较大的航行困难。另一方面，北极冰盖不断向阿拉斯加北部浅滩输送坚冰，将大批浮冰汇入阿拉斯加与西伯利亚间的白令海峡，造成经西北航道往太平洋方向的航行也同样存在风险。2013 年，丹麦北欧散装轮船公司（Nordic Bulk）的冰级散货船从加拿大温哥华经由西北航道抵达芬兰，比传统的巴拿马运河航线节省了 1000 海里的航程，装载总量提高了 25%，并节省了 8 万美元的燃料成本，为西北航道的商业化提供了可参考的成本数据。而根据估算，从上海出发经西北航道抵达纽约，航程总距离为 8632 海里，以 20 节船速计算需用时 18 天（不计算靠港时间），比传统的巴拿马运河航线节省 1935 海里的航行里程和 4 天的航行天

---

① Wilson K. J., Falkingham J., Melling H. and De Abreu R., *Shipping in the Canadian Arctic: Other Possible Climate Change Scenarios*, in International Geoscience and Remote Sensing Symposium, 20-24 September 2004, Anchorage, Alaska, Proceedings, vol. 3, IEEE International, New York, 2004, pp. 1853-1856. http://arctic. noaa. gov/detect/KW_ IGARSS04_ NWP. pdf.

数。① 大量的研究显示，该航道的商业化常态运行，将改变现有国际航运格局，并衍生诸多经济效益。

普遍认为，加拿大和美国是西北航道开发的最大受益者，而美欧、美亚贸易中的航运贸易大国也是潜在的获利方。但从目前来看，与北方航道相比，西北航道对通航环境与时间更具有不确定性，尚未开始规模性的商业化运行，仅能从数据分析和预期层面作出评估。同时，依据何种航行规则制度，建立何种合作方式是西北航道开发的首要问题。与东北航道中的北方航道情况相似，加拿大曾表示在遵守污染控制规章的前提下，欢迎各国利用该航道通商，但同时宣称该水域为加拿大的内水，这与《联合国海洋法公约》中的部分普遍性惯例相抵触。② 这种国内法与国际法的矛盾背后，反映出加拿大等沿岸国航道战略中所包含的权力意识和扩张趋势，成为西北航道多边合作开发潜在的消极因素。

（三）穿极航道

顾名思义，穿极航道指通过白令海峡的极点穿越航线，期间通过格陵兰岛并最终抵达冰岛。这条航线主要应用于北极科学考察和环境治理，并非传统意义上的贸易航道。根据统计，"世界发达国家大多数地处北纬 30 度以北地区，此区域生产了全世界近 80% 的工业产品，还占据全球 70% 的国际贸易份额"③。在气候变化的影响下，如果实现北极航道的常态化通航，将产生不可估量的政治、经济等连锁影响，特别是对于世界经济、贸易、航运格局以及原住民地区的根本性改变。有学者认为，"如果北极航线完全打开，用北极航线替代传统航线，中国每年可节省 533—1274 亿美元的国际贸

---

① 张侠："北极航道海运货流类型及其规模研究"，《极地研究》，2013 年第 2 期，第 25 页。
② 无害通过权不包括涉及科研、捕鱼、间谍侦察、走私、污染和武器试验等活动。
③ Østreng Willy, The Ignored Arctic, *Northern Perspectives*, Vol. 27, No. 2, 2002, pp. 1 - 17.

易海运成本"①。可见，北极航道的开通利用对我国具有重要的现实
意义。

二、北极航道问题的矛盾界定

北极航道的矛盾主要聚焦于西北航道和东北航道的法律地位问
题之上。由于《联合国海洋法公约》关于"冰封区域"的界定给予
了充分的解释空间，占据地缘优势的俄罗斯和加拿大均援引这一规
定，制定了相应的国家层面的航行规定与法律。从俄罗斯方面来
看，1991 年颁布的《北方航道海路航行规则》② 是其航道管理的重
要法律依据之一。此后，俄罗斯政府又相继出台了《北方航道航行
指南》（Руководство для плавания судов по Северному морскому
пути）、《北方航道破冰船领航和引航员引航规章》（Правила
Ледокольно - лоцманской проводки судов по северному пути） 和
《北方航道航行船舶设计、装备和必需品要求》（Требования к
конструкции, оборудованию и снабжению судов, следующих по
Северному морскому пути） 等技术性规则。

根据上述规定，俄罗斯首先对于航道的法律归属做出了清晰
的界定，提出"北方航道指位于苏联北方沿岸的内水、领海或专
属经济区内的国家交通干线，包括适宜冰区领航的航线。该航道
西起新地岛诸海峡的西部入口和北部热拉尼亚角向北的经线，东

---

① 张侠："北极航线的海运经济潜力评估及其对我国经济发展的战略意义"，《中国软科
学》，2009 年第 2 期，第 35 页。

② Министерство морского флота СССР, *Правила плавания по трассам Северного морского
пути*, 14 сентября 1990 г, http：//forum. katera. ru/index. php？ app = core&module = attach&section
= attach&attach_ id =106243.

至白令海峡北纬 66 度与西经 168 度 58 分 37 交汇处。"① 也就是说，俄罗斯将北方航道的大部分海域完全纳入自身海洋管辖范围内。其次，俄罗斯还为该航道设立了严格的航行程序，提出"由于航行的条件和冰情复杂，为确保航行安全在维利基茨基海峡（Пролив Вилькицкого）、绍卡利斯基海峡（Пролив Шокальского）、德米特里·拉普捷夫海峡（Пролив Дмитрия Лаптева）和桑尼科夫海峡（Пролив Санникова）实行强制破冰领航制度。而在其他区域，海上作业指挥部可以根据情况实行包括建议航线引航、空中引航、引航员引航、破冰船领航、破冰船领航和引航员双重引航"②，还特别规定了在某些情况下，由俄籍领航员登船引航的规定，"如缺乏冰区航行经验，海上作业指挥部可根据船长的请求派遣国家引航员登船协助航行"。根据这样的规定，只要航行在上述海峡之外的区域便可以不接受强制破冰引航，但由于规则中对于何种情况可以使用其他引航方式没有做出详细的界定，海上作业指挥部也拥有较为宽松的自由量裁权，导致所有使用北方航道的国家都必须被迫接受俄罗斯单方面的强制破冰引航服务，并且支付高额的费用。美国和欧洲多国对俄罗斯的相关主张都提出过抗议，反对其单方面控制部分北方航道的海域，并主张所有的船只在北方航道都应当享有过境通行权，而相关海峡应当被认定为国际海峡。而根据国际法的相关规定，过境通行不应受到沿岸国的干扰，除非这种通行存有潜在危险。③ 也有学者认为，俄罗斯相关航行法律制度与《联合国海洋法

① Министерство морского флота СССР, *Правила плавания по трассам Северного морского пути*, 14 сентября 1990 г, http://forum.katera.ru/index.php? app = core&module = attach&section = attach&attach_ id = 106243. , пункт 1 – 2.

② Министерство морского флота СССР, *Правила плавания по трассам Северного морского пути*, 14 сентября 1990 г, пункт 7, http://forum.katera.ru/index.php? app = core&module = attach&section = attach&attach_ id = 106243.

③ ［英］罗伯特·詹宁斯、亚瑟·瓦茨著，王铁崖等译：《奥本海国际法》，中国大百科全书出版社，1998 年版，第 47 页。

公约》中的无害通过制度、过境通行制度等内容相互矛盾，特别是强制性收费引航超过了公约赋予沿海国的权利。① 当然，随着北极多边治理范式的逐步形成，俄罗斯在北方航道问题上的立场也出现了较为明显的改变，笔者将在本节的第三部分中详细论述。

加拿大对于西北航道权利诉求同样由来已久。1970 年，加拿大颁布了《北极水域污染防治法》，适用于包括从加拿大领海基线延伸 100 海里的北纬 60 度以北海域。② 按照这种适用标准，北极群岛外的超过 100 海里公海水域被纳入了加拿大国内管辖范围，还规划出 16 个"航行安全控制区"，为每个区域设定了进出日期限定。③

这种固定时间、固定区域的限制措施，又被称为"时区制度"。在这些区域内，加拿大有权对于船舶的制造标准，以及通航条件和设备等方面做出规定。有权设定破冰服务和领航程序，还可以限制航运货物的种类，要求提供必要的文本手续等。④ 此外，"没有满足相应规定或在非开放时间进入上述区域的船只，可被采取强制性措施予以拦截。"⑤ 此外，还规定了在西北航道海域航行的"零排放"政策，提出禁止任何船只倾倒垃圾，以及超过 300 吨以上的船只进入西北航道，必须提前 24 小时向海岸警卫队海洋通信和交通服务中心（Marine Communications and Traffic Services）进行汇报。这实际上是一种变相针对外国船舶的强制性报告制度，因而引发了关于自由航行与沿岸国管控之间的矛盾。

---

① 刘惠荣：《海洋法视角下的北极法律问题研究》，中国政法大学出版社，2012 年版，第 142—145 页。

② Government of Canada, Arctic Waters Pollution Prevention Act, part 2, https://www.tc.gc.ca/eng/marinesafety/debs-arctic-acts-regulations-awppa-494.htm.

③ Government of Canada, Arctic Waters Pollution Prevention Act,, Part 11 - 1, https://www.tc.gc.ca/eng/marinesafety/debs-arctic-acts-regulations-awppa-494.htm.

④ Government of Canada, Arctic Waters Pollution Prevention Act, Part 12 - 1, a - b, https://www.tc.gc.ca/eng/marinesafety/debs-arctic-acts-regulations-awppa-494.htm.

⑤ Ibid. , Part 12 - 1, c.

2008 年，加拿大将该法规的适用范围从 100 海里扩大至 200 海里，包含了专属经济区的全部海域。[①] 虽然从表面上来看，这部法律的相关规定健全了西北航道的管理机制，特别是提出了航运安全区域，以及对于相关船只的环保排放要求等。特别是《联合国海洋法公约》的第二百三十四条，设定了"冰封区域"的环保规定，以及沿岸国拥有立法权形成的重要依据和基础，并且开启了国际法先例，由国内立法推动国际法制度的形成。[②] 同样，这种做法也体现出加拿大单方面控制自由航行的意图。出台《北极水域污染防治法》在主观上似乎成为控制污染行为的立法举措，而在客观上也形成了较为隐晦的海域主权诉求。[③] 加拿大官方甚至宣称，"由于加拿大的西北航道不用于国家航行，且北极水域被加拿大视为内水，因此过境通行制度不适用于北极"[④]。同时，加拿大还制定了高于国际普遍性标准的船舶污染规定，并针对污染船征收高额的服务费。可以看到，北极航道问题不仅仅体现在商业运行评估或风险控制层面，国家间的权力争夺与政治因素都是航道治理中的主要矛盾。

此外，加美之间的波弗特海划界争端，加丹之间的林肯海、汉斯岛划界争端以及美俄之间的白令海划界争端，以及众多国家的大陆架外部界限划界案，都是航道治理中的潜在矛盾点。（见图 4-3）

① Press Release of the Prime Minister of Canada, *Extending the Jurisdiction of Canadian Environment and Shipping Laws in the Arctic*, 27 August 2008, www. pm. gc. ca/eng/media. asp? id=2246.

② 郭培清：《北极航道的国际问题研究》，北京：海洋出版社，2009 年版，第 77 页。

③ Reid Robert, the Canadian claim to sovereignty over the waters of the Arctic, *The Canadian Yearbook of International Law*, 1974, pp. 111 – 136.

④ Pharand Donat, *Canada's Arctic Waters in International Law*, Polar Research, Ottawa: University of Ottawa Press, 1985, p. 185.

图 4 - 3 北极相关划界争端

资料来源：A Joint Report from Fridtjof Nansen Institute and DNV. ①

  航行条件是北极航道大规模利用的另一争论焦点。北极航道利用的支持方仅以较少的案例数据提出航运经济性的判断，忽视了气候条件、水文气象环境、航运安全、污染防控等不确定因素。从潜在弊端来看，冰区航行对于破冰船的级别、船员的航行能力与经验等方面都有着较高的要求，需要较长的建造与培育过程。由于近年来北极融冰速度的加剧，冰层环境也处于快速变动的条件下，给航行的安全带来不少潜在威胁。以北方航道为例，季节性畅通的间隔期与持续期很难精确计算，特别是受到极端天气和气候的影响较

---

  ① A Joint Report from Fridtjof Nansen Institute and DNV, *Arctic Resource Development: Risk and Responsible Management*, http://www. dnv. com/binaries/arctic _ resource _ development _ tcm4 - 532195. pdf.

大，而全年无冰的环境尚处于预测阶段，无法为航运公司使用北方航道提供较为准确的信息保障，造成较大的风险空间。而沿岸国的港口设施建设，相关的打捞、搜救等硬件技术支持还处于起步阶段，很难为大规模的航道利用提供保障。

三、《联合国海洋法公约》、国际海事组织与航道多边治理

从北极航道治理的结构来看，形成了以多边层面、区域层面和国家层面不同的制度框架。在国际多边层面，《联合国海洋法公约》（以下简称《公约》）无疑是海洋问题的主要多边性法律制度，也同样是北极航道多边治理中的基础性文件。但是，这份基础性文件的北极航道适用性却饱受质疑。原因在于，《公约》中只有234条关于"冰封区域"（Ice-covered Areas）的条款适用于北极。根据《公约》规定，"沿海国有权制定和执行非歧视性的法律和规章，以防止、减少和控制船只在专属经济区范围内冰封区域对海洋的污染，这种区域内的特别严寒气候和一年中大部分时候冰封的情形对航行造成障碍或特别危险，而且海洋环境污染可能对生态平衡造成重大的损害或无可挽救的扰乱。这种法律和规章应适当顾及航行和以现有最可靠的科学证据为基础对海洋环境的保护和保全"[①]。由于这一条款在概念表述上相当的模糊，关于"一年中大部分时候冰封的情形"这一重要的界定标准，没有具体给出时间的定义，由此引起了俄罗斯和加拿大借助自身北冰洋沿岸国地位，制定以权利扩张为主要特征的国内法律和规则，并诱发"内水航道"和"国际航道"的归属争论。

从积极的方面来看，《公约》在保护北极海洋环境和生态系统等问题上的确发挥了重要作用。但因为其表述的模糊性以及沿海国的立

---

① 联合国：《联合国海洋法公约》，第234条，http://www.un.org/zh/law/sea/los/article12.shtml.

法自主性，特别是针对船只的污染问题建立了较为严苛的航运标准，将国家的管控范围拓展至领海和专属经济区。可见，这种模糊表述与自由量裁空间虽然可以在具体领域中实现一定的管控优势，但其弊端在于，沿海国可以利用这一暂时性的"空白"来进行大规模的权力扩张和争夺，将北冰洋用于自由航行的国际海峡纳入冰封区域的范畴，并由此制定相应的国内立法和规则限制航运自由。《公约》的另一大弊端是关于外大陆架延伸的相关定义，造成了诸多北极海洋划界争夺。但由于外大陆架延伸这一法律概念并非北冰洋特有，而是一种全球性的海洋制度，同时并不影响北极航道问题本身，因此不在此处赘述。总的来说，《公约》在北极航道多边治理中更多地作为一种普遍性的合作框架，具有明显的优势和弊端。

除去海域的环境保护问题，关于航行的具体标准和规范并不受到《公约》的约束，而是通过更为专业性的多边机制来实现规则设定和标准检验，国际海事组织（International Maritime Organization，简称 IMO）就是当中最为重要的治理机制。国际海事组织的前身是政府间海事协商组织（Intergovernmental Maritime Consultative Organization，简称 IMCO），根据 1948 年 3 月 6 日各国在联合国海运会议上签署的《政府间海事协商组织公约》所成立，成为联合国下设的海事专门机构，其主要职能是开展海事技术咨询和以及海洋航行相关的立法。1982 年 5 月 22 日正式更名为国际海事组织。从组织宗旨来看，为航海安全、航海效率和防止船舶污染制定了可行的标准，鼓励各国消除歧视性的航海实践，支持为世界商业贸易提供航运服务。此外，国际海事组织还为其成员国提供信息交流服务。[1]

从国际海事组织的主体构成上来看，它是典型的多元主体参与治理，也符合多边治理范式中所强调的"三级主体"原则。其中一

---

① IMO，About IMO，http：//www.imo.org/Pages/home.aspx.

级独立主体指所有国际海事组织的成员，这些成员以 170 个主权国家为主，有独立的政策制定、战略规划、信息沟通和义务承担能力。这类主体的主要特点是决策权和行为能力的独享，因此在收益分配和责任承担上更具备独立性，在多边治理主体中占据优势地位。从范围来看，由于国际海事组织的职能范围不仅仅针对北极海域。因此，其成员构成也超出了地理范畴中的北极区域概念，涵盖世界几乎所有与航运业相关的沿岸国与航运贸易国。国际海事组织中的"联系会员"地位符合二级代理主体的特征，其中包括丹麦的法罗群岛，中国的香港特别行政区和澳门特别行政区。它们虽然也具备一定程度上的政策制定、战略规划、信息沟通和义务承担能力，但在法律地位上分别隶属于作为一级独立主体的丹麦和中国，且受限于国家层面的法律和行政约束。此类主体的特点是决策权和行为能力的非独享，在多边治理中需要通过一级独立主体作为"代理人"，实现收益和责任的诉求。此外，国际海事组织还有 63 个享有"观察员地位"（Observer Status）的政府间机构成员，以及 77 个享有"咨询地位"（Consultative Status）的国际非政府组织成员。[①]这类主体不具备独立的政策制定、战略规划、信息沟通和义务承担能力，在治理中也没有决策权和行为能力，但却是具体议题的参与方或行为人，其立场可以间接影响二级代理主体和一级独立主体的决策与行为。此类主体的主要特点是在法律上不具备独立资格，却又在科技、知识等领域具备专业性，是契约执行环节中不可或缺的一部分，因此具有一定的辅助性效应。

根据荷兰代尔夫特理工大学（Delft University of Technology）的港口研究中心对 18 位著名的北极问题学者进行的问卷调查报告[②]，

①　IMO，http：//www. imo. org/About/Pages/Default. aspx.

②　Port Research Centre，*the Possibilities of Container Transit shipping via the Northern Sea Route：Using Backcasting to Gain Insight in the Path stat Lead to a Feasible Arctic Shipping Route*，Delft University of Technology，2009.

北极航道在 2030—2040 年的核心问题将集中在以下几个方面：（见表
4 –5）

表 4 –5　北极航道核心问题预测问卷调查（2030—2040 年）

具体事件	重要性	可能性	危机性
建立北极地区的卫星导航系统	4. 61	3. 94	1. 22
国际海事组织制定北极普遍性航行规则	4. 67	4. 33	1. 06
俄罗斯制定相应的北方航道应急反应系统	4. 61	3. 72	1. 22
海冰七天预测系统的建立	4. 50	3. 82	1. 17
北极航运的优惠保险制度	4. 50	3. 81	1. 17
冰区导航与船员培训	4. 50	4. 22	1. 07
北极航运的环境影响评估	4. 50	3. 76	1. 18

资料来源：Report of Port Research Centre, Delft University of Technology.

可以看到，无论是从重要性来看还是可能实现的程度，北极普
遍性航行规则都是其中最为主要的优先议题。国际海事组织在北极
航道治理中的核心作用，也恰恰是制定有关北极航行一系列规则中
的特殊地位，特别是即将出台的《极地规则》（Polar Code），将对
北极航道未来的开发与利用起到决定性作用，可以被视为多边治理
范式中选择性妥协等原则的重要实践。

第一，对于普遍性原则的妥协。极地航行对于大多数国家来说
都是一种技术挑战，特别是缺乏相关海图、水文、航行资料和经验
条件下，很难以技术手段预测海冰情况，成为北极航行安全的重大
隐患。与此同时，一方面加拿大、俄罗斯、挪威等国都制定了不同
的航行技术要求，导致船只航行在不同国家专属经济区时需要遵守
不同的规则与标准，并因技术要求的相互抵触而产生矛盾；另一方
面，各国的船级社也对于船舶分类做出了不同的归类，导致在区分
破冰级别等标准上无法达成一致。因此，国际海事组织自 20 世纪

90 年代起便开始讨论极地航行安全与规则问题，出台了一系列国际航运准则和防止污染公约。① 其中，1974 年的《国际海上人命安全公约》（International Convention for the Safety of Life at Sea，简称 SOLAS）被看作是国际航运安全条约中最为全面，包含几乎所有国际海洋可航行区域的安全标准②。条约的首要宗旨是"规定每项具体项目如建设、装备和运营的安全标准。船旗国有责任确保船只具备有关装备和条约承认的证明"③。如果有确凿的证据表明船只及其装备不符合要求，管控条例准许有关方面检查他国船只。当前，所有北极国家都已加入《国际海上人命安全公约》。该条约适用于国际航运船舶，但不特别指出任何附加解释条款和运营装备要求。然而，1989 年发生在美国阿拉斯加离岸地区的艾克森石油公司（Exxon Valdez）事故，使国际海事组织在 20 世纪 90 年代初期决定改变上述情况④。国际海事组织研究与北极冰封水域通航的建议条款，

---

① 主要包括：1966 年的《国际载重线公约》（International Convention on Load Lines）、1969 年的《国际油污损害民事责任公约》（International Convention on Civil Liability for Oil Pollution Damage）、1971 年的《设立国际油污损害赔偿基金公约的 1976 年议定书》（Protocol of 1976 to the International Convention on the Establishment of An International Fund for Compensation for Oil Pollution Damage）、1972 年的《防止因倾倒废物及其它物质污染海洋的公约》（Convention on the Prevention of Marine Pollution by Dumping of Wastes and Other Matter）、1972 年的《国际海上避碰规则公约》（Convention on the International Regulations for Preventing Collisions at Sea，简称 COLREGS）、1973 年的《防止船舶造成污染的国际公约》、1974 年的《国际海上人命安全公约》、1978 年的《国际海员培训、发证和值班标准公约》（International Convention on Standards of Training, Certification and Watchkeeping for Seafarers，简称 STCW）、1979 年的《国际海上搜寻救助公约》等（International Convention on Maritime Search and Rescue, SAR Convention）、1990 年的《油污防备反应和合作国际公约》（International Convention on Oil Pollution Preparedness, Response and Co-operation）、2000 年的《有害和有毒物质污染事故的防备、反应与合作议定书》（The Protocol on Preparedness, Response and Co-operation to pollution Incidents by Hazardous and Noxious Substances）。

② Van der Zwaag David, *Governance of Arctic Marine Shipping*, Dalhousie University：Halifax, 2008, p. 14.

③ IMO, *International Convention for the Safety of Life at Sea*, Technical Provisions, 1974, http：//www. imo. org/About/Conventions/ListOfConventions/Pages/International-Convention-for-the-Safety-of-Life-at-Sea-（SOLAS），-1974. aspx.

④ Øystein Jensen, The IMO Guidelines for Ships Operating in Arctic Ice-covered Waters. From Voluntary to Mandatory Tool for Navigation Safety and Environmental Protection? *Fridtjof Nansen Institute Report*, 2007. pp. 8 – 11. http：//www. fni. no/doc&pdf/FNI-R0207. pdf.

以补充该组织现有规定。

1991 年，德国向 IMO 提出建议，希望在《国际海上人命安全公约》加入"在极地水域航行的船只应根据公认的船舶分类组织的规定，符合极地条件下的冰区航行"① 的内容。该提议得到了 IMO 大多成员国的赞成，也由此开始了极地航行条约体系的建立过程。1998 年，IMO 极地水域船舶航行特别规则起草小组提交了《极地水域船舶安全国际规则》（International Code of Safety for Ships in Polar Waters），其中提出"向所有在极地水域航行的船舶提供符合国际社会普遍接受的标准"② 的建议。

2002 年，IMO 颁布《在北极冰覆盖水域内船舶航行指南》（Guidelines for Ships Operating in Arctic Ice-covered Waters），成为具有普遍性效应的航行规则建议范本。与《国际海上生物安全公约》这一多边制度约束相比，该《在北极冰覆盖水域内船舶航行指南》被视为一整套非强制性原则，评估和加强船舶在北极水域航行的装备指导。其适用范围包括北纬 60 度以北的北极水域，并规定北极冰封区域是"海面十分之一或更大面积被冰雪覆盖并且对船舶航行带来风险的海域"③。《在北极冰覆盖水域内船舶航行指南》还为船舶在北极水域特别是复杂的冰雪覆盖区域航行提供技术性指导，并对船舶的级别做出了一定的界定，即"任何适用于 1974 年《国际海上人命安全公约》的船只"④。也就是说，渔船、游艇、以及低于 500 吨的货船和军舰不包括在此，而邮轮和超过 500 吨的货船及军舰受其规范。⑤

① IMO, Maritime Safety Committee, 59/30/32, 1991, http：//www. imo. org/MediaCentre/MeetingSummaries/MSC/Pages/Default. aspx.

② IMO, *International Code of Safety for Ships in Polar Waters*, Ship Design and Equipment 41 - 10, Annex 1, p. 3.

③ IMO, *Guidelines for Ships Operating in Arctic Ice-covered waters*, http：//www. imo. org/Publications/Documents/Attachments/Pages%20from%20E190E. pdf.

④ Ibid., G - 3. 2.

⑤ Øystein Jensen, Arctic Shipping Guidelines：Towards a Legal Regime for Navigational Safety and Environmental Protection? *Polar Record*, Vol. 44, No. 2, 2008, p. 109.

有观点认为，这种不具强制约束力的法律文件逐渐增多，可避免冗长的批准程序和不被批准的风险。[①] 2009 年，IMO 通过《在北极水域内船舶航行指南》（Guidelines for Ships Operating in Polar Waters），从船舶建造、设备、操作、环境保护和损害控制进行了详细的技术规定和标准[②]，为最终形成具有强制性约束的多边制度构建打下了基础。

除了统一的航行规则之外，国际船级社协会（International Association of Classification Societies）也在 2011 年出台了《极地级别的技术要求》（Polar Class：Requirements Concerning），其中包括了极地级船舶的描述与应用、极地级船舶的结构要求以及极地级船舶的机械要求，[③] 消除了各国对于船舶不同的分级差异。（见表 4 - 6）

表 4 - 6　国际船级社协会极地分级标准

极地级别	冰级描述（根据世界气象组织海冰术语）
PC1	在所有极地海域全年航行
PC2	在中等厚度的多年冰海域与全年航行
PC3	在多年冰与次年冰混合海域全年航行
PC4	在去年冰和较厚的头年冰混合海域全年航行
PC5	在中等厚度的头年冰和去年冰混合海域全年航行
PC6	在中等厚度的头年冰和去年冰混合海域夏秋季航行
PC7	在较薄头年冰和去年冰混合海域夏秋航行

资料来源：IACS, *Polar Class：Requirements concerning*, Req. 2011.

---

① Øystein Jensen, The IMO Guidelines for Ships Operating in Arctic Ice-covered Waters：From Voluntary to Mandatory Tool for Navigation Safety and Environmental Protection? *Fridtjof Nansen Institute Report*, 2007, p. 17. http：//www. fni. no/doc&pdf/FNI-R0207. pdf.

② IMO, *Guidelines for Ships Operating in Polar Waters*, Resolution A, 1024-26, 2009, http：//www. imo. org/Publications/Documents/Attachments/Pages% 20from% 20E190E. pdf.

③ IACS, *Polar Class：Requirements concerning*, Req. 2011, http：//www. iacs. org. uk/document/public/Publications/Unified_ requirements/PDF/UR_ I_ pdf410. pdf.

2009 年，由美国、挪威、丹麦联合提出的《极地水域航行船舶强制性规则》（Mandatory International Code of Safety for Ships Operating in PolarWaters，Polar Code）议题得到批准，成为 IMO 近年来工作中的优先项目。《极地规则》制定的工作由船舶设计与施工分委员会（Sub-Committee on Ship Design and Construction，简称 SDC）负责，在 2014 年 1 月 20—24 日召开的第一次会议上，委员会认可了《极地规则》草案中的各类原则性内容，并建议将部分强制性原则纳入国际海事组织关于航行安全和污染防治的一系列条约中，例如对于《国际海上人命安全公约》和《防止船舶造成污染国际公约》（International Convention for the Prevention of Pollution from Ships，简称 MARPOL）的部分内容进行修订，以便符合《极地规则》中的强制性条款。根据较为乐观的估计，《极地规则》将在 2014—2016 年间完成起草和批准程序，其内容将涉及航行安全、防止污染、船员培训、船级认证和监督管控等多个方面的强制性规定，并且具有普遍适用性，成为北极地区首份具有强制约束力的航道多边制度，以及北极航道多边治理的典范。

第二，对于强制性约束的妥协。通过国际海事组织这一多边制度的协调，《极地规则》很有可能成为北极航道多边治理的选择性妥协成果。但从战略需求的角度看，各国对于北极航行规则实际上存在着不同的利益诉求，具体分为三种倾向：一是以俄罗斯和加拿大为代表的维持现状倾向。两国希望通过国际规则构建维护现有相关国内立法的合理性和可执行性，特别是在航行规则和航道管理等问题上。二是各取所需倾向，以芬兰、瑞典和丹麦等国为代表，注重维护《芬兰—瑞典冰级规范》（Finnish-Swedish Ice Class Rules）[1]，特别希望将这一规范作为今后《极地规则》中的重要基础部分，保

---

① The Structural Design and Engine Output Required of Ships for Navigation in Ice，*Finnish-Swedish Ice Class Rules*，http：//www. sjofartsverket. se/pages/40584/b100_ 1. pdf.

持其在该问题上的竞争优势。三是以挪威和美国为代表的普遍约束倾向。两国希望最大限度的保持自由航行权力，特别强调极地航行规则的普遍性适用和强制约束力，从而挑战以加拿大和俄罗斯为代表维持现状的倾向，打破现有国内管辖权扩张趋势。最后是以非北极国家为主的船旗国、船东和造船业的非政府组织为代表的特定领域倾向。这些国家主张建立适度的标准和规则，尤其是生态系统和环境的保护措施，力主在不同海域建立相应的限制航行措施。可以看到，虽然各国对于极地航行规则的建立有着不同的需求导向，但却准备接受具有强制约束力的统一的极地航行规则，体现出对于强制性约束的妥协。

第三，对于权利让渡的妥协。正如前文所述，俄罗斯和加拿大因地缘优势以及历史原因，对于东北航道和西北航道产生了较为强烈的权力控制倾向，并借助《公约》中的模糊性原则通过国内立法进行权力扩张。以俄罗斯为例，其北极问题战略具有较为明显的排他性和权力扩张性，属于治理消极方。这种战略取向在北极安全、资源开发、渔业、航道利用等问题上都有所体现。但是，随着自身对于多边合作的需求增长，对于多边治理观念的内化提高，以及北极多边合作体系的逐步建立，俄罗斯在北方航道治理上选择了一定程度的权力妥协。2012 年 7 月 28 日，时任俄罗斯总统普京批准《关于北方航道水域商业航运相关法律部分条款的联邦修正案》（О внесении изменений в отдельные законодательные акты Российской Федерации в части государственного регулирования торгового мореплавания в акватории Северного морского пути）①，对于该航道的航行规则做出了明显的妥协，积极谋求北方航道的合作开发与利用空间。2013 年 1 月 17 日，俄罗斯联邦交通部通过《北方航道

---

① Федеральный закон от 28 июля 2012 г. N 132-ФЗ，http：//text. document. kremlin. ru/SES-SION/PILOT/main. htm.

水域航行规则》①（Правила плавания в акватории Северного
морского пути），也对航道范围、航运规则等多个方面做出了修改
（见附录一）。具体来看，俄罗斯对北方航道的属性认定并未改变，
特别是"国家历史性交通干线"这一表述，实际上为其国内管辖权
的对外扩张奠定了法律基础。

但在操作层面，俄罗斯对于北方航道的范围界定做了更为清楚
的解释工作，特别是把航道范围限定在公海范围以外，避免了其他
国家对于俄罗斯管辖权无限度扩张的担忧。在规则层面上，俄罗斯
的北方航道管理从破冰船强制领航制度改变为许可证制度，提出
"向在北方航道水域结冰条件下，航行船舶的船长提供建议的船舶
冰区引航作业人员要具备北方航道水域船舶冰区引航证书，担任船
舶船长或在3000吨级海船上担任大副3年，在冰区条件下航行时间
超过6个月，是北方航道水域提供冰区引航服务机构员工"②。这从
根本上改变了原有的强制领航制度，为其他国家在北方航道的独立
航行创造了条件。这种变化不但体现了其政策上的开放倾向，也反
映出内部对于航道大规模利用可能带来的经济效益的预期需求。但
值得注意的是，这种改变有着一定的局限性。根据规定，"获得许
可证的船舶不得在许可证生效前驶入北方航道水域，并要在许可证
有效期到期前驶离北方航道水域。如果船舶不能在许可证有效期到
期前驶离北方航道水域，须尽快通知管理局并说明违反本条款要求
的原因，根据管理局指示行动"，③并且提出了具体的申报程序，规
定"船舶驶离俄联邦北方航道港口时，须立即向管理局通报离

---

① Министерство транспорта Российской Федерации, *Правила плавания в акватории Северного
морского пути*, 12. 04. 2013 N 28120, http：//www. nsra. ru/files/fileslist/20130725190332ru-ПРАВИЛА%
20ПЛАВАНИЯ. pdf.

② Министерство транспорта Российской Федерации, *Правила плавания в акватории
Северного морского пути*, 12. 04. 2013 N 28120, Пункт 3-32, http：//www. nsra. ru/files/fileslist/
20130725190332ru-ПРАВИЛА%20ПЛАВАНИЯ. pdf.

③ Ibid. , Пункт 2 – 14.

港时间"。

可见，虽然强制引航制度被现有的许可证制度所替代，但在北方航道的航行严格受到俄罗斯管控的程序并未改变，保留了严格的审批申报制度。根据《联合国海洋法公约》第 234 条规定，沿海国出于航行安全和环境保护目的，对 200 海里专属经济区中的冰封区域有权制定和执行非歧视性的法律和规章，但根据规定，沿海国在实行这一权力时必须"适当顾及航行和以现有最可靠的科学证据为基础。"① 俄罗斯的现行规定在实质上不符合专属经济区自由航行制度，尽管可以被视为出于"航行安全和环境保护目的"，但却忽视"适当顾及航行"和"可靠科学证据"的限制性原则，不符合国际法精神。

由于存在诸多客观条件的不确定性，北极航道的开发与利用正处于数据论证阶段，可以被称为开发准备期。北极多边治理范式所强调的三级主体、权利分离和选择性妥协等核心要素，在航道问题上都得到了一定的体现，出现了对于普遍性原则、强制性约束和权利让渡三个方面的妥协。在这一阶段，各国关注的焦点应当是立法层面的相互合作与妥协，数据分析层面的共享交流，论证航道大规模开发的潜在风险，并且积极开展沿岸设施、港口建设等方面的多边合作，通过吸引投资和共同开发，建立起相应的航运保障体系。同时还需要通过有效多边治理规避《联合国海洋法公约》中存在的北极"盲区"，避免国家间恶意利用来进行自身的权利扩张，从而引起区域或多边性的政治冲突。只有在这样的前提下，各航运大国、跨国航运企业才会进入航道利用的实践期，以季节性运输或试航的方式来积累冰区航行经验，谋求航道的经济效益最大化。

---

① 联合国：《联合国海洋法公约》，第 234 条，http://www.un.org/zh/law/sea/los/article12.shtml.

四、俄罗斯北方航道治理展望及对我国的影响

从宏观层面来看，俄罗斯对北方航道的实际控制不会改变，并将继续通过法制化路径加以固化。通过多年的管辖规制，俄罗斯已经形成了较为严密的航道管理和法律体系，并且得到了大多数航道使用国的默认。在战略上，北方航道不但被视为其国内贸易的重要水路，还被看做是改善俄罗斯东西部发展失衡状态的一种选择。通过打造立体化的国内交通网络，加快远东地区和乌拉尔山以西发达区域的经济要素交换，使该航道与内陆河流运输、欧亚大铁路一道成为"跨欧亚发展带"（Транс - Евразийский пояс развития）的重要组成部分。在乌克兰事件后，受欧洲和美国的双向挤压影响，俄罗斯在国际和地区发展战略重心上做出了重要调整。西方的压力促使俄罗斯与亚太国家进行更多的经济合作。在某种程度上，俄罗斯一直在等待西方的这种孤立战略，并将其作为一种有效的借口使战略重心转向东方。俄罗斯科学院（РАН）于 2014 年 3 月批准了由科学院政治研究所所长季纳吉·奥西波夫（Геннадий Осипов）、莫斯科国立大学校长维克多·萨多夫尼奇（Виктор Садовинчий）和俄罗斯铁路总公司总裁弗拉基米尔·亚库宁（Виктор Якунин）共同撰写的《作为国家优先发展方向的互联互通的欧亚基础设施体系》①（Интегральная евразийская инфраструктурная система как приоритет национального развития страны）报告，以此为基础提出了"跨欧亚发展带"计划，作为对我国"一带一路"建设的积极回应。北方航道的开发既可以促进该计划的立体化发展，也可以作

---

① Осипов Г. В., Садовничий В. А., Якунин В. И., *Интегральная евразийская инфраструктурная система как приоритет национального развития страны*, ИСПИ РАН Москва，2013.

为与亚太重要航运贸易大国的合作新对接点。因此，俄罗斯将在维护政治领域主导地位的同时，努力将北方航道作为其应对外部挑战和国内发展需求的新增长点。

在中观层面，俄罗斯的北方航道治理将继续秉持"有限开放、为其所用"的原则。从经济发展的角度来看，俄罗斯北部地区尚处于低于全国平均水平状态。但北方航道大规模商业开发离不开沿岸港口基础设施的配套更新。由于缺乏足够的资金拨款，以及过于严苛的航行规定，导致外国资本和航运公司存在介入恐惧心理。2013年，北方航道管理局公布了最新的《北方航道水域航行规则》（Правила плавания в акватории Северного морского пути）①，其中做出了多项政策调整。俄罗斯出于对北方航道的商业化需求，谋求建立以此为基础的国家安全运输通道，在航行技术和程序标准上进行了一定改变。具体来看，北方航道的"历史性交通干线"属性没有改变，但为特定种类的航行提供了强制引航的"豁免权"，为外国船舶的独立航行打下基础，也成为其航道开放策略的重要步骤。俄罗斯政府在这一过程中，不但提供了船只和基础设施等硬件配备，还建立了安全保障系统和航行规则等软件配套。可见，俄罗斯希望在航道问题中采取较为开放的战略，由此带动北部地区的经济发展。在操作层面，俄罗斯对于北方航道的范围界定做了更为清楚的解释工作，特别是把航道范围限定在公海范围以外，避免了其他国家对于俄罗斯管辖权无限度扩张的担忧。在规则层面，俄罗斯的北方航道管理从破冰船强制领航制度改变为许可证制度，提出"向在北方航道水域结冰条件下航行船舶的船长提供建议的船舶冰区引航作业人员要具备北方航道水域船舶冰区引航证书，担任船舶船长或在 3000 吨级海船上担任大副 3 年，在冰区条件下航行时间超过 6

---

① Министерство транспорта Российской Федерации, *Правила плавания в акватории Северного морского пути*, 12. 04. 2013 N 28120.

个月，是北方航道水域提供冰区引航服务机构员工"。^① 这改变了原有的强制领航制度，为其他国家在北方航道的独立航行创造了条件。这种变化不但体现了其政策上的开放倾向，也反映出内部对于航道大规模利用可能带来的经济效益的预期需求。

从微观层面来看，虽然"强制引航制度"被现有的"许可证制度"所替代，但在北方航道的航行严格受到俄罗斯管控的程序并未改变，保留了严格的审批申报制度。根据《联合国海洋法公约》第234条规定，沿海国出于航行安全和环境保护目的，对200海里专属经济区中的冰封区域有权制定和执行非歧视性的法律和规章，但根据规定，沿海国在实行这一权利时必须"适当顾及航行和以现有最可靠的科学证据为基础"^②。俄罗斯的现行规定在实质上不符合专属经济区自由航行制度，尽管可以被视为出于"航行安全和环境保护目的"，但却忽视"适当顾及航行"和"可靠科学证据"的限制性原则，不符合国际法精神。此外俄罗斯的北方航道治理过于看中短期效益，设置了过多的收费服务项目，例如：破冰船护航、领航员领航、航行通讯、航行海图、导航信号等收费服务，可能在经济上无形中提高了航道的准入标准。特别是在2014年开始执行的以船舶载货量和抗冰能力决定收费标准的规定，可能出现破冰能力较弱的大型集装箱船缴纳高昂航行费用的情况，成为北方航道治理的不确定性因素之一。

俄罗斯北方航道治理路径的变化，对我国参与和利用该航道形成了以下几方面的影响：

首先，由于我国在北方航道问题上与俄罗斯并不存在任何海洋、岛屿或大陆架主权争议，俄罗斯北方航道治理强调的管辖控制

---

① Министерство транспорта Российской Федерации, *Правила плавания в акватории Северного морского пути*, 12. 04. 2013 N 28120, Пункт 3-32, http://www.nsra.ru/files/fileslist/20130725190332ru-ПРАВИЛА%20ПЛАВАНИЯ.pdf.

② 联合国:《联合国海洋法公约》, 第234条, http://www.un.org/zh/law/sea/los/article12.shtml.

和外交层面的倾斜调整，特别是双边关系进入"全面战略协作伙伴新阶段"的有利因素，在宏观上有利于我国参与。重点在于，如何界定我国参与航道开发与利用的具体模式。有学者提出，"在北极航道问题上我国应选择积极参与国际机制的制定，承担相应的国际机制义务，并享受相应的权益。"① 实际上我国应以"商主官辅"的方式，鼓励以基础设施建设企业和航运制造企业主动参与俄罗斯北部地区港口设施建设项目。以民营资本为主体，以纯商业性合作为目的，以工程承包为介入路径，在配合俄罗斯整体战略调整的同时，避免官方主导和油气资源开发等敏感领域，诱发俄罗斯内保守思维对其整体开放倾向的负面影响。

其次，俄罗斯通过简化航行申请的操作程序，希望吸引更多的航运贸易大国成为北方航道的使用方，有利于我国进行商业通航的可行性研究和试航。但具体来看，技术优化的幅度和广度并未达到理想水平。虽然北方航道的航行申请手续以简化至15个工作日前提交，但与苏伊士运河等传统航道的48小时相比仍存在较大差距，造成了一定的时间成本浪费。同时，《北方航道水域航行规则》的程序简化还存在一定的局限性。根据规定，"获得许可证的船舶不得在许可证生效前驶入北方航道水域，并要在许可证有效期到期前驶离北方航道水域。如果船舶不能在许可证有效期到期前驶离北方航道水域，须尽快通知管理局并说明违反本条款要求的原因，根据管理局指示行动"，并且规定"船舶驶离俄联邦北方航道港口时，须立即向管理局通报离港时间"② 。这一系列规定对水文环境复杂的冰区航行来说，显得较为僵化且缺少相应的灵活性，成为制约我国航运企业参与主动性的重要因素。

---

① 李振福："中国参与北极航线国际机制的障碍及对策"，《中国航海》，2009 年第 6 期，第 15 页。

② Министерство транспорта Российской Федерации, *Правила плавания в акватории Северного морского пути*, 12. 04. 2013 N 28120, Пункт 2 – 14.

最后，北方航道有限的案例数据提出航运经济性的判断，却忽视了气候条件、水文气象环境、航运安全、污染防控等多重不确定因素，尚不具备吸引我国立即参与大规模商业通航和投资的条件。如果按照通航指标体系来看，需要从技术安全、人文环境和自然环境的具体指标加以分析。在技术安全中，必须考虑到相关基础设施、破冰船级划分、导航系统和冰区航行技术升级等方面。在北方航道的冰区航行对于破冰船的级别、船员的航行能力与经验等方面都有着较高的要求，需要较长的建造与培育过程。在人文环境中，由于我国企业缺乏与俄罗斯北部原住民及其群体的交流，在参与开发建设和投资过程中，容易陷入相关原住民文化、地区民俗和发展理念的潜在"限制"，导致投资风险的增加。在自然环境方面，北方航道的航洋温度、航行能见度、海冰密集度、冰层厚度等方面均无法人为掌控，甚至在观测技术方面也缺乏经验。近年来北极融冰速度的加剧，冰层环境也处于快速变动的条件下，给航行的安全带来潜在威胁。航道季节性畅通的间隔期与持续期很难精确计算，特别是受到极端天气和气候的影响较大，相关港口设施建设、打捞、搜救等硬件技术支持也尚处于起步阶段，而全年无冰的环境尚处于预测阶段，无法为我国航运企业使用北方航道提供较为准确的信息保障，造成较大的风险空间。当前我国关注的焦点应当是航行程序制定层面的相互合作，数据分析层面的共享交流，积极开展定期商业航行的论证和试航，有选择性地参沿岸设施和港口建设的先期勘察。

小　结

本章论述的主要目的在于解构北极多边治理范式。从根本上看，北极区域治理范式强调权力和利益的区域一体化，多边治理范式则把权利的属性进行了细分。作者提出以"三级主体"和"选择性妥协"为特征的多边治理范式，并将《斯瓦尔巴德条约》的"权利分离法"作为参考模式，强调权利分离原则对于促进多元行为体展开集体行动的作用。选择性妥协是合作与非合作性博弈的总和，也就是在不同的时间、环境和物质环境下，既可能关注合作性博弈中的利益分配，又可能注重非合作性博弈中的策略选择。合作性博弈的前提条件可能是由于对于集体收益的强烈预期，而选择非合作性博弈的理由则是个体利益与共同利益存在非对称性时自身策略和行为的差异所导致的。也就是说，虽然区域治理的范围更小，但其互动绩效却取决于集体行为，多边治理的参与者和客体范围更大，但互动成效则更注重于个体的策略选择，也就是"选择性妥协"产生的可能性。

北极航道问题是典型的多边治理案例，以"一级独立主体"、"二级代理主体"和"三级辅助主体"为特征的主体构成，以普遍性妥协、约束性妥协和主权让渡妥协为标志的选择性妥协进程，成为《联合国海洋法公约》、国际海事组织《极地规则》和相关国家的战略政策实践。在区域和多边层面，各国在参与北方航道治理时，还需要通过有效地多边治理规避《联合国海洋法公约》中存在的北极"盲区"，避免国家间恶意利用来进行自身的权力扩张，从而引起区域或多边性的政治冲突。只有在这样的前提下，各航运大国、跨国航运企业才会进入航道利用的实践期，以季节性运输或试航的方式来积累冰区航行经验，谋求航道的经济效益最大化。通过对航道治理的分析，可以看到多元行为体对于多边制度形成的推动力量，以及选择性妥协在保障多边互动主动性中的关键作用。

第五章
北极共生治理范式
The Arctic Governance Paradigm

本章的重点在于论述共生治理概念，分析共生治理这一高级范式中的共生单元，互动行为依赖的共生环境，以及最终形成的共生模式，梳理现有的北极共生基础。这种共生治理关系在实践中尚处于趋势阶段，尚难以借助完整的案例加以论证。因此，本章更多地探讨了共生治理中各种结构单元的可能性，并以此作为论据判断北极治理正从区域与多边共存的阶段向共生治理进行过渡，建构出北极治理范式的"阶段性递进"结构。

第一节　共生治理的理论指向

一、共存进化：共生治理的内核

《辞海》中关于"共生"一词的解释来自于纯生物学概念，"指单一生物寄生于他者体内或体外，并形成互利关系的状态"[①]。该理论早期主要应用在生物学领域，由德国生物学家安东·德·拜

---

① 夏征农、陈至立：《辞海》，上海辞书出版社，2010 年版，第 3516 页。

里（Anton de Bary）提出，认为"共生是一起生活的生物体间具有某种程度的永久性物质联系"[1]。他论证了生物间存在多种多样的共存方式，包括寄生、共生和非共生等形式。但是，有学者把共生的概念定义为多个有机体的互动范围，并不认同"寄生"和"共生"的相似性；也有学者提出，共生并非寄生，也不是其中一方依赖于另一方生长，而是保持适当的相互依存。在全球共生的维度里，生物间的良性互动塑造了适合生存的生态系统，而这一生态系统中能量间的互动与物质的进化，逐步演变出物种间、生物与自然间的共生关系。[2] 从另一个侧面看，这也是和谐共生理念的具体结构。也就是形成人、社会和自然间三个层面的互动。由于三者间存在高度的相互依赖关系，因此必须依赖某种共生共存的良性互动模式，从而促进单元的集体进化，达到一种协同进化的状态。另一方面则会促进各单元自身的发展和进化。有学者提出，这实际上是一种广义和狭义并存的共生状态。[3]

随着社会科学对于自然科学理论借鉴的深入，共生问题也逐步成为社会科学研究中的一个课题。如果按照学科细化，可以分为共生政治、哲学、产业学等不同类别。在共生哲学或共生政治学的框架内，这种共生关系主要指"双赢"和"共存"。有学者认为，共生是21世纪以来涵盖不同领域的关键词，其强调的是一种共存的理念。[4]

需要注意的是，哲学或政治学范畴中的共生以异己性为前提，探讨不同主体间如果通过差异化的价值理念和行为规范，通过建立

---

① Douglas Angela, Symbiotic Interactions, Oxford：Oxford University Press, 1994, pp. 1－11.

② 杨玲丽："共生理论在社会科学领域的应用"，《社会科学论坛》，2010年第16期，149—157页。

③ 洪黎民："共生概念发展的历史、现状及展望"，《中国微生态学杂志》，1996年第4期，第50页。

④ ［日］黑川纪章著，覃力译：《新共生思想》，北京：中国建筑工业出版社，2009年版，第10页。

共生框架内的良性互动，最终实现不同目标的趋同发展。从实践中，就是在不同类别的主体中通过互补性合作与竞争，寻找当中的共同性，最终实现共同进化。在非哲学领域，共生理论也有着不同的应用需求。[1] 例如，"共生"思想还被应用在企业分包过程中，形成企业间的主客体分包共生模式，这种共生模式在以制造业为基础的经济体中的适用性更强。还有观点认为，在全球化时代的企业竞合关系中，零和思维不符合企业所追求的利益最大化，而以双赢或多赢为目标，追求共同发展的共生理论更能促进企业间的良性互动与发展，由此建立起以核心企业为中心，周边企业为依托的企业共生模式，实现共同繁荣和发展。从共生政治学的角度看，共生关系是指某种系统内的成员通过某种互利机制有机组合，并通过合理分工和合作竞争的方式，达到自主性较强的共同生存与发展。在这种系统中，共生单元之间具有明显的共生关系，每一个单元借助一定的共生环境来实现比独立行为或局限互动更广范围的利益，甚至产生了"两者相加大于二"的共生效应。

当然，共生概念在我国并不陌生，学界对此问题的讨论在近年来逐步增多，大部分的讨论将共生理论与和谐理念相互联系。有学者认为，"共生概念并不限于某个具体学科，而是至所有单元间形成的共同进化状态，这种状态具有高度的共荣性。"[2] 也有学者提出，"需要借助共生论的概念，构建以和谐社会为基础的社会共生"。[3] 有学者把这种关系视为由个体间相互需求所引发，通过合理地建构过程，形成个体互相依赖的共存。个体可以通过最少的成本付出，寻求分工合理、资源优化和合作竞争的最大公约数，构筑共

---

[1] Engberg Holger, *Industrial Symbiosis in Denmark*, Stern School of Business Press, 1993, pp. 25 – 26.

[2] 李思强：《共生建构说：论纲》，中国社会科学出版社，2004 年版，第 15—20 页。

[3] 胡守钧：《走向共生》，上海文化出版社，2002 年版，第 30 页。

生理论的基本框架。① 也有学者提出，"主体、资源和约束条件是社会共生关系中的要素，资源是主体间互动的纽带，约束条件则是共生关系的基本运行准则"。② 这三个基本要素组成了不同形态的国际共生关系模型③，并衍生出相应的国际机制，通过资源的合理交换、分享和竞争实现国际间的共生状态。也就是说，共生治理的根本，就是强调个体间形成紧密的共存状态和共生单元，通过引导式的互补性竞争产生合理资源与分工配置，最终实现不同个体间的共存且共同进化的状态。

二、共生治理的系统要素与价值理念

"当今世界是一个所有行为体主体性与共生性对立统一的共生性国际社会"④，这成为国家间互动的重要客观基础。而从治理的角度看，共生指规模和性质各异的治理主体、治理领域和治理区域之间在同一共生环境中实现互动，实现某个领域或区域的共同进化。共生单元是治理中的基本要素，共生环境是单元间互动的主观与客观状态，共生模式则是合理分工与互补竞争的结构表象。在演进路径上，共生单元从互动收益、客观需求和交易成本这三个方面作为是否进入共生发展的衡量评价标准。在良性的共生状态下，各方按照合理分工进行互动，借助各自优势实现互补性竞争，并最终成为共生发展的原动力。共生过程的本质是共生能量的产生，即共生单元在共生条件下产生的能量，多于非共生条件下共生单元单独存在

① 吴飞驰：《企业的共生理论：我看见了看不见的手》，人民出版社，2002 年版，第 82 页。
② 胡守钧：《社会共生论》，复旦大学出版社，2006 年版，第 22 页。
③ 包括两主体间资源交换模型的共生关系、多主体间资源交换模型的共生关系、多主体同一资源分享共生关系、两主体间同一资源竞争型的共生关系、多主体间同一资源竞争型的共生关系。详见胡守钧："国际共生论"，《国际观察》，2012 年第 4 期，第 36 页。
④ 金应忠："国际社会共生论——和平发展时代国际关系理论"，《社会科学》，2011 年第 10 期，第 13 页。

所产生总量。在共生治理过程中，各单元通过协同作用实现共同进化，并产生相应的抗风险能力和共同利益扩大化。因此，共生单元也被视为是构建这一系统的基本单位和基础性条件。这当中既包括各种不同国家与非国家行为体，也包括制度或非制度性安排，还包含治理的价值、观念、准则等抽象单元。

共生单元是形成共生系统的基本物质条件，包括治理的多元主体、多元理念和多元范式的共生，共同进化是其终极目标。共生单元之间的联系具有不同的形态，以需求为导向进入某种共生模式，并通过在具体模式内的互动来实现个体和集体的利益诉求，并最终推动共同进化。这种进化并非共生单元的初始诉求，而是在不同的客观或主观共生基础之上，经过合理的技术分工与合作性竞争后，以相互激励的方式促进单元间更紧密的内共生性，而这种内共生性为最终的进化提供了主要的推动力。也就是说，作为共生单元的治理主体最初的目标并非聚焦于实现共生治理，而是以实现个体利益为目标，通过合理分工和补充竞争建构互利性的共生模式，而这种模式的客观发展趋势则会促进各治理单元间的共生性，以此形成一个良性循环和促进的治理系统。有学者提出，共生单元间的相互作用将会产生一定的共生"红利"，从而促进单元的内生性适应能力，并在单元间构建相应的结构，以满足外部环境的需求。[①] 按照字面的理解，"竞争"与"合作"的概念是相互对立的。合作是指具有共同目的两个个体或团体间产生的共同行为，以求达到共同目标。从北极问题的客观构成来看，却是一片有着不同主体针对有限资源归属权和开发权的争夺过程，是典型的竞争态势。但在一个成熟的共生系统中，合作成为共生的源生特性，这种源生性并不排斥竞争，而是强调通过竞争来产生合作领域、渠道和方式的创新。也有

---

① Moor James, Predators and Prey: A New Ecology of Competition, *Harvard Business Review*, Vol. 73, No. 5, 1993, pp. 22 – 31.

学者提出，"合作性竞争是共生关系中的根源表象"①，"合作性竞争有助于优化共生系统中的互动效率，成为重要的良性因素"②。

共生单元外部存在着不同的影响因子，这些因子的组合被统称为共生环境。其作用形式以物质和信息的互联互通为主。在外部共生概念上，这种共生环境包含了国际、区域和各国国内的客观互动基础。在内部共生概念上，还包括价值取向、政治文化、经济水平以及文化归属等不同的方面。如果外部共生环境由当前的全球、多边和区域多层合作逆向发展，重新回到以邻为壑或集团对抗为导向的零和博弈环境，势必会破坏共生环境的构建，同样会降低实现共生关系的可能性。由于共生单元间存在着多元的政治取向、经济水平、文化传统，内部共生环境的塑造具有追求认同平衡、接纳平衡和交融平衡这三方面的特点。在结构关系上，共生环境不仅影响共生单元相互间的互动，成为共生单元在选择是否参与共生模式的判定标准，扮演了共生治理最终实现的先导因素。共生环境的进化与改变，则同样受到共生治理的绩效影响，而这种绩效影响有着多样可能性。既可能是以正向影响为主并促进形成更高度的共生环境，也可能出现以反向影响为主造成共生环境的层级降低带来中性影响甚至破坏现有共生。

从本质来看，共生单元间存在一种特定的互动方式，这种互动方式构成了一定的共生结构，而这种结构被称为共生模式。共生模式的显性特征反映了共生单元的互动方式，而其隐性特征则反映了这种互动的深度、强度和频率。在显性特征中，这些互动可以按照间歇、连续或一体化的种类区分。而在隐性特征中，可以按照对称

① Kogut Bruce, The Stability of Joint Ventures: Reciprocity and Competitive Rivalry, *Journal of Industrial Economics*, Vol. 38, No. 2, 1989, pp. 183 – 198.

② Park Seung Ho and Russo Michael, When Competition Eclipses Cooperation: An Event History Analysis of Joint Venture Failure, *Management Science*, Vol. 42, No. 6, 1996, pp. 875 – 890.

或非对称、互惠与非互惠等类别予以辨别。[1] 也有学者提出，将行为体间的互动范围视为"共生广度"，将互动的深度视为"共生深度"，将互动的频率视为"共生密度"，通过分析其分工的合理性与竞争的互补性，来构建共生"组织模式"和"行为模式"。[2] 作者认为，共生模式反映了不同单元间客观的互动状态。各单元出于不同的利益诉求提高自身对于共生环境的适应能力，其次选择共生合作的领域与渠道，从而形成以相互依存为客观基础，以互补合作为客观渠道、以共生发展为主观目标的共同进化模式。从模式的内涵来看，主要分为非利共生、偏利共生[3]（Commensalism）和互利共生（Mutualism）三种形态。其中非利共生指两个或多个共生单元间由于客观的共生环境产生中性的互动关系，这种关系的产生并非出于某一方的主观需求，而是完全取决于客观环境的驱使，这种共生关系并不会带来直接的利益获取，但对这种关系的主观性抗拒则会对所有单元带来利益损害。偏利共生主要指两个或多个共生单元间的非均衡式互动关系，其中甲方通过建构这种互动关系以实现利益和自身发展，乙方则无法获得有利于自身发展的任何结果，但不会因为这种互动关系而遭到成本损失，只能成为甲方获得利益的必要构成。互利共生则是指两个或多个共生单元出于各自需求，选择建立共生关系来实现共同的利益诉求，以"双赢"或"多赢"的方式推动共生模式的进化，也可以称之为均衡式共生。需要指出的是，共生模式与共生关系并非处于恒定状态，反而具有强烈的波动性。这种波动的幅度和趋势与共生单元的构成、共生环境的变化紧密相连。从大的国际环境来看，其自我完善和发展意识逐步增强，经济

---

[1] 袁纯清：《共生理论——兼论小型经济》，经济科学出版社，1998 年版，第 25 页。

[2] 徐学军：《助推新世纪的经济腾飞》，科学出版社，2008 年版，第 120 页。

[3] 偏利共生这一概念最早出现于生物学的中，又称为偏利共栖现象。指某两物种间的共生关系，其中一种的生物会因这个关系而获得生存上的利益，另一方的生物在这一关系中没有获得任何益处，也没有获得任何害处，只是带动对方去获取利益。

全球化和国际关系多极化的表征更为明显，使各国不但产生了更多的治理意识，也谋求在共生关系这一基础上建立互动秩序的需求[1]，这种变化使共生单元间的互动标准逐步从非利共生向偏利共生或互利共生发展。也就是说，无论是非利共生、偏利共生亦或互利共生都会随着客观的变化而随之相互转换，其特性也可能由非均衡式转换为均衡式互动。

除了系统要素之外，共生关系中所反映的不同理念也是治理价值观中的重要组成部分，特别是同源共存、互惠互补和共同进化理念。首先，对于同源共存理念来说，起源论更像是该理念中的核心观点，也就是强调物种的共同起源和进化，并通过物种间的交流共同形成更高级别的生态系统。同样，基于这种理念标准，人类追求生存、和平和发展等本源性价值观不受民族、国家、地区等客观结构的限制，而是同源的共存价值观，这也就构成了人与人、国与国和区域间的共生理念的组成部分。例如，多民族国家中的价值凝聚力[2]，正是借助于多民族同源共存的某些基础性价值观，强调最高级别的认同意识，同时又认可不同民族内部的特性理念，从而建立既公平合理的意识认同，又尊重不同文化和历史的多民族国家治理体系。其次，共生进化理念是共生治理的终极目标的构成要素。它不但反映了共生系统整体的本质，也成为共生哲学中重要的理论依据。相较于区域主义或多边主义哲学，其终极目标以实现集体认同和共同利益为主，而终极形态也是以某个固定的区域或多边范围、层级为边界的。共生进化的区别在于，这种进化结果不完全以参与共生关系中的单元意志为转移，而是取决于客观形成的共生模式，这种客观的发展趋势是经过共生单元不断地合理分工与合作竞争过

---

[1]　金应忠："共生性国际社会与中国的和平发展"，《国际观察》，2012年第4期，第44页。

[2]　这里的价值凝聚力主要指建立在共同的理想信念、价值追求、统一意志上的精神力量，并由此形成多民族国家赖以生存和发展的精神支撑。

程最终形成的,而这种进化能量则推动共生关系进一步紧密结合,创造更多的共生环境基础。也就是说,共生进化的理念并非完全来自于个体意愿,而是取决于共生模式的选择。最后,互惠互补理念是共生关系中的正向推动力之一。这种理念的独特之处在于,并不否认共生单元间互动中的矛盾与竞争,而认为这种竞争是客观存在并不可避免,但竞争与矛盾是可以进行正面引导的。共生模式中的竞争建立在互补与互惠的基础之上,所谓互补是在竞争过程中寻找各单元特有的优势和劣势,并通过合理分工来促进优势的最大化利用和劣势的最低化发酵。

所谓互惠性,是指这种竞争最终产生的能量会带来互惠性的合作。不同单元间通过频繁互动,借助各自优势创造互补性竞争,塑造出相互依存和渗透的共生环境,有利于这种互惠性的持久和稳定。在这种频繁互动过程中,共生系统会进行不断地自我完善和进化,最终形成有利于不同单元互动的互利性。[1] 这种引导式竞争会不断地产生互补互惠的正向推动力,并激励各单元的协同发展。在这当中,互补性竞争理念强调单元间互惠性的最大化发展,促进各单元在保留自身特质的前提下,进行相互补充和促进的规避性竞争。[2] 可以说,同源共存理念是共生治理的基础,互惠性与互补竞争理念是共生治理的过程,而共同进化理念则是共生治理的结果。

---

① 李思强:《共生建构说:论纲》,中国社会科学出版社,2004 年版,第 188—189 页。
② 袁纯清:《共生理论——兼论小型经济》,经济科学出版社,1998 年版,第 48—73 页。

第二节　北极共生治理范式的核心要素

一、北极共生单元分析

北极共生单元分为主体共生、挑战共生和责任共生三个层面。首先，北极共生治理的主体显然是多元化的。从范围上来看，它既包括区域治理中强调区域身份认同的北极圈内国家和北冰洋沿岸国家，也包括多边治理中的域外相关国家。从类型上来看，它既包括区域治理中的制度设计和环境塑造主体，也包括多边治理中强调的一级独立主体、二级代理主体和三级辅助主体。无论在范围或是类型上，都超过区域或多边治理所包含的主体构成。北极共生治理中的主体相较于一般全球性问题更为多元化，不但在宏观层面以国家行为体和非国家行为体这一标准进行划分，在微观层面也出现了原住民群体、科学家团体等新兴主体，或被称为"政治动员者"。[1] 也就是说，共生治理的主体并不以范围或类型来判断主体的构成指标，而是以主体间的共生程度来决定的。这种共生程度的表现形态可以是地域上的边界关系，也可以是领域上的相互依赖关系，亦或是抽象的价值共享关系。具体来看，北极区域治理以地域标准来判断参与治理的主体是普遍接受的概念，因为这些国家与北极问题的相关程度最高，受北极问题变化的影响最大，对北极的利益关切最重，北极圈内或北冰洋沿岸国家间产生直接共生的基础自然较为牢固。但是，由于这些国家本身与北极圈外国家有着不同程度的密切

---

[1]　Stokke Olav, International Institutions and Arctic Governance, in Stokke Olav and Geir Honneland eds. , *International Cooperation and Arctic Governance：Regime Effectiveness and Northern Region Building*, London and New York：Routledge, 2006, pp. 175 – 177.

联系，例如在政治上的伙伴关系或在经济上的依存关系，就产生了
这些国家与域外部分国家间产生一定的间接共生关系。虽然某些国
际组织、社会团体等非国家行为体与北极圈内或北冰洋沿岸国家间
并不存在政治伙伴或经济依存关系，但由于部分抽象的共享理念、
价值、文化，使这些非国家行为体与国家间也产生有限的间接共生
关系。可见，由于一系列的直接共生和间接共生关系，客观上建构
出北极共生治理主体的多元多体化特性。

　　共生单元既是一种客观的现象，也可能经过主观意识而构建。
挑战共生是北极的客观共生单元，并且具有波动性发展的特点。按
照联合国的统计，"过去100年以来，北极平均升温幅度达到全球
平均水平的两倍。在温室气体排放持续达到预估峰值的条件下，到
21世纪末期，北冰洋大多数区域将全年无冰"①。根据北极理事会与
国际北极科学委员会共同发布的《北极气候影响评估》报告指出，
"北极变暖的速度是全球变暖速度的两倍，它所造成的融冰加速现
象，将严重威胁北极地区的生态环境"②。届时，融冰造成的海平面
上升将威胁各国沿岸主要城市，逾20亿人面临着水荒、居住、粮食
等问题。根据学者估算，这种威胁会造成全球约20%—30%物种灭
绝的危机。③

　　环境污染方面的学者提出，"北极环境问题的恶化已经严重威
胁到人类健康，特别是现有海洋生物中发现的部分有毒物质，可能
造成生态系统的重大危机"④。温室气体和相关工业废气的排放，造

---

① United Nations, *UN and Climate Change*, http://www.un.org/zh/climatechange/regional.shtml.

② ACIA, *Arctic Climate Impact Assessment.* New York: Cambridge University Press, 2005, pp. 95 –155.

③ Antholis William, A Changing Climate: The Road Ahead for the United States, *The Washington Quarterly*, Vol. 31, No. 1, 2007, p. 176.

④ Orheim Olav, Protecting the Environment of the Arctic Ecosystem, *Proceeding of a Conference on United Nations Open-ended Informal Consultative Process on Oceans and the Law of the Sea*, Fourth Meeting, New York: UN Headquarters, 2003, pp. 2 –5.

成了"北极雾霾"状态，成为北极航运中的潜在威胁。① 随着人类活动包括资源开采与航运活动的增加，也导致北极生态环境的恶化②。环保问题专家认为，北极拥有储量巨大的石油和天然气资源，资源的开采活动势必对环境构成客观影响。③ 北极航道的大规模利用带来的事故危险，旅游开发带来的人为影响，北极资源开发带来的输入性污染都对北极生态环境造成了诸多潜在的问题。④ 挪威南森研究所和挪威船级社进行了关于北极危机管理的共同研究，并提出以气候变化的不确定性、浮冰对于航运的影响、可能的漏油事故对于环境的影响、海上搜救和逃生的困难，以及因极地工业开发中的知识鸿沟对原住民利益造成的损害等多种普遍性的可预见风险，并提出了北极开发的缓解措施。（见表5-1）

表5-1　北极可预见风险因素及缓解措施

可预见风险因素	缓解措施
北极的低温环境对于航运和基础设施建设中材料性能带来的风险	相关建设工程必须设计安全保护程序；确保材料选择的正确性和性能延展性
北极气候知识的缺乏带来中长期开发的不确定性	制定更具有严酷气候适应性的中长期发展战略
低温环境、海冰浮动以及个人心理状况对长期参与北极开发人员能力的影响	为相关人员提供必要的物质设施和心理辅导

① Roderfeld Hedwig et. al, Potential Impact of Climate Change on Ecosystems of the Barents Sea Region, *Climate Change*, Vol. 87, No. 2, 2008, pp. 283 – 285.

② Young Oran, Arctic Governance: Preparing for the Next Phase, 2002, http://www. arcticparl. org/_ res/site/File/images/conf5_ scpar20021. pdf.

③ Rayfuse Rosemary, Protecting Marine Biodiversity in Polar Areas beyond National Jurisdiction, *Review of European Community and International Environmental Law*, Vol. 17, No. 1, 2008, pp. 5 – 6.

④ Rayfuse Rosemary, Melting Moments: The Future of Polar Oceans Governance in a Warming World, *Review of European Community and International Environmental Law*, Vol. 16, No. 2, 2007, pp. 210 – 211.

续表

可预见风险因素	缓解措施
对于环境脆弱性的理解缺乏敏感	对于北极开发设立更多的安全屏障，如季节性开发窗口等措施
北极活动带来的石油泄漏风险	建立更为细致的事故监测程序
北极逃生、疏散和搜救风险	制定多种备选方案并最终建立综合性的制度
因极地开发中的知识鸿沟对原住民利益造成损害	对于原住民历史、文化和风俗习惯的长期研究

资料来源：Fridtjof Nansen Institute and DNV, Arctic Resource Development: Risks and Responsible Management，2012. ①

北极问题的挑战超越了国家、区域和领域疆界，表现方式为"非传统的国际危机泛化，并且具有不可逆的特征"②。这些挑战在客观上自主形成了一种各民族间、各国间、各区域间的挑战共生。这一共生单元的特点在于，虽然它的形成具有很强的客观性，但发展趋势还是受到治理主体的主观行为影响，从而发生波动和变化。

责任共生可以被视为主观性共生单元。由于北极挑战的客观性影响，责任共生就成为应对这种全球性挑战的首要任务，共生单元中也必须具备相应的平等意识、共处意识和共赢意识。从平等意识来看，虽然重视多元行为体的参与度是北极治理的核心理念之一，但全球多中心结构正经历着"集中—分散—再集中"的转变，各类私人部门、跨政府网络的积极参与使治理呈现出"碎片化"（Frag-

---

① Fridtjof Nansen Institute and DNV, *Arctic Resource Development: Risks and Responsible Management*, Joint Report, 2012, http://www.dnv.com/binaries/arctic_resource_development_tcm4 - 532195. pdf.

② 杨洁勉：《国际危机泛化与中美共同应对》，时事出版社，2010 年版，第 37 页。

mentation)① 特征。这种碎片化的弊端在于行为体的平等性易被忽视，特别是对国家发展阶段和制度差异的区别对待，以及传统行为体、新兴行为体和个人间的选择性歧视。从共处意识来看，首先是需要消除治理主体间的认同差异，特别是对于治理结构中规范性和协商性的认同差异。相较于协商性的治理路径来说，规范性治理路径所依赖的法制化或其他带有强制性意义的政策，不能简单的强加于行为体。在探讨北极治理时，学界往往倾向于强调治理过程中的主权分散和让渡作用，但却容易忽视主权的原生性。需要把治理建立在共识与认同的基础上，通过化解观念差异和强调"共处情怀"，避免各主体被动参与治理。各个国家在相关治理机制中的"委托—代理"关系②，必须首先考虑国家对权利转移本身和在何种条件下，因何种原因和以何种方式转移的认同性，不可整齐划一式地操作。从共赢意识来看，在强调共生性的治理范式中，应抵制强制性的认知"外部输入"，而塑造治理主体关于互利共赢的主观能动性。其次，需要建立在治理主体的自愿性之上。每个行为体应自愿参与治理，并承担共同但有区别的责任与义务，而这种自愿性建立在不同行为体的共同认知和观念协同之上。

需要指出的是，共生单元是促进北极共生治理的重要因素，但在当前环境下尚未达到理想的共生程度，甚至出现共生单元的缺位现象。例如，在主体共生中，虽然已经出现了以北极国家为代表的直接共生单元和以其他相关国家及非国家行为体为代表的间接共生单元，但在主体的行为能力与话语权对比上尚存在巨大鸿沟，特别是在观念共生上的差异认识，使直接和间接共生单元间出现一种隐

① 治理碎片化主要指在权力分散、组织界限模糊和问题全球化和地区化并存的条件下，治理主体之间很难建立起有效的协调配合机制，单一式的治理模式将被个性化的特定模式所代替，呈现出更为个性化、多元化、异质化和去中心化等特征。

② Hawkins Darren ed., *Delegation and Agency in International Organizations*, Cambridge：Cambridge University Press, 2006, pp. 11 - 20.

性割裂状态。这种隐性割裂带来的直接后果是，直接共生单元出现类似于"自我"对"他者"的目的疑虑和行为警惕，而间接共生单元则会出现不平等假象并有可能导致越界行为，从而诱发共生程度的停滞发展甚至下降，影响共生观念的内化程度以及良性的"物质"环境塑造，造成北极治理范式的"反向退化"① 而非"阶段性递进"。

二、北极共生模式：导向介入与互补性竞争

北极共生模式指共生单元的互动方式，反映共生单元中的"共生关系"。从模式的内涵来看，主要分为非利共生、偏利共生（Commensalism）和互利共生（Mutualism）三种形态。非利共生的模式主要集中尚未进入治理讨论的北极权力的无序扩张期，也就是北极的初期探险阶段。因为权力的使用尚处于不受控制的状态下，在国家间敌对的初始假设情况下，暴力手段和战争成为国家保护自己的首选方法。这种非利共生的模式一直延续至 20 世纪 80 年代后，北极地区逐渐从"冷战前沿"变成了"合作之地"，② 特别是全球化的深入发展与全球性问题的增多，使国家间进入了以集体身份、集体价值观为基础，以集体行动来应对挑战的区域治理范式，并逐步过渡至以多元主体、选择性妥协以及权利分离法为代表的多边治理范式，而这也正是非利共生到偏利共生的模式转变过程。由于北极共生治理属于治理范式中的高级阶段，其共生模式也需要达到更高层次的互利共生的形态。在互利共生模式中，各单元出于不同的利益诉求提高自身对于共生环境的适应能力，其次选择共生合作的

---

① 这种反向退化指由于反向回流效应造成范式递进减缓、停滞和逆向发展的内部或外部作用力，与正向流入效应相对应。

② Young Oran, Governing the Arctic: From Cold War Theater to Mosaic of Cooperation, *Global Governance*, Vol. 11, No. 1, 2005, pp. 9 – 15.

领域与渠道，从而形成以相互依存为客观基础，以互补合作为客观渠道、以共生发展为主观目标的共同进化关系。

从合理分工来看，如何建立共生单元的"导向介入"制度是关键环节。这种导向介入分为议题导向介入和共识导向介入两种类型。导向介入主要指共生单元面对不同的议题、治理客体影响程度的差异和单元间共识程度的不同来自主选择不同的制度介入在这一过程中，如何塑造"互补性竞争"的关系尤为重要。互补性竞争的概念最早应用于国际多边贸易领域，特别是区域经济合作的解释，我国学者对这一关系也有详细的论述。[①] 简单来说，就是认为以WTO等机制为代表的区域经济合作规则和全球多边贸易体系间存在的非替代性竞争，建立一定程度的区域经济集团也并不意味着贸易"藩篱"，而是形成了一种多边环境下的相得益彰、兼容协同的"互补性竞争"关系。从要素对比来看，两者产生于问题本身的影响和治理需求超越了国界，在内容上有合作原则的一致性，在目标上有开发与保护并进的趋同性。在北极问题上，最容易受到各国诟病的话题就是北极国家的对外排他性，也就是各国根据自身利益把北极问题的互动范围缩小至地理或身份区域内。由于北极问题在不同层面上的影响存在差异性，特别是北极资源问题上的开发与保护、北极安全问题上的地区与周边、北极航运上的供给与需求，以及北极环境问题上的单一与全人类关系，在客观上使封闭式的区域模式无法得到实践。因此，北极共生治理对于模式塑造的重点就放在如何将区域合作机制与北极国际合作之间的关系塑造为互补性竞争。

在实践中，北极国家虽然在这方面进行了诸多尝试，但却始终无法摆脱传统区域治理概念的桎梏。2013年，北极理事会召开第八次部长会议，一方面积极倡导北极问题的国际合作，吸纳了包括中

---

① 刘光溪：《互补性竞争论——区域集团与多边贸易体制》，经济日报出版社，2006年版，第22页。

国、日本、韩国、印度、新加坡和意大利成为正式观察员国。但实际上，北极国家已经提前对观察员国的职责、能力范围、权利和义务做出了详细且严苛的规定，使域外国家更像是"享有参与权的旁观者"。北极国家通过北极理事会的机制化而巩固并扩大自身在北极地区的利益归属，希望借助于假象互补竞争的关系营造北极国际合作的表象，为相关机制谋求道义合法性①。也就是说，北极国家还是依托于域内国家自身的协商与妥协。这种关系并非真正意义上的互补竞争，而是在域内竞争中寻找利益交汇点并做出战略妥协，从而实现区域内部的共赢以及对域外力量参与的"物理隔离"。虽然这只是北极国家加强区域内聚性的同时塑造一种包容性假象，但在客观上也的确激发了各国间的新互动点与逐利方向，特别是提高了区域本身的外溢效应，保障了治理的多元主体和妥协空间，为区域治理向多边治理的过渡打下了基础。如果从中长期的发展趋势来看，这种扩大主体参与范围，扩充合作妥协空间的尝试，正是构建"互补性竞争"模式的过渡阶段，也是共生模式形成的必要条件。

北极共生模式还需要建立在范式共生的基础上，这种范式共生主要指区域治理与多边治理的共生关系。区域治理强调区域内部的身份认同，制度设计与行为规范，提倡有限范围内的治理行为，实际上是强调治理主体的行为能动性，为提高治理绩效而努力。多边治理则是强调在扩大治理的参与范围，加强治理手段的灵活性和主体矛盾中的妥协性，是强调治理活动的代表范围和适应性，向更高级别的一体化发展，并最终形成高度一体的共生关系。

在实践中，区域治理作为一种具体手段在涉及资源开发等内生性问题上的作用更具优势，多边治理的最终目标也暂时无法摆脱高度的一体化模式。但区域治理的发展同样离不开多边制度和组织基

---

① Aggarwal Vinod, the Unraveling f the Multi-Fiber Arrangement: An Examination of International Regime Change, *International Organization*, Vol. 37, No. 4, 1983, pp. 617 – 645.

础，实现制度的相互补充与完善。在共生治理中，区域治理的排他性与歧视性大幅度减弱，促进其包容与开放性的增强。多边治理则因为更为紧密的区域一体化进程，提高了自身非制度性约束的可操作性，从而使区域治理对多边治理的积极作用大于消极作用，并成为建立共生关系的基础。从治理范式共生形成的动因来看，治理主体对于自身利益的诉求最大化是其中的推动力之一。从北极国家的角度看，其参与北极区域治理的根本原因是当中涉及的政治和经济利益与自身息息相关，希望通过构建高度一体化的区域结构来获得好处，因此具有较强的积极性。但同时他们也希望通过参与多边治理，来借助多边体系中其他主体的资源力量与自身实现互补，并且提高自身在多边甚至全球事务中的影响力和话语权。从域外国家的角度看，参与北极多边治理更像是合理实现利益诉求的间接渠道。由于北极问题影响的扩散性，不具备高度身份认同的域外国家希望通过多边合作来提升区域治理的开放性，也就是实现"开放式"的区域治理。此外，非国家行为体作为北极治理的重要主体，也促进了范式共生现象的产生。例如，跨国公司在北极地区进行开发或投资行为，除了实现相关的利益诉求之外，其根本目标是扩大自身在多边或层面的影响力和竞争力，提升公司的比较优势，促进趋同制度的产生和市场的一体化，这些目标在客观上使区域投资行为变成了促进区域治理向多边治理过渡的重要推动力。也就是说，"开放式"的区域治理有助于多边治理的有效性，而多边治理自身的发展则能够有效的约束区域治理的消极特性，这在客观上催生了治理范式上的共生现象。

那么，如何将北极现有的多边治理范式和共生治理基础有机结合，引导其向共生治理的逐步递进呢？除了加强治理主体间关于核心观念的内化之外，还需要注重两方面的环境塑造。

第一，需要促进北极治理的标准由身份导向转为领域导向。由于北极概念的区域化特征，在进行互动治理时往往强调参与主体身份构成。这种模式的优势在于，在多边治理的背景下可以形成一定的区域性联合体，这种联合体间的利益诉求更为一致，妥协的空间范围更大。但这种模式的弊端是，在较小范围的利益博弈中，各方更趋向于达成具有约束力的制度和协定，在较短期限内实现具体的利益诉求。这种主观性的需求在区域治理范式中，会造成对外的排他性意识和对内的自主性博弈，而在多边治理范式中又不满足于治理主体的多元化特征以及非制度性约束的软性效应。因此，在北极多边治理中，往往会出现各类需求相互对立的小型的区域联合体，导致多边治理框架内部出现力量分化，造成治理的"软性"与"硬性"制度失衡。实际上，共生治理中的"互补性竞争"与合作，正是多边合作中的制度创新单元。应在具体议题上借助不同主体的差异性力量优势，实现有效的资金、技术和知识互补。例如，在渔业治理中，以渔业资源为经济支柱的国家需要其他北冰洋沿岸国和非捕捞大国在养护制度、生态系统维护和减少渔业贸易壁垒等方面的积极配合，在区域、多边渔业制度建构上的共同促进。在航道治理中，拥有航道主权的国家需要与航运贸易大国终端国、造船业大国、冰区航行技术大国等的相互信息技术交流；港口基础设施欠发达国家需要经济大国和对外贸易大国的外资支持。在环境治理中，除了实现北极国家间的信息技术交流外，还能够借助非北极国家的远洋极地科考能力。这种"互补性的竞争"与合作能够刺激各主体间的共生关系形成，从而为实现共生治理打下基础。

第二，需要促进北极治理的制度建构从敏感性博弈向普遍共生性的过渡，特别是需要关注以下几个原则的共生：一是互信原则。需要关注北极国家和非北极国家、发达国家和发展中国家、具有区域影响力的大国之间的利益协调。缓解拥有北极地区合法权益的群体间（如土著人民，其他北极地区居民，环保组织，企业，政府）的矛盾和对立状态，塑造信任良性增长的共生状态。二是议题原则。由于北极议题设置的原因和目的差异，以及对挑战不同程度的关切，造成了个人和公众之间的利益鸿沟。北极共生治理的所有参与者应消除在规制构建、责任认定、治理路径上的差异，并确立主要的共生议题。三是权益原则。需要平衡各主体的主权权力、获取自然资源的权力、环保监管和土著人民相应权利，根据相关的国际法承认北极国家和部分非北极国家的权利与义务，使这些权利和义务能够形成共生。四是适应原则。对于治理原则不同的理解影响着治理模式，也同样制约了治理成效。在处理北极地区极其复杂的综合问题上，应着重建构具有相当适应性和灵活性的制度安排，以应对较高的不确定性和挑战。

小　结

本章的重点在于对共生治理这一概念进行论述，进一步分析共生治理中的共生单元、共生环境和共生关系的构成，提出培养共生意识的要素。近年来，国际关系领域中的共生概念越来越受到学术界的关注，掀起了一股学术讨论的高潮。但将共生概念纳入治理理论中，特别是应用于北极问题这一特殊的领域加以讨论，尚属较为罕见。如何理解共生治理这一理论框架在北极问题上的实践？随着北极问题自身对于区域、多边和全球性事务的影响增多，北极治理主体对于身份观念、同化观念以及自律观念存在着形成高度共识的可能性，在物质变量的范式转移环境适合的情况下，北极治理也将逐渐地由三级主体与选择性妥协为构成要件的多边治理，过渡至更为高级阶段的共生治理范式。[①] 当然，在目前的北极治理现状中，暂时只能寻找构成共生单元的基本因素，提出促进共生治理发展的趋势性假设。在目前来看，北极环境保护的合作与治理是产生共生治理的"最佳土壤"，但环境问题的本质较为特殊，特别是在治理过程中的低政治性、低冲突性和低敏感性特质，尚难在北极事务的其他侧面加以复制，从而实现北极共生治理范式的整体过渡。也正因为这一缘由，共生治理应被视为治理范式的高级阶段，本章更多地探讨了共生治理中各种结构单元的可能性，并以此作为论据提出由多边治理这一中级阶段向共生治理递进的必要条件。

---

① 共生治理是北极治理范式中的高级阶段，是根据现有治理基础设定的可行性目标，并不意味着解决北极问题或其他全球性问题的终极形式。

第六章

"阶段性递进" 结构的内在逻辑

The Arctic Governance Paradigm

本章论述的重点是围绕北极治理范式的"阶段性递进"展开，从三个不同阶段的治理中归纳与总结其特征与表象差异，从层级关系的角度论述三者间的阶段性递进逻辑，并分析观念内化的程度这一主观意识结构和"物质"变量这一客观要素，理解范式递进和转移的变迁机理。

第一节　北极治理范式的层级关系

一、北极治理的观念辨析

对于北极治理范式的研究，首先需要界定治理本身的含义与形式。国内学界对于治理问题的探讨主要起源于 20 世纪 80 年代①，而国外对此问题的研究则始于更早的 20 世纪 30 年代。有学者认为，"治理理论的大规模兴起源于全球化时代，也就是 20 世纪 90 年代中

① 俞可平：《治理与善治》，社会科学文献出版社，2000 年版，第 1 页。

期”。①

从概念上来讲,治理曾经被看作是统治的延伸方式。有学者认为,“治理的核心是在非强制性的管辖下,对某一具体事务进行能力范围内的管理、解决或应对”。② 有学者认为,“治理是政府和社会管理行为的不同表现形式,这种特殊形式意味着管理理念的变革③,似乎成为一种从权威性到有序性,从统治到管理的新方式”④。也有学者认为,“治理与统治的核心区别在于程序和机制的多元指导理念,在政府的统治中,其程序更具有权威性,并注重于建立相应的约束关系”。⑤ 从结构上来看,统治体制更多具备相应的正式结构。与之相比,治理涉及的领域和范围则更为宽泛,其指导理念更具公共性和跨域性,而其结构则更为松散和弹性,时常以软性协调代替权威约束。⑥ 在主体构成上,参与治理的行为体更为多元,其目标和治理路径也更为多样,既存在个体层面的追求,也谋求集体或公共层面的目标。⑦ 可以看出,治理理论与传统统治概念的核心差异在于主体的多元化。

全球治理委员会（Commission on Global Governance）把治理看

①　［法］皮埃尔·戈丹著,钟震宇译:《何谓治理》,社会科学文献出版,2010 年版,第 15 页。

②　Czempiel Ernst-Otto, Governance and Democratization, in Rosenau James and Czempiel Ernst-Otto eds. , *Governance withoutGovernment*: *Order and Change in World Politics*, Cambridge: Cambridge University Press, 1992, p. 250.

③　Kooiman Jan, Social-Political Governance: Introduction, in Jan Kooiman ed. , *Modern Governance*: *New Government-Society Interactions*, London: Sage Publications Ltd. , 1993, p. 2.

④　Rhodes R. A. W. , the New Governance: Governing without Government, *Political Studies*, Vol. 44, No. 4, 1996, pp. 652 – 653.

⑤　［美］约瑟夫·奈、约翰·唐纳胡著,王勇等译:《全球化世界的治理》,世界知识出版社,2003 年版,第 10—11 页。

⑥　Rosenau James, Strong Demand, Huge Supply: Governance in an Emerging Epoch, in Ian Bache and Matthew Flinders eds. , *Multi-Level Governance*, Oxford: Oxford University Press, 2004, p. 31.

⑦　Peters Guy and Pierre Jon, Governance Approaches, in Antje Wiener and Thomas Diez eds. , *European Integration Theory*, Oxford: Oxford University Press, 2009, p. 92.

作"各种公共或私人的机构管理其共同事务活动中诸多方式的总和。它是使相互冲突的或不同的利益得以调和，并且采取联合行动的持续过程。它既包括有权迫使人们服从的正式制度和规则，也包括各种人们同意或以为符合其利益的非正式的制度安排。它有四个特征：治理不是一整套规则，也不是一种活动，而是一个过程；治理过程的基础不是控制，而是协调；治理既涉及公共部门，或包括私人部门；治理不是一种正式的制度，而是持续的互动。"① 可见，治理强调的是一种互动过程，用来协调利益和冲突从而促进集体行动，并通过制度或非制度安排来实现这一过程。这种互动过程的参与主体非常多元，而治理观念则决定了最终的治理路径。具体来看，在北极这类具有全球性影响的问题上，治理观念可以分为以下三个方面：

第一，是以权力政治为内在逻辑的现实主义治理观。有学者认为，治理与权力政治是水火不相容的。其实，现实主义治理观强调单一个体在面对普遍性挑战时对于团体合作的需求或对于互动空间的控制，随着自身实力的变化，需求或控制的意愿也此消彼长。这里的实力不单单指个体在某一具体领域内的优势，而是行为体在集体互动空间中的权力比重。在这方面的研究以罗伯特·吉尔平（Robert Gilpin）的"霸权下的治理"②，赫德利·布尔（Hedley Bull）的"新中世纪主义"（New Medievalism），迈克尔·哈特（Michael Hardt）和安东尼奥·内格里（Antonio Negri）的"帝国"理论为代表。③ 这种治理观念一方面强调权力在国际关系中不可替代的作用，

---

① Commission on Global Governance, *Our Global Neighborhood*, Oxford：Oxford University Press, 1995, pp. 2 – 3.

② ［美］罗伯特·吉尔平著，武军等译：《世界政治中的战争与变革》，中国人民大学出版社，1994 年版，第 20 页。

③ ［美］迈克尔·哈特、安东尼·内格里著，杨建国、范一亭译：《帝国：全球化的政治秩序》，江苏人民出版社，2003 年版，第 120 页。

并试图将霸权理论植入治理模式中。他们认为，"有效治理将产生于那些较有权力团体的选择和行为，所以在团体内建立秩序的主要手段是有支配力的权力……强大的政治集团将推行一种符合他们特性的集体秩序，他们有理由相信这种秩序将使他们能够在这个集体中获取最重要收益的现实主义观点"①。有学者甚至认为，"治理依赖于有能力提供可靠的治理方案的霸权国家，所以全球治理实际上也是霸权国家领导下的治理"②。部分学者还把全球治理和区域治理进行比较，认为"对于不处于世界政治核心领域的国家和行为体来说，全球治理通常代表的是一种霸权控制的体系。在这种情况下，区域主义反而是提供了这些国家以主张不同理念、解决方案和设想的平台与路径"③。换句话说，现实主义治理观没有摆脱传统权力与利益的核心要素，并且将全球性问题的解决视为国家霸权体系中的不对称合作。从实践上看，这种治理观主要体现在 17 世纪至 20 世纪间的北极探索开拓期，在以科学探险为背景的无序竞争体系中。而在 20 世纪及冷战期间，由于战时和战后环境带来的集团竞争态势，北极进入了以权利扩张为主要表现的阶段。

第二，是以制度塑造的开放过程为特征的制度主义治理观。制度主义治理观将国际制度的合理性与可行性作为"有效治理"的基础。例如詹姆斯·罗西瑙（James Rosenau）的"在国际和国内边疆上的治理"理论。他提出"分合论"的世界观，并逐步演变出"国内—国外"边疆上的全球治理模式。在这当中，"边疆"代表"一种划时代的变革，一种认识人类事务本质的新的世界观，一种考察

---

① Hoffmann Matthew and Ba Alice eds. , *Contending Perspectives on Global Governance*, London and New York：Rutledge Taylor and Francis Group，2005，p. 91.

② Arighi Giovanni，Global governance and hegemony in the modern world system，in Mathew Hoffmann and Alice Ba，*Introduction：Coherence and Contestation*. London：Routledge，2005，pp. 75 – 79.

③ Hoffmann Mathew and Ba Alice，Introduction：Coherence and Contestation. London：Routledge，2005，pp. 45 – 47.

全球政治发展的新的思维方式"①。他认为"尽管国际社会处于无政府状态，但是通过个人与个人之间的利益调整，最终能够形成人类的共同利益。国际制度为全球公共问题的管理与治理，提供了一条'法治'的途径。也就是说，国家在国际社会中逐渐被'制度化'了。"②

此外，罗伯特·基欧汉（Robert Keohane）的理性制度理论也是制度主义治理观的代表观点，把国际制度作为治理的核心。他指出，"有效治理需要更为广泛的国际制度，要防止全球化的停滞或逆转，就需要发展有助于促进合作、解决冲突的制度安排"③。20 世纪 90 年代以来，基欧汉通过研究国际法与国际制度之间的关联，探讨了国际制度的合法化问题。④ 由于规则制定及其解释的多元化，任何可持续的治理模式都不得不在国际组织和市民社会之间建立制度化的联系渠道，国际机制也必须与合法的国内机构相联系，制度化治理引发了制度设计问题。因此，如何为一个空前规模和多样性的世界政体设计有效而民主的国际制度，以更好地治理局部全球化的世界，成为 21 世纪世界政治的核心议题。⑤ 制度至关重要，但制度也有副作用甚至危险性，可能导致剥削与压迫，这就造成"治理困境"（Governance Dilemma）。所以，基欧汉认为必须从后果、职能和程序三方面来评估何种制度适合"局部全球化"的世界。制度的后果必须是有助于促进人类的安全、自由、福利和公正。奥兰·杨指出："相比于我们认同的简单模型，真正的制度通常都是更为

① Rosenau James, *Along the Domestic-foreign Frontier*, Cambridge：Cambridge University Press, 1997, p. 7.

② 易文彬："全球治理模式述评"，《世界经济与政治论坛》，2005 年第 4 期，第 118 页。

③ Keohane Robert, Governance in a Partially Globalized World, *American Political Science Review*, Vol. 95, No. 1, 2001, p. 2.

④ Keohane Robert, International Relations and International Law：Two Optics, *Harvard International Law Journal*, Vol. 38, No. 2, Spring 1997, pp. 487–502.

⑤ ［美］罗伯特·基欧汉著，门洪华译：《局部全球化世界中的自由主义、权力与治理》，北京大学出版社，2004 年版，第 18—19、273—274 页。

复杂的，而且国际机制的发展构成了国际层面的新兴力量。但是还是应该将机制看作是为了应对当今社会治理需要的制度性安排。"①

总体来看，制度学派的治理观认为，治理是全球空间范围中对于那些不再合适于在现有政治单元领域中解决的问题或现象的管理。他们把治理看作是一个行为体和社会结构间互相生成的过程，认为知识、话语和规范等元素并不是既定的治理工具和内容，而是有着特定身份、利益和价值观的行为体，通过行动和对话建立起来的一套组织规则和阐释框架。规则塑造行为体的观念和行为，与此同时，行为体也在不断塑造着规则，两者彼此影响。他们提出全球治理是一个开放式的过程，没有既成的结局。在北极问题上，这种治理观念更多体现在冷战结束后的北极多边合作启蒙期。由于各国身份认同的改变，国际体系以及力量格局的变化，对于共同利益的追求推动了集体行动的可能性，也由此创造了北极多边治理的条件。

第三，是以多元与协调为特征的多层治理观。新兴市场国家的崛起对传统世界权力中心带来了巨大冲击，国内因素对国际事务的影响逐步增加，促使治理模式从"次国家"到"超国家"，由私人部门到第三方部门的转变，形成了多层复合型的治理模式。安东尼·麦克格鲁（Anthony McGrew）认为，"多层治理指的是从地方到全球的多层面中公共权威与私人机构之间一种逐渐演进的（正式与非正式）政治合作体系，其目的是通过制定和实施全球的或跨国的规范、原则、计划和政策来实现共同的目标和解决共同问题"②。（见表6-1）从理论根源来看，规范属于一种社会约定，包括规则、标准、习惯、习俗等。它是指"对某个特定国家本体做出适当行为

---

① Young Oran, Regime theory and the quest for global governance, in Hoffmann Matthew and Ba Alice eds. , *Contending Perspectives on Global Governance*, London and New York: Rutledge Taylor and Francis Group, 2005, pp. 90 - 91.

② 俞可平:《全球化：全球治理》，社会科学文献出版社，2003 年版，第151 页。

的集体期待"，其重要特征是"创造出行为模式"。①

表 6-1　治理活动的层次与部门

	私人部门	政府部门	第三方部门
超国家层次	跨国公司	政府间组织	非政府组织
国家层次	公司	中央政府	非盈利组织
次国家层次	地方	地方政府	地方

戴维·赫尔德（David Held）则提出了"世界民主"的概念，提出"一种全球化的权威分散体系，一个受民主法律的约束和限制的、变化多样的和重叠的权力中心体系。"② 他认为"多层"的含义主要指："不仅意味着正式的制度与国家机构间合作制定（或不制定）维持管理世界秩序的规则和规范，而且意味着所有的其他组织和压力团体，包括多国公司、跨国社会运动和众多的非政府组织，都追求对跨国规则和权威体系产生影响的目标和对象。"③ 从主体方面来看，参与政策制定的行为体不仅仅局限于国家，而且包括全球、区域、区域间、国家、次国家甚至是个人层面的所有行为体。不同层次的行为体之间不是一种等级关系，而是一种协作关系。多层治理观出现于全球化时代，由于世界范围内各国在不同领域的依赖性增强，以及气候变化背景下北极问题的普遍性挑战。

① 倪世雄：《当代西方国际关系理论》，复旦大学出版社，2001 年版，第 227—228 页。

② ［英］戴维·赫尔德著，胡伟等译：《民主与全球秩序——从现代国家到世界主义治理》，上海：上海人民出版社，2003 年版，第 5 页。

③ ［英］戴维·赫尔德著，杨冬雪等译：《全球大变革》，社会科学文献出版社，2001 年版，第 70 页。

二、治理范式的阶段性结构

北极的治理范式是一种进行时的构建与转移过程，随着治理主体的观念内化程度的提高，以及客观上"物质"变量的改变，该范式会自主地转向更高阶段的理念、方式及手段，是一种"阶段性递进"的结构。但是，这种递进并非单向线性发展，而是随着治理主体的主观意识和行为，以及客观环境的变化而波动。

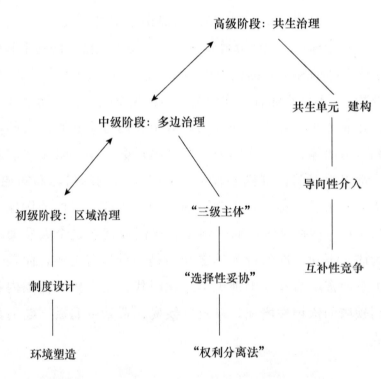

图 6-1　北极治理范式"阶段性递进"结构图

从图 6-1 中可以看到，北极治理范式的初级阶段以区域治理为表象。该治理框架分为两个重要组成部分：制度设计和环境塑造。其中制度设计强调客观约束，以"半封闭"或"封闭式"的制度框架限制治理主体范围，特别是以北极理事会的建立为主的"罗瓦涅米进程"和以"北极五国"外长会议机制为主的"伊卢利萨特进程"为代表，强调北极区域内部的身份认同和利益排他，形成外部排他性与内部协商性共存的互动格局。其治理核心在于主体资格的区域排他性、客体范围的区域集中性、利益争端的区域协商性以及终极目标的区域概念性；此外，还以环境塑造提升区域一体化动力，强调区域内外的身份塑造以及域内自主治理的意识塑造，成为狭义区域主义的实践。通过对北极渔业问题的分析可以看到，北冰洋沿岸国作为范围稳定的区域群体，通过建立在身份认同和利益排他原则上的区域制度设计，形成了半封闭式并具有相当排他性的域内自主治理模式。这种模式强调治理主体的集体行动，并认可区域自治机制的权威性，实现了通过内部协商机制来限制外部力量的需求。可见，在缺乏外部政治和制度压力的前提下，治理主体的理性选择更倾向于自身利益最大化的小范围协商机制。但是，这种区域治理的困境在于，其内部结构无法有效限制成员的权利扩张意愿，也无法正确界定渔业资源的公共属性。区域性机制的无约束退出机制成为各主体规避责任、治理缺少执法和惩戒效果的主要原因。同样区域治理还忽视了区域间的联系与合作，以及更为广义的集体原则，导致有限范围的治理主体较为封闭，无法满足由全球化深入发展带来的资源、市场、技术和标准的"去边疆化"需求，以及区域内部的治理执行力弱化，这也成为治理范式向更高阶段递进的重要推动力。

北极治理范式的中级阶段是以多边治理为特征的机制组合。从传统意义上来看，多边治理的核心概念强调"普遍性行为准则"，而这种行为准则表现出参与者对于平等权利和责任的认同。在北极治理范式从区域向多边过渡的进程中，出现了较为明显的行为体多元化趋势，也就是从一元行为体向多元行为体的演变。这里的多元不单单指行为体的本质发生变化，其行为方式也发生了从合作性博弈到选择性妥协的明显变化，而这种变化带来的直接影响，则聚焦于多边治理的构成基础之上，也就是普遍性行为准则的合法性。

随着北极问题自身对于区域、多边和全球性事务的影响增多，北极治理主体对于身份观念、同化观念以及自律观念存在着形成的高度共识的可能性，在物质变量的范式转移环境适合的情况下，北极治理也将逐渐地由三级主体与选择性妥协为构成要件的多边治理，过渡至更为高级阶段的共生治理，形成以共生单元建构为目标，推动导向性介入和"互补性竞争"态势的北极共生模式。当然，在目前的北极治理现状中，暂时只能寻找构成共生单元的基本条件，并提出北极问题向共生模式发展的趋势性假设。

首先，治理范式间还存在着一定的共性关系，这种共性反映在治理的基本概念中。无论是区域、多边或是共生治理，若强调治理的特殊作用，也就是不存在"垂直化"（Vertical）"阶层化"（Hier-archical）和"集中式权力"（Centralized Authority）的结构特点。在北极治理过程中，权力以"水平化"（Horizontal）的方式分散于治理主体中，并由它们协调共同议题开展互动与合作。换句话说，北极治理是一种由共同目标支持的活动，正式的法规命令在此不作为强制性依据存在，并且也不需依赖政府透过强制权力迫使他人屈从。[1] 例如，在冷战结束后的合作背景下，北极治理的确出现了以相关国家、国际组织和非国家行为体为主体的区域性共同管理。但是，由于各国对于身份、同化、自律等观念的内化尚处于较低水平，国家为了强调主权及个体利益，选择的互动方法仍以排他性较强、妥协度较低，以及其他主体参与性较弱的模式开展。以至于国际组织和非国家行为体的角色虽然有所提升，但在一些敏感度较高

---

① Pierre Jon ed. , *Debating Governance*, Oxford：Oxford University Press，2000，pp. 3 - 4.

的领域的影响力和作用却受到限制。① 随着主体间对于观念内化水平的提高，以及物质变量中国际体系的转型影响，北极治理范式产生了对于多主体和多路径的多边合作需求，逐步从单一的区域治理向区域治理与多边治理同步进行的转移。值得注意的是，无论治理范式演变至何种阶段，这种对于治理的基础性认知是共有且不变的。

其次，治理范式间在机制规范的必要性上存在认知共性。这种共性包括：北极治理应包含各种个人、组织、公共和私人的管理机制，其目的在于协调相互冲突或不同的利益矛盾，并且针对特定的议题参与适当且持续的治理行为。北极治理不但具有使用强制性效力的正式制度之外，还包含达成共识的非正式安排。当前的治理趋势虽然强调以"国家中心"（State-centric）为主，但是与强调权力斗争和安全困境的新现实主义还是有根本性的差异，因为其主张国家间为调和彼此间的冲突，仍会透过国际制度或非制度性安排等多边主义途径，进行政策协调、战略公关以及安全合作。②

最后，范式间对于治理的原发因素上存在共性。具体来看，北极治理虽然确认了制度在促进多边合作上的功能性，但认为这种合作是基于观念的内化与规范的凝聚之上，并非仅仅来自治理主体单方面的理性选择的结果。在治理实践过程中，合作的产生不单单借助于自上而下的强制性制度约束，还在于治理主体自发性的遵守已实现集体共识的行为规范，并以实现议题中共同目标而努力。③ 在这一过程中，治理主体在进行议题设置和制度设计的阶段，也存在

① Pierre Jon and Guy Peters, *Governance*, *Politics and the State*, Basingstoke: Macmillan, 2000, pp. 193 – 209.

② Rosenau James, Change, Complexity, and Governance in Globalizing Space, in Pierre Jon ed., *Debating Governance*, Oxford: Oxford University Press, 2000, p. 172.

③ Lykke Friis and Murphy Anna, The European Union and Central and Eastern Europe: Governance and Boundaries, *Journal of Common Market Studies*, Vol. 37, No. 2, 1999, p. 214.

自身利益最大化的诉求，并由此带来观念的冲突和竞争。因此，只有不断地推动集体身份的建构，加快对于核心治理观念的内化程度，避免在主体间发生观念博弈，才能促进客观的物质环境转变并带动范式的升级和创新。

综上所述，北极治理范式的阶段式特点实际上反映了当前北极问题在地缘空间、组织功能、资源分配、利益判定和决策进程中的一系列新变化，由国家或非国家行为体作为主体，通过制度或非制度性安排作为治理路径，持续进行政策协调、战略共管与妥协合作，在此过程中进行的范式建构与创新的趋势性判断。

三、北极问题"南极条约化"的范式误区

治理范式作为解决某一问题的方法，通常起源于一些行为预期、制度规范和运行效果的假设（Assumption），这些假设是某种既定和无须验证的概念性认知，是讨论某问题的预先方法介入，也可以被视为论据。从社会科学研究的角度看，应在研究问题之前提出预设条件，并在过程中依照这一预设进行论证，最终形成一种趋势性或预判性的结果，就可以被称为模式或范式。批判理性主义的著名哲学家卡尔·波普尔爵士（Sir KarlPopper）认为，对于问题应首先主观地提出假设，提出假说尝试解决（Tentative Solution）方案，然后通过证伪来消除错误（Error Elimination），进而产生新的问题。随着这一过程的深入，解决该问题的理论正确性也随之增高。科学知识的积累不仅仅是数量上的增长，而更应该是新理论代替旧理论的质变。[①] 同样，在北极治理范式假设之前，应当首先避免陷入一些误区。

---

① ［英］卡尔·波普尔著，傅季重译：《猜想与反驳：科学知识的增长》，上海译文出版社，2005 年版，第 45 页。

从地理概念上看，北极和南极分属地球的两个顶端，在气候条件上都属于寒冷冰封区域，其治理方式应该可以相互借鉴。有学者提出，"针对北极地区现存的国际条约的内涵与缺陷，应建立整合性更强的北极条约体系"[①]。部分学者也曾经提出，可以参照南极现有治理范式"南极条约体系"（Antarctic Treaty System）来规范人类在北极的活动，[②] 并提出了以明确北极的和平利用目的，承认《联合国海洋法公约》赋予的沿岸国权力，确立各国的管辖权范围为核心内容的《北极条约》。[③] 特别是作为南极条约体系中基石部分的"冻结主权"原则，与北极多边治理中的《斯瓦尔巴德条约》模式有着大同小异的效应。但从法律和现实的角度来看，将北极问题南极化显然是一个假设误区，其中根本性的矛盾和差异导致南极模式无法复制。

南极在地理上的概念指南纬 60 度线以南的区域，总面积约5200 万平方公里，这也是南极条约体系的有效范围，是公认的南极边界。20 世纪初，英国首先提出对于南极半岛以及其扇形区域拥有主权，掀起了南极主权争夺的开端。此后，法国、挪威、澳大利亚、阿根廷、智利、新西兰先后提出各自的主权诉求，其中有大部分重叠区域。另一方面，美国和苏联作为超级大国，在否认其他国家相关诉求的前提下保留自身的领土权利。在此背景下，南极成为国际主权争端的前沿阵地，矛盾一触即发。因此，美国在 1958 年邀请各国围绕南极问题开展对话，并经过漫长的谈判后达成一致。1959 年 12 月，美国、苏联、英国、法国、比利时、挪威、日本、澳大利亚、新西兰、阿根廷、智利和南非签署了首个人类和平利用

---

① Sale Richar and Potapov Eugene, *The Scramble for the Arctic*, London：Frances Lincoln Limited Publishers, 2010, p. 134.

② 王秀英："国际法视阈下的北极争端"，《海洋开发与管理》，2007 年第 6 期，第 15 页。

③ Rothwell Donald, The Arctic in International Affairs：Time for a New Regime?, Brown Journal of World Affairs, Vol. 15, No. 1, 2008, pp. 248 – 250.

某一具体地区的政府间协议《南极条约》。该条约主要涵盖以下十一个方面的规定："南极应只用于和平目的，一切具有军事性质的措施均予禁止；自由的南极科学调查和为此目的而进行的合作应继续；实现科考信息及科考人员的互换；冻结所有南极领土诉求，禁止提出新领土诉求；严禁核试验和放射性物质的相关处理工作；上述规定适用于南纬60度以南的所有区域；缔约国观察员有权利视察南极一切地区，包括一切驻所、装置和设备及船舶、飞机等运输工具；各缔约国须对即将在南极开展的活动向其他各缔约方提前通知；缔约国对各自派出的观察员和科学家行使管辖权；在涉及南极的重要问题上，缔约各方应协商一致；努力阻止国家和个人做出违反《南极条约》的行为；各缔约国对本条约产生的争议应和平解决。"① 截止2013年，已经有50个国家签署并加入了《南极条约》，其中包括28个"协商国"（Consultative Member）和22个"非协商国"（Acceding Member）。②

此外，构成"南极条约体系"的要件还包括一系列功能性的条约：1964年签订并于1982年生效的《保护南极动植物议定措施》（Agreed Measures for the Conservation of Antarctic Fauna and Flora）；1972年签订的《南极海豹保护公约》（The Convention for the Conservation of Antarctic Seals）；1980年签订的《南极海洋生物资源养护公约》（The Convention for the Conservation of Antarctic Marine Living Resources）和1991年签订并于1998年生效的《关于环境保护的南极条约议定书》（The Protocol on Environmental Protection to the Antarctic Treaty），该议定书也被俗称为《马德里议定书》。该议定书旨在保护南极的生态环境，严格禁止对南极生态环境的破坏。该议定书还

---

① The Antarctic Treaty, http://www. ats. aq/documents/ats/treaty_ original. pdf.
② 《南极条约》50个缔约国中，只有28个协商国有权表决和通过决议，而其他22个非协商国则只能列席会议，不能参与表决。协商国包括12个起草国及16个在南极开展实质性科学考察活动的国家。

包含《南极特别保护区》、《南极动植物保护》、《南极环境评估》、《南极废物处理与管理》和《防止海洋污染》五个附件，从不同的角度细化对南极的环境保护规定。① 每年一度的"南极条约协商会议"（Antarctic Treaty Consultative Meeting）成为管理南极的国际性论坛机制。具体来看，关于"南极模式"在北极的适用主要存在以下几个误区：

第一，是关于南北极属性相近的误区。南北极在地理概念上有着根本性的差异。可以看到，南极地处于大洋中的一片陆地，陆地面积在南极圈内占主要部分。而北极的主要构成要件是北冰洋，是由众多沿岸国所围绕的岛屿和海域。8个北极沿岸国不但有部分领土处于北极圈内，开发和利用北极的历史较为悠久。这里居住着大量的原住民群体，他们不但有着特有的生活方式，也同样隶属于不同的国家。也就是说，各国在处理北极问题上首先考虑的问题是，如何维护现有的领土、资源和原住民权益，这与各国在南极较弱的实际控制力形成鲜明对比。各国在北极地区的矛盾点要远远大于南极，这也造成很难用相同的谈判形式来实现统一的协约。

第二，是关于治理依据相似的误区。从目前来看，国际法是治理南北极问题的现有依据，但两者在法律适用上存在着不同。由于北极是由北冰洋环绕的地区，其主要的法律依据自然建立在《联合国海洋法公约》等一系列海洋法规则之上。而从南极来看，由于其周边海域的地位并不是各国间的矛盾焦点，其主要的法律依据则需要根据联合国的其他相关法律进行构建。而《南极条约》之所以能够达成协议的关键，是各国在该区域存在着一定的法律空白，各方具有形成全新的统一条约的共同意愿。而北极地区早已存在诸多的双边和多边协议，这些不同历史背景下所达成的协议不但会成为新

---

① 附件六《环境紧急状况下的责任》于2005年6月在瑞典斯德哥尔摩通过，正待各国批准。

的统一条约的障碍，也会成为各国不接受新法律规制的借口。

第三，是现有治理路径可复制的误区。有观点认为，南极条约体系的本质与北极现有多边治理的斯瓦尔巴德模式大同小异，均是以多边条约的形式来实现共识和解决矛盾。特别值得注意的是，部分观点提出"主权冻结"概念作为《南极条约》的核心部分，与《斯瓦尔巴德条约》中的"权利分离"在本质上同属一种模式。这其实是一种对于条约宗旨的理解误差。《南极条约》主权冻结的根本要义是为了防止现有主权诉求引发国家间冲突，在一段时间内杜绝出现新的主权诉求。而《斯瓦尔巴德条约》中的"权利分离"，则是清晰地将主权和主权权利的概念分离，其宗旨恰恰是为了强调挪威对于斯瓦尔巴德群岛的主权，以促进其在主观上减少对于外部威胁的反射性回应，并产生权利让渡的意愿。可以看到，虽然在客观上都对主权进行了限制，但前者的目的是淡化主权，而后者则是强调主权，二者间有着根本性的区别，更不可能交叉适用。

可以看到，虽然南北极的确有着众多的共性，但却无法将相同的治理范式进行移植应用。其根本在于，这种范式假设中存在着诸多的认识误区，没有进行较为详细的证伪和除错，因而无法理解北极问题南极化这一悖论。同样，此类问题也是在进行范式假设和论述时需要极力避免的。

第二节　北极治理范式的递进机理

对于北极阶段性治理范式的研究，其内在联系和递进机理也是一个重要的考察对象。促成北极治理范式由区域、多边治理向共生治理递进的原因是什么？这种范式的发展趋势和目标如何界定，都是理论论证时必须考虑的重要环节。

无论是北极区域治理、多边治理还是共生治理，都离不开一些普遍性的根基，例如外部条件的紧迫性需求、内部共识、身份认同的需要，机制的构建和行为约束程度等各个方面。区别在于，各主体在主观上对于这些观念的"内化"程度以及在客观上"物质"变量的因素。这些观念内化的程度越高，治理范式就更有可能从较低水平的认同、共识和规范过渡至较高水平。同样，客观"物质"的变化更快，形成有效治理的条件就更充分。因此，本节首先讨论治理范式的内在联系，并从观念的内化程度和"物质"的变量因素这两个方面，来论证促进治理范式变迁的机理，归纳北极治理范式的"阶段性递进"结构。

一、观念的"内化"程度：主观意识和主体行为

无论治理范式进化的程度如何，北极治理的主体仍然是由国家行为体为主导的，差别在于其治理行为是独立完成还是与他类行为体共同产生。国家的行为不但决定了治理的成效，也在客观上搭建了治理的范式结构，而影响这一行为的恰恰是其主观意识。简单来说，治理范式变迁的机理就是治理角色对于观念的"内化程度"（Degrees of Internalization）所决定的，也就是在判定自身利益，决定自主行为之前的主观意识的接受程度。[①] 这里的内化强调个体或团体对某种规范的认同过程，这一过程首先开始于对规范的共同认识，其次是在抽象层面对该规范的价值认同，再次是现实层面对该规范的接纳，最后是将该规范转换为自身意识和行为准则。值得注意的是，这种规范在主观层面产生于固定群体或个体的认同过程，而在客观层面是这一建构过程的最终结果。

---

① Wallis Kenneth and Poulton James, *Internalization: The Origins and Construction of Internal Reality*, Buckingham and Philadelphia: Open University Press, 2001, pp. 76 – 78.

目前，学界的主流观点是将北极问题纳入现实主义的框架分析，也就是重视权力和利益间的分配①，这在一定程度上符合以区域治理为代表的初级阶段。区域内各主体因集体身份和集体利益的共识，产生具有域外排他性的利益分配意愿，并通过议题设定、制度设计等路径来巩固这种共识，利用自身在体系内的权力获取更大的利益分配话语权。按照这种逻辑，区域治理范式中必然具备以维持现状为代表的"既得利益者"和谋求权力扩张为代表的"改变现状者"两类主体。既得利益者间的互动通常以和平方式为主，而改变现状者一方面存在与既得利益者这种"他者"的潜在矛盾，另一方面又存在与其他权力扩张意愿这种"自我"之间的冲突。从这点来看，似乎可以作为北极问题由单一的区域治理转向区域和多边治理共存的一种解释，但该理论框架的"灰色"区域在于，过多的强调了物质力量的作用，却忽视了主体间产生不同诉求的根本原因，也就是主观意识对范式转型所产生的作用。作者并非尝试否认利益在决定国家行为中的作用，而是认为利益是构建治理范式的终极因素，但关键在于寻找集体利益判定的依据，从初级阶段寻找影响利益判定的观念因素，从而通过治理主体对于这些观念的内化程度，提出范式演变的趋势预判。

具体来看，促使治理结构发生改变的主观意识要素主要包括：身份观念、同化观念和自律观念三个方面。治理主体对上述三个方面产生的主观意识，以及该意识在自我行为中的内化程度，可以产生推动治理范式向下一阶段演变的正向流入效应。相反，正如作者在前一章所论述，北极治理范式的演变并非递进式发展，产生治理范式逆向演变的要素主要包括：信任赤字、分化预期和自律失灵三

---

① Baldwin David, Neoliberalism, Neorealism and World Politics, in Baldwin David ed., *Neorealism and Neoliberalism: The Contemporary Debate*, New York: Columbia University Press, 1993, pp. 3 – 25.

个方面。治理主体对于上述三个方面意识的内化程度，可以产生范式的"反向回流效应"①。

首先，产生"正向流入效应"的身份观念取决于各主体对于不同身份属性的理解。按照建构主义关于身份的基本定义，无论在何种治理结构中，主体都拥有集体身份和角色身份。这种理论根据"自我"和"社会"的互动来诠释行为，是符号互动学（Symbolic Interactionism）的一种理论表述。② 身份理论中延伸出角色身份，而社会身份理论则延伸出集体身份。③ 从宏观层面来看，北极治理的集体身份是各主体间共享的行为方式与制度，作为判定"自我"与"他者"的标准。这两种身份产生的不同阶段中，存在着一定的界限消失期，也就是身份辨别能力的模糊。④ 从微观来看，角色身份是一国在产生治理行为时所具备的身份识别记号，这种记号是内发的且具备独特意识。角色身份主要体现与"他者"的互动关系之中，也是辨别"他者"的主要指标。⑤ 角色身份代表了所有主体在治理结构中所占据的不同位置，扮演的角色和具备的功能。从理论上来讲，共有的理念、观念和规范构成了身份的要素，而具有相同角色身份的行为体之间，要素的共性更为强烈。⑥ 角色身份是治理主体产生行为前的判断标准之一，这种利益判定直接影响着其行为

---

① 反向回流效应主要指造成范式递进减缓、停滞和逆向发展的内部或外部作用力。正向流入效应则指促进范式向更高级别递进和发展的内部或外部作用力。

② Hogg Michael, Deborah Terry and Katherine White, A Tale of Two Theories：A Critical Comparison of Identity Theory with Social Identity Theory, *Social Psychology Quarterly*, Vol. 58, No. 4, 1995, p. 256.

③ 季玲："重新思考体系建构主义身份理论的概念与逻辑"，《世界经济与政治》，2012 年第 6 期，第 76 页。

④ ［美］亚历山大·温特：《国际政治的社会理论》，北京大学出版社，2005 年版，第 287 页。

⑤ Wendt Alexander, Collective Identity Formation and the International State, *The American Political Science Review*, Vol. 88, No. 2, 1994, p. 385.

⑥ Kay Deaux, Social Identification, City University of New York, p. 778, http：//www. tiftonfumc. org/Content/11200/389646. pdf.

的方式，形成集体身份并最终影响治理结构的变迁。也就是说，行为体角色身份的进化有助于集体行为的产生。如果主体对于角色身份的内化程度较高，就更容易通过互动产生集体身份，构建一致的观念结构，并通过这种观念结构来推动范式的递进。

其次，同化①（Assimilation）观念的根本是在主体间形成多单元的趋同意识。在社会学的概念中，这种同化是指文化环境不同的个人或团体，与另一不同的文化模式相接触后，通过一定的融合行为最终演变出同质单位。在这种情况下，同化的核心部分围绕着文化展开，其过程是将本国文化与外部文化相结合，将外部文化融入自身文化当中，从而达到文化统一的结果。在治理范式演变的问题上，这种认同不单单指文化层面，更主要是包含了对于价值取向、目标判定、挑战评估等诸多方面，也就是认知结构的同化。在这一过程中，单一治理主体因与其他行为体互动所产生的角色身份与集体身份，客观上对自身的思维模式、行为习惯、价值取向的习惯产生了影响。这种同化观念有些是出于避免成为"他者"的主观意识推动，希望以"搭便车者"②（Free Riders）的方式形成集体身份以规避单方行为的风险。此外，则是由于物质环境变化所产生的客观条件反射与观念趋同。同样，治理主体在价值取向、目标判定、挑战评估和行为方式上的一致性越强，其同化观念的内化程度就越高，也在客观上刺激着治理范式的进化与创新。

最后，自律观念的核心在于对于"他者"的信任。按照一般理解，造成共同观念缺失的主要原因是尚未产生集体身份的互动中，一国所出现的"被他者吞并的恐惧"。而这种自律观念"他者"可以通过自律的方式，克制产生吞并意图的信任值，并通过自律来减

---

① 这里的同化并非指个体在地理和物质上的客观融合，而主要指文化、传统、价值观等意识上的主观融合。

② 主要指在机会主义动机的驱动下，个体参与公共物品的消费，但不愿承担组织与管理公共物品的成本。这种做法使公共物品在组织与管理上陷入困境，最终对公共物品形成侵害。

少自身的恐惧。这种自律是信念的一个方面，即相信一国在与其他国的互动中经常性地服从于治理范式中的集体规范，产生一种习惯性服从的行为，而其他国家对于这种行为也产生了习惯性预期，主动降低自身的防范意识，由此在客观上促进身份观念和同化观念的内化程度，逐步对该国可以进行自律产生信任。而为了不破坏这种信任，其他国家也自愿地提高自律观念作为回应。有学者认为，这种观念的困境在于，很难避免防御性行为被误读为"进攻性扩张"，特别是在特定的自我恐惧条件下。[①] 自律观念的产生必须首先建立在各主体已经具备相当的角色身份与同化观念的基础之上，作为一种辅助性观念来促进集体身份的形成，而并非是首要的先决因素。

也就是说，上述这些观念决定了各主体的主体意识，而这种意识成为判定国家和集体利益的主要标注，最终形成的利益决定了各主体的主观行为方式，这种行为方式则成为范式演变方向的关键。如果将观念促进范式演进的过程以图表的方式展现，可以尝试性地提出"三级内化"框架。（见表6-2）

表6-2　北极治理范式的内化框架

	区域治理范式	多边治理范式	共生治理范式
高度内化	身份观念	身份观念 同化观念	身份观念 同化观念 自律观念
中度内化	同化观念	自律观念	
初步内化	自律观念		

① Crawford Neta, The Passion of World Politics: Propositions on Emotions and Emotional Relationships, *International Security*, Vol. 24, No. 4, 2000, p. 116.

　　如表6－2示，在横轴坐标上，根据各主体对于观念内化程度的不断增加，呈现出由左至右以区域治理为主的初级范式、区域和多边治理相结合的中级范式以及区域、多边和共生治理共存的高级范式的演变阶段。在纵轴坐标上，从下至上显示了治理主体对于身份观念、同化观念和自律观念的初级、中级和高级内化程度。通过这种分析框架可以看到，观念的内化存在三种程度。在初级内化程度中，治理主体间的互动主要是因为担心在身份观念上成为"他者"而产生的避险行为，是一种被动的接受过程。在这个阶段，各主体已经具备不同的角色身份，对于同化观念尚未形成有效的趋势，而自律观念的实践也较差。在这一阶段，治理范式以小规模排他性的区域治理为主。

　　在中级内化程度中，因为各主体经过初级阶段的互动磨合，在价值取向、目标判定、挑战评估上已经产生了一定的同化观念，特别是对于角色身份向集体身份的转变产生了需求，由此对于治理主体、利益范围和范式创新的需求也随之增加，但尚缺乏遵守合作规范所需要的自律观念。在这一层面上，治理主体更多地是以主动的方式追求集体身份与利益范围的增加，但以被动的方式接受由此带来的主体范围扩大，权力转移和制度创新。在高级内化程度的条件下，各主体已经达到了高度一致的同化观念，并且由于遵守集体身份条件下的规范合作，产生了一定的自律观念。因此，更乐于追求集体利益最大化来实现个体利益，从而避免因破坏统一规范而产生的违约成本。在这一层面，国家出于高度协调一致的身份观念、同化观念和自律观念，主动维护互动行为的规范性和制度化，避免个体间、区域内部或多边冲突，特别是将个体利益依附于集体利益至上，寻求二者间的共生关系。也就是说，主体间的冲突与合作态势，取决于自身对于他者的敌我判断，而治理范式的选择，取决于不同角色对于核心观念的内化程度。

二、物质变量的因素：体系取向与权力结构

除了主体对于观念的内化程度以外，"物质"变量也是导致范式变迁的重要因素。有学者认为，"认同"的社会科学意义目前可能已被高估。由于这一概念存在很强的建构色彩，意味着它会随着不同的个体需求和客观独特性变化，成为一种动态的实体。这种建构往往会放大冲突的可能性，造成"他者"或"敌人"的臆想。①约翰·米尔斯海默（John Mearsheimer）也认为，"国家永远无法确定'他者'的意图，更无法根据意识或认同来判断行为"②。罗伯特·吉尔平（Robert Gilpin）指出，"观念的出现离不开特定物质力量的潜在支持，特别是权力的支持。因此，观念很难被视作一种客观的实体"③。对于观念决定范式的绝对论而言，有着诸多的怀疑和批判。但正如作者此前所述，在北极治理范式的转移中，客观的物质变量与观念的内化程度一样，同样是范式变迁机理中不可或缺的部分。

在这些物质变量中，首先需要关注宏观层面的体系取向。国际体系可以被视为，多个国家间的频繁交往中，单一国家对其他国家的决策性影响，并由此衍生出特定国家行为的互动状态。④也有学者认为，国际体系是国家间存在对立或趋同影响的互动有机体，这种对立或趋同的要素构成不局限于外交或经济行为，也包括抽象性

---

① Busekist Astrid, Uses and Misuses of the Concept of Identity, *Security Dialogue*, Vol. 35, No. 1, 2004, p. 84.

② Mearsheimer John, The False Promise of International Institutions, *International Security*, Vol. 19, No. 3, 1994, pp. 45–49.

③ ［美］罗伯特·吉尔平："温和现实主义视角下的国际关系研究"，《世界经济与政治》，2006年第4期，第61—67页。

④ ［英］赫德利·布尔著，张小明译：《无政府社会》，世界知识出版社，2003年版，第7页。

的共同价值观或行为规范。① 从具体类型来看，有"国际性国家体系"、"宗主国国家体系"之分，还有"无政府型"和"等机型"国际体系，"改革型"和"温和型"国际体系等②。作者认为，作为一种物质变量，国际体系是不断在发展和转型当中的，其首先反映的是全球力量对比的格局。也就是指以"极"作为力量分布的判定标准。例如，克拉斯纳所提出的单极国际体系、肯尼斯·沃尔兹的两极体系、汉斯·摩根索等提出的多极国际体系。③ 其次，国际体系反映的是力量间互动的标准、路径、模式，包括国家间冲突的特点以及合作的基础。因此，国际体系与国家间的互动实际上形成一种双向建构的关系，国家因为自己的互动行为而影响国际体系的规范，而自身的互动方法又受制于这种规范。

具体来看，"丛林法则"是 17 世纪前国家互动的标准，因为权力的使用尚处于不受控制的状态下，在国家间敌对的初始假设情况下，暴力手段和战争成为国家保护自己的首选方法。对应来看，北极在最初的探险阶段就是在此种宏观约束下进行的。由于国家间的敌视状态以及暴力文化的盛行，治理理念在此期间尚未出现萌芽。这些探险也大多数为个体行为，甚至没有上升至国家层面。1648 年威斯特伐利亚体系建立之后，国家间进入一种有限度的竞争状态。在此期间，国家间互为竞争对手，但实现个体利益的方式却不是一味的以暴力为主，而是通过维持现状来进行有限的竞争。随着两次世界大战的爆发，世界的客观趋势似乎有着逆向一定程度的逆向发展。直到战后雅尔塔体系以及冷战格局的确立，才又一次印证了这种有限竞争体系所强调的维持现状。

---

① 杨洁勉：《大体系：多极多体的新组合》，天津人民出版社，2008 年版，第 1 页。

② Stanley Hoffmann, *Janus and Minerva: Essays in the Theory and Practice of International politics*, Boulder: Westview Press, 1987. pp. 308 – 314.

③ 王雅红、王文："从理想主义到建构主义——试论国际体系转换的理论嬗变"，《经纪人学报》，2005 年第 1 期，第 32 页。

冷战期间北极地区的地缘政治局势陷入了美国和苏联之间的两级对抗格局。由于北极地区是美苏间最近的地理通道，双方基于战略考虑都在北冰洋沿岸部署了大量的陆基洲际弹道导弹发射场。在此期间，军事化决定了北极的特殊属性，部分学者也用这种特性来区分北极和南极，认为"对于北极的制度化探讨和原住民发展等问题在此时尚未成为焦点"。① 此时的北极问题呈现的特点以战时与战后背景下的集团对立为主，有着明显的意识形态对抗色彩，但这种对抗同样是有限度的。由于东西方两大阵营在意识形态上的高度对立，冷战时期的北极地区构成了以前苏联为首的华沙条约和美国为首的北约的二元对峙格局。② 此外，北极被视为军事要地和战略制高点，一度成为核动力潜艇隐蔽的天然平台，是两大集团争夺的重中之重。直到冷战的终结，美苏对立的缓和为北极地区的国际政治注入了新的活力。

20 世纪 80 年代后，北极地区从"冷战前沿"变成了"合作之地"。③ 而从体系的角度看，随着全球化意识的蓬勃发展和全球性问题的出现，国家间开始避免以单纯的武力方式来解决争端，并且寻找以集体身份、集体价值观为基础，以集体行动来应对外部挑战和威胁，形成一定程度的共同体状态。直到此时，北极治理的萌芽才逐渐出现。由于体系所强调的恰恰是身份认同，这也成为北极区域治理的基石。伴随着全球化的深入发展，全球性问题对国际体系的重构进程，世界和平与发展的时代背景和国际格局的变革均产生重大影响。问题紧迫性的趋势主要体现于问题本质逐渐发展为世界范围内的危机泛化，任何国家都无法单独应对诸如气候变化、能源安

---

① Palosaari Teemu and Möller Frank，Security and Marginality：Arctic Europe after the Double Enlargement，*Cooperation and Conflict*，Vol. 39，No. 3，2003，p. 259.

② 陆俊元：《北极地缘政治与中国应对》，北京：时事出版社，2010 年版，第 3 页。

③ Young Oran，Governing the Arctic：From Cold War Theater to Mosaic of Cooperation，*Global Governance*，Vol. 11，No. 1，2005，pp. 9 – 15.

全、粮食安全、公共卫生安全等全球性问题。仔细观察，北极治理范式也正是在这种体系约束下，产生了对于多主体和多路径的多边合作需求，逐步从单一的区域治理向区域治理与多边治理同步进行的转移。而由于近年来气候变化带来的影响超越了国家和主权范畴，而相关的问题边疆也从主权、资源等传统领域延伸至生态、社会，其挑战也不仅仅局限于单一领域或区域范围，共生治理的观念也随之出现。

其次，需要关注中观层面的权力结构。权力作为一种广泛存在的社会现象，是国际政治学的核心概念。但是，在不同的环境结构中，权力所表现的形式也有所不同，这种差异在一定程度上也作为客观的物质变量，促进和影响了治理范式的转移演变。权力按照不同的形式，可以分为权力目标论、权力资源论和权力影响论三类。按照权力目标论的观点，权力是国家所追求的目标以及手段，两者相辅相成。这种看法主要流行于古典现实主义流派，他们认为人性的本质就是无止境地追求权力的无限扩大，就是欲望的终极目标。有学者提出，"国家想要在国际体系中生存，必须选择为权利而相互竞争，成为凶残的角斗场中的一员"。① 在这种形式下，国家不需要借助权力去换取相应的经济资源，而仅仅寻求欲望的满足。按照权利资源论的标准，一国的权力是可以进行精确量化的，例如通过对比国家间的军事、经济等实力，通过较为严谨的度量方法来判断和预测国家间合作亦或对抗的场景。但问题在于，由于偶发因素的影响，"能力"与"权力资源"无法决定多单元的互动方式与结果。因此，这种对比仅可以缩小或控制冲突与互动的范围，而无法准确的判定成效。这种将"权力"概念狭义化的做法，过度强调权力作为决定性物质变量的作用，可能产生过度简化国家间互动原理的误

---

① ［美］约翰·米尔斯海默著，王义桅、唐小松译：《大国政治的悲剧》，上海人民出版社，2003年版，第2页。

区。而按照权力影响论的观点，把权力看作是为了实现其他利益而拥有的"影响力"比权力目标论或权力资源论似乎更为合适，因为前者的界定过于抽象且无法进行物质层面的论证，而后者却过于强调可测性，忽视了观念作用。从这个角度来看，权力影响论选取了两者的中间点，认为这种影响力一方面可以借助物质性或有型的表现形式出现，也可以作为无形的能力，推动价值观的拓展等。这种权力取向的缺点在于，"影响力"（Influences）的概念比较容易和权力运行的"成效"（Outcomes）产生混淆，得出"胜利者即影响力大者，即权力大者"的"逻辑重言式"（Tautology），也就是无论事实真假而总是为真的论述谬误。可见，权力结构的差异及其不同的表现形式，影响着国家在选择互动方式时的出发点和判定标准，也间接影响着治理范式的阶段性递进。

除了体系取向和权力构成之外，技术革新也是影响治理范式的重要物质变量。詹姆斯·罗西瑙（James Rosenau）曾提出，"在新科技与全球相互依赖不断加深的情况下，治理所包含的对象主要是单一国家无法独自解决的跨国公共问题，这些问题的类型相当多元，但大多牵涉环境、政治、经济等领域。"[1] 全球化的深入发展在客观上推动了北极问题的演变。这里的全球化并不单单指经济层面的相互依赖，也包括技术跨境流动。[2] 这种变化一方面加剧了当今世界相互依存体系的构建，另一方面也逐步淡化了国家和民族间的疆界。例如，由于北极具有特殊的冰区环境，在有冰覆盖的海域上进行勘探钻井非常困难，浮动钻井平台也很容易受到冰山撞击，相关油气资源的开采必须首先经过地质勘探和评估，并依赖于先进的冰下和离岸油气开采技术。因此，在相关科学技术较为落后的北极

---

① Rosenau James, Turbulence in World Politics, New Jersey: Princeton University Press, 1990, pp. 12 – 16.

② Mohan Joshi, *International Business*, Oxford University Press, New Delhi and New York, 2009, pp. 54 – 58.

治理初期阶段，利益争夺的焦点并非油气资源，而是符合技术适用范围的煤炭开采，《斯约》作为治理的首要成果也着重规范了煤炭开发的相关规范。同样，随着破冰技术的不断进步，世界各国对于冰区航行的技术水平也随之提高，伴随客观的气候变化影响，航道问题则成为当前北极多边治理中的重要环节。

小　结

本章对于治理范式的"阶段式递进"机理进行了论述，提出了治理范式发展存在一定的阶段性，并对范式间的内在联系和范式假设的误区做出了论述。由于传统意义上的北极问题以初级的区域治理范式为指导，存在着一定的制度缺陷和滞后性，无法适应北极从低等级战略区域升级具有全球属性的非传统区域的治理需求。随着治理主体对于核心观念的内化程度提高，以及北极客观物质变量的发展，逐步向中级的区域与多边治理共存递进。这种递进的趋势是朝着高级阶段的共生治理发展的，也就是区域治理、多边治理和共生治理并存的治理范式。在这当中，本章尝试性地论述阶段性递进结构形成的意义和单元关系，并提出推动由这种递进发生的必要条件，从而最终论证北极治理的三阶段递进范式的假设。

北极的治理范式是一种进行时的构建与转移过程，随着治理主体的观念内化程度的提高，以及客观上"物质"变量的改变，该范式会自主地转向更高阶段的理念、方式及手段，是一种阶段性递进的结构。但是，这种递进并非单向线性发展，而是随着治理主体的主观意识和行为，以及客观环境的变化而波动甚至倒退发展。对于治理范式和其递进机理的研究，可以为判断北极问题的未来走势，北极治理的选项可能，以及各类主体参与北极事务的合理有效路径提供思考。北极治理范式进行阶段式递进的动力来源于主观和客观两个层面的因素。从主观来看，北极治理的主体仍然是由国家行为体为主导的，其主观意识和主体行为不但决定了治理的成效，也在客观上搭建了治理的范式结构。因此，对于身份观念、同化观念和自律观念的内化程度越高，其判定国家和集体利益的标准就更趋于一致，由此形成的主观行为提高集体身份的认同，增强认知结构的同化，并减少对"他者"的担忧，从而促进共生关系的产生。这种观念引导的行为促使治理范式从较低水平的认同、共识和规范过渡至较高水平。同样，客观"物质"变量中更为开放的体系取向，权力影响论的兴起以及技术革新带来的新机遇，都是形成有效治理的必要条件，也是促进治理范式向更高级别递进的关键所在。

结　语

The Arctic Governance Paradigm

　　北极，这片遥远的冰封区域曾是探险家们的乐园，是政治集团间军事对抗的高纬阵地，也是科学家们探索地球和人类奥秘的重要舞台。现在它正被冠以"航运新走廊"、"资源新大陆"等一系列头衔，成为区域和多边治理的新场所。正如治理理论的重要代表人物詹姆斯·罗西瑙所说："治理不是一整套规则，也不是一种活动，而是一个过程。"在"北极争夺战"成为国际政治焦点的同时，总结这一互动过程中的理念、基础和路径，归纳互动中的范式机理，更有益于判断北极问题演变的趋势，有益于各方发挥相应的作用并承担合适的义务，从而更好地适应北极给人类带来的新机遇和新挑战。

　　在历史发展的不同阶段，北极问题的本质随着外部环境变化而不断更新，呈现出一种从无序到有序的转变。从各国间探险与航道探索的无序竞争，到力量间矛盾聚焦的集团对抗，再到主体间博弈妥协的国际合作。从竞争到矛盾，从矛盾再转向合作，北极问题发展态势与客观的自然环境、人类的科技发展水平和相关国家的战略调整有着紧密的联系。值得庆幸的是，北极最终没有成为冷战期间军事对抗的"牺牲品"，而是随着局势的缓和与国际体系的转型，有可能逐步发展成为一个合作的新平台。在这种趋势当中，参与北极事务的主体更加多元化，问题本身带来的影响已不局限于具体领域，朝着更为广阔的范围和边疆发展，而各主体间的合作形式则具有更大的选择空间。国际社会正积极探索建构以化解矛盾、应对挑战和发掘机遇为目的的北极治理范式。

北极治理范式存在一定的阶段性，而目前北极问题的治理正从较为初级的区域治理向中级阶段的多边治理逐步递进。在以区域治理为特征的初级范式中，具有区域身份特征的北冰洋沿岸国和北极圈内国家强调区域内的多元整合、良性互动和价值认同。无论是以北极理事会为代表的"罗瓦涅米进程"，还是以北冰洋沿岸五国模式为代表的"伊卢利萨特进程"都建立在区域身份认同和外部排他性这一合作基础上，成为北极治理初级阶段的制度尝试。在此期间，北极国家谋求建立以客观共性与主观建构、现实联系和潜在纽带、外部挑战与合作性博弈为区域认同的指标，通过制度设计来推动身份认同和利益排他，构建对外排他性和内部协商性共存的"自主治理"模式。问题在于，随着北极问题影响范围的扩大化，内部权力无序扩张和对于外部资源的需求暴露了北极区域治理范式在跨区域性和集体原则上的缺陷，这一治理困境在北极渔业问题上得到了体现。

如果说北极区域治理范式强调权力和利益的区域一体化，那么多边治理范式则把权利的属性进行了细分。越来越多元化的治理主体和更多的制度选择构成了"三级主体"和"选择性妥协"为特征的新治理架构。《斯瓦尔巴德条约》所体现的权利分离理论重新界定了主权和主权权利，成为北极多边治理的重要启示。各国在尊重挪威斯瓦尔巴德群岛主权的同时，享受了在该岛上的平等和非歧视性的主权权利，而挪威以让渡部分独享主权权利作为成本，获得了在该岛上的主权认同，体现了多元行为体在互动中的选择性妥协需求，也成为了多边治理有效性的重要依据。此外，北极理事会也迈入了重要的转型进程，更为多元的主体范围和更为多样的议题设置成为讨论核心。北极航道的开发与利用逐步消除了沿岸国、运输国和消费国间的地缘身份疆界，沿岸国曾经的限制性条款也因主观意识、现实需求和体系变迁的原因，进入了较为明显的选择性妥协进程。行为体通过国际海事组织等多边机制选择性接受，例如《极地规则》等强制性制度约束，寻求区域间和主体间的集体行动与共同发展，此类谋求互利共赢的合作方式成为多边治理的重要实践。但值得注意的是，这种范式递进的趋势尚存在一定的不确定因素，在某些领域和议题上，"区域身份论"等排他性要素依然存在。北极理事会出台严格限定以非北极国家为主的观察员国作用和影响的"努克标准"①，正是这一特点的重要体现，也印证了当前北极多边治理中的狭义多边性。

随着北极多边合作的逐步深入，各主体在观念、价值以及客观需求上逐步形成了较多的共识性基础，正在为北极共生单元形成提供必要条件，从一个层面创造了实现北极治理的高级范式——共生治理的可能性。在实践中，一方面北极各主体间不但在地域上存在边界关系，在领域上也出现了相互依存关系，甚至在价值和理念上形成了较为抽象的共享关系，形成了主体间的共生格局。另一方面，由于北极气候变化和环境问题影响的跨国家属性，越来越多的共同挑战和共同责任也构成了多样的共生单元。如果这些共生单元间可以逐步形成以"导向介入"为特征的合理分工，以及以"互补性竞争"为特征的互利合作模式，就可以逐步实现各主体间的共同进化，最终形成北极共生治理态势。当然，由于北极治理尚未达到真正的多边治理这一中级范式，共生治理在目前仅能作为治理范式递进的一种趋势性假设，主要体现于环境保护、气候治理等公共属性较强的领域和议题，很难借助于一套完整的案例研究来进行

① 指北极理事会《努克宣言》中关于采用北极高官会议《报告附件》对观察员地位的权力和义务的一系列约束标准。

验证。

　　从结构上来看，治理范式演变的条件和机理是判断北极治理发展趋势的核心。在进行北极治理范式梳理与假设过程中，作者发现范式间的演变实际上是一种"进行时"的构建与转移过程。随着北极治理主体对于集体身份、价值同化和自律意识这类观念的内化程度提高，以及客观上体系取向、权力构成和技术革新这一系列"物质"变量的影响，治理范式会自主地转向更高阶段的理念、方式及手段，存在一种"阶段性递进"的机理。角色身份是治理主体在产生行为前的利益判断标准之一，这种利益判定直接影响其行为方式，从而影响集体身份的形成并最终影响治理结构的演变。也就是说，如果治理主体对于角色身份的内化程度较高，就更容易通过互动产生集体身份，构建一致的观念结构，并通过这种观念结构来推动范式的递进。在这一过程中，由于对价值取向、目标判定、挑战评估等诸多方面认知结构的同化，单一治理主体因与其他行为体互动，客观上对自身的思维模式、行为习惯、价值取向的习惯产生了影响，从而可以逐步建立其自律意识的内化，信任"他者"可以通过自律的方式克制其利益侵犯意图，亦可通过自律来减少自身的诉求扩张性。从体系结构来看，北极治理范式正是在全球化深入发展和北极问题的影响与危机泛化的背景下，产生了对于多主体和多路径的多边合作需求，逐步从单一的区域治理向区域治理与多边治理同步进行的转移。相关的问题边疆也从主权、资源等传统领域延伸至生态、社会，其挑战不仅仅局限于单一领域或区域范围，共生治理的观念随之出现。

　　但是，这种范式间的递进并非单向线性发展，而是主要取决于主观意识和主体行为这些核心观念的内化程度，以及体系取向和权力结构为核心的"物质"客观变量，这些因素的改变可以带来范式递进中的波动效应甚至逆向发展。也就是说，北极问题及其治理范式的发展趋势存在多种可能性，既有可能转向更高级别的共生治理阶段，也有可能倒退至初级阶段的区域治理。在抽象的观念层面和具体的物质层面，治理主体似乎成为了一种平衡性力量。主体在抽象层面的观念可以导入其行为方式，从而构建物质层面的体系和模式。这种具体的互动结构又规范出抽象的主体意识，两者间的关系由主体进行杠杆调节。也就是说，治理主体对于核心观念的内化程度，衍生出不同的主观意识和主体行为，与体系取向和权力结构等客观"物质"变量一道，决定了"阶段式递进"进程的最终方向。

当然，北极治理范式的研究是一个涉及面很广的领域，其中不但包含政治、经济、文化、社会等多个方面，甚至也跨域了自然科学与人文社会科学这条学科分界线。对北极治理范式及其递进规律做出系统性的总结，很难准确地把握北极国家的心态。本书的出发点以治理理论为主，势必更多地考虑共性因素，而有可能忽视个性的利益诉求。北极问题与南极问题有着根本性的区别，后者已经有了较为明确的主权归属，而前者还存在不少争议领域，这就无法避免各国在权利细分方面存在的认识差别。

由于北极问题的特殊性，很难寻找到相同区域的治理范式加以对比，而北极与其他非传统区域也存在着较大的实质性差异，无法简单地与深海及海床、外空或网络空间之类的"全球公域"（Global Commons）进行横向比较。因此，对于治理范式的归纳总结暂时只能基于北极个体问题之上。

近年来，各国学界似乎掀起了北极社会科学研究的"热潮"。在作者看来，与单纯的资源开发、航道利用和权益拓展为导向的研究相比，对于治理理念、路径、范式和其递进机理的分析，可以为判断北极问题的发展趋势创造条件，为应对相关的挑战和机遇发掘更多的选项，也为国家与非国家行为体、北极与非北极国家等各类主体参与北极事务的有效路径提供选择性思考。相较于在权力扩张和资源争夺上大做文章而言，如何从主观上促进自身和其他主体的观念内化程度，如何主动建构适合范式递进的体系取向与权力结构等客观"物质"环境，从而使治理范式进入良性的"阶段性递进"，才是所有治理参与方需要重点考虑的核心问题。总之，只有站在人类共生的高度和角度看待北极问题，或许才能发现其本质所在，并以研究推进人类社会的共同利益。

附录一
《关于斯匹次卑尔根群岛行政状态条约》
The Arctic Governance Paradigm

美利坚合众国总统，大不列颠、北爱尔兰及海外领地国王兼印度皇帝陛下，丹麦国王陛下、法兰西共和国总统，意大利国王陛下，日本天皇陛下，挪威国王陛下，荷兰女王陛下，瑞典国王陛下：

希望在承认挪威对斯匹次卑尔根群岛，包括熊岛拥有主权的同时，在该地区建立一种公平制度，以保证对该地区的开发与和平利用。

指派下列代表为各自的全权代表，以便缔结一项条约；其互阅全权证书，发现均属妥善，兹协议如下：

第一条

缔约国保证根据本条约的规定，承认挪威对斯匹次卑尔根群岛和熊岛拥有充分和完全的主权，其中包括位于东经10度至35度之间、北纬74度至81度之间的所有岛屿，特别是斯匹次卑尔根群岛、东北地岛、巴伦支岛、埃季岛、希望岛和查理王岛，以及所有附属的大小岛屿和暗礁。

第二条

缔约国的船舶和国民应平等地享有在第一条所指的地区及其领水内捕鱼和狩猎的权利。

挪威应自由维护、采取或颁布适当的措施，以便保护并于必要时重新恢复该地区及其领水内的动植物，并应明确此种措施均应平等地适用于各缔约国国民，不应直接或间接地使任何一国的国民享有任何豁免、特权和优惠。

土地占有者，如果其权利根据本条约第六条和第七条的规定已得到承认，将在其下列所有地上享有狩猎专有权：（一）依照当地警察条例的规定，为发展其产业而建造的住所、房屋、店铺、工厂及设施所在的邻近地区；（二）经营或工作场所总部所在地周围10公里范围地区；在上述两种情况下均须遵守挪威政府根据本条款的规定而制定的法规。

第三条

缔约国国民，无论出于什么原因或目的，均应享受平等自由进出第一条所指的区域的水域、峡湾和港口的权利；在遵守当地法律和规章的情况下，他们可毫无阻碍、完全平等地在此类水域、峡湾和港口从事一切海洋、工业、矿业和商业活动。

缔约国国民应在相同平等的条件下允许在路上和领水内开展和从事一切海洋、工业、矿业或商业活动，但不得以任何理由或处于任何计划而建立垄断。

尽管挪威可能实施任何有关沿海贸易的法规，驶往或驶离第一条所指的区域的缔约国船舶，在去程或返程中均有权停靠挪威港口，以便前往或离开该区域的旅客或货物，亦或办理其他事宜。

缔约国的国民、船舶和货物在各方面，特别是在出口、进口和过境运输方面，均不得承担或受到在挪威享有最惠国待遇的国民、船舶或货物不负担的任何费用，以及不附加的任何限制。为此目的，挪威国民、船舶或货物与其他缔约国的国民、船舶或货物应享受同样待遇，不得在任何方面享有更优惠的待遇。

对出口到任何缔约国领土的任何货物，所征收的费用或附加的限制条件不得不同于或超过对出口到任何其他缔约国（包括挪威）领土，或者任何其他目的地的相同货物所征收的费用或附件的限制条件。

第四条

在第一条所指的区域内，由挪威政府建立或将要建立，亦或得到其允许建立的一切公共无线电报台应根据 1912 年 7 月 5 日《无线电报公约》或此后为代替该公约而可能缔结的国际公约的规定，永远在完全平等的基础上对悬挂各国国旗的船舶和各缔约国国民的通讯开放使用。

在不违背战争状态所产生的国际义务的情况下，地产所有者应永远享有为私人目的设立和使用无线电设备的权利，此类设备以及固定或流动无线台，包括船舶和飞机上搭载的无线台，应自由地就私人事务进行联系。

第五条

缔约国认识到，在本条约第一条所指定的区域内，设立国际气象站的益处，其组织方式应由此后缔结的一项公约规定之。

还应缔结公约，规定在第一条所指的区域可以开展科学调查活动的条件。

第六条

在不违反本条规定的情况下，缔约国国民已获取的权利应得到承认。

在本条约签署前因取得或占有土地而产生的权利主张，应依照与本条约具有同等法律效力的附件予以处理。

第七条

在本条约第一条所指区域的财产所有权，包括矿产权的活动、享有和开发方式，挪威保证赋予缔约国所有国民完全平等并符合本条约规定的待遇。

此种权利不得被剥夺，除非出于公益理由并支付相应的赔偿金。

第八条

挪威承诺为本条约第一条所指定的区域制定采矿条例。采矿条例不得给予包括挪威在内的任何缔约国或其国民特权、垄断或优惠，特别是在进口环境，各种税收或费用以及普通或特殊劳工的雇佣方面，并应保证各种雇佣工人得到相应的劳动报酬，以及其身心方面所必须的保护。

所征收的赋税应仅用于本条约第一条所指的区域且不得超过目的所需的数额。

关于矿产品的出口，挪威政府应有权征收出口税。出口矿产品总量如低于 10 万吨，所征税率不得超过其最大价值的 1%；如总量超过 10 万吨，所征税率应按照相应比例递减。创产品的价值应在通航期结束时，经过计算所得到的平均船上交货价予以确定。

在采矿条例草案所确定的生效日 3 个月前，挪威政府应将该草案转交其他缔约国。在此期间，如果一个或多个缔约国建议在采矿条例实施前修改该条例，此类建议应由挪威政府转交其他缔约国，以便提交给由缔约国各派出一名代表所组成的委员会进行审查，并作出最终决定。该委员会应受挪威政府邀请召开会议，并应在其首次会议召开后三个月内做出决议。委员会的决议应按照多数原则做出。

第九条

在不损害挪威加入国际联盟所产生的权利和义务的前提下，挪威承诺在本条约第一条所指定的区域内不建立，也不允许其他国家建立任何海军基地，并承诺不在该地区建立任何防御工事。该地区决不能用于军事目的。

第十条

在缔约国承认俄罗斯政府并允许其加入本条约之前，俄罗斯国民和企业应享有与缔约国国民相同的权利。

俄罗斯国民和企业可能提出的在本条约第一条所指定的区域内的权利请求，应根据本条约第六条和附件的规定，通过丹麦政府提出。丹麦政府将宣布愿意为此提供斡旋。

本条约一经批准，其法文和英文文本均为作准文本。

批准书应尽快在巴黎交存。

政府所在地在欧洲之外的国家可采取行动，通过其驻巴黎的外交代表，将其批准条约的情况统治法兰西共和国政府。在此情况下，此类国家应尽快递交批准书。

本条约第八条的相关规定，自所有签署国批准之日起生效，其他条款将与第八条规定的采矿条例同日生效。

法兰西共和国政府将在本条约得到批准之后，邀请其他国家加入本条约。此种加入应通过致函统治法国政府的方式完成，法国政府将保证统治其他缔约国。

上述全权代表签署本条约，以昭信守。

1920 年 2 月 9 日订于巴黎，一式两份，一份转交挪威国王陛下及政府，另一份交存于法兰西共和国档案库。经核实无误的副本将转交其他缔约国。

附件

一

（一）自本条约生效之日起 3 个月内，已在本条约签署前向任何政府提出的领土权属主张之统治，均应由该主张者之政府向承担审查此类主张职责的专员提出。专员应是符合条件的丹麦籍法官或法学家，并由丹麦政府予以任命。

（二）此项通知须说明所主张之土地的界限并附有一幅明确标明所主张之土地且比例不小于 1∶1000000 的地图。

（三）提出此项统治应按照每主张 1 英亩（合 40 公亩）土地缴纳 1 便士的比例进行缴款，作为该项土地主张的审查费用。

（四）专员认为必要时，有权要求主张人提交进一步的文件和资料。

（五）专员将对上述通知的主张进行审查。为此，专员有权得到必要的专家协助，并可在需要时进行现场调查。

（六）专员的报酬应由丹麦政府和其他有关国家政府协议确定。专员认为有必要雇佣助手时，应确定助手的报酬。

（七）在对主张进行审查后，专员应提出报告，准确说明其认为应该立即予以承认之主张，以及由于存在争议或其他原因而应提交上述规定的仲裁予以解决的主张。专员应将报告副本送交有关国家政府。

（八）如果上述第三项规定的缴存款项不足以支付对主张的审查费用，专员若认为该项主张应被承认，则其可立即说明要求主张者支持的差额数。此差额数应根据主张者被承认的土地面积加以确定。

如果本款第三项固定的缴存款项超过审查一项主张所需的费用，则其余款应转归下述仲裁之用。

（九）在依据本款第七项提出的报告之日起 3 个月内，挪威政府应根据本条约第一条所指定的区域上已生效，或即将实施的法律法规及本条约第八条所提及的矿产条例的规定，采取必要措施，授予其主张被专员认可的主张者一份有效的地契，以确保其对所主张土地的所有权。

但是，在依据本款第八项要求支付差额款前，只可授予临时地契。一旦在挪威政府确定的合理期限内支付了该差额款，则临时地契即转为正式地契。

二

主张因任何原因而未被上列第一款第一项所述的专员确认为有效的，则应依照以下规定予以解决：

（一）在上列第一款第七项所述报告提出之日起 3 个月内，主张被否定者的政府应制定一名仲裁员。

专员应成为为此而建立的仲裁庭庭长。在仲裁员观点相左且无一方胜出时，专员有最终决定权。专员应指定一名书记员负责接收本款第二项所述文件及为仲裁庭会议作出必要安排。

（二）在第一项所指书记员被任命后 1 个月内，有关主张人将通过其政府向书记员递交准确载明其主张的声明，以及其认为能支持其主张的文件和论据。

（三）在第一项所指书记员被任命后的 2 个月内，仲裁庭应在哥本哈根开庭审理所受理的主张。

（四）仲裁庭的工作语言为英文。有关各方可以使用其本国语言提交文件或论据，但应附有英文译文。

（五）主张人若出于自愿，应有权亲自或由其律师代表出庭。仲裁庭认为必要时，应有权要求主张人提供其认为必要的补充解释、文件或证据。

（六）仲裁庭在开庭审理案件之前，应要求当事方缴纳一笔其认为必要的保证金，以支付各方承担的仲裁庭审案费用。仲裁庭应主要依据涉案主张土地的面积确定审案费用。若出现特殊开支，仲裁庭亦有权要求当事方增加缴费。

（七）仲裁员的酬金应按月计算，并由相关政府确定。书记员和仲裁庭其他雇员的薪金应由仲裁庭庭长确定。

（八）根据本附件的规定，仲裁庭应全权确定其工作程序。

（九）在审理主张时，仲裁庭应考虑：

a）任何可适用的国际法规则；

b）公正与平等的普遍原则；

c）下列情形：

（i）被主张之土地为主张人或其拥有所有权的初始主张人最先占有的日期；

（ii）主张人或拥有所有权的初始主张人对被主张之土地进行开发和利用的程度。在这方面，仲裁庭应考虑由于1914—1919年战争所造成的条件限制，而妨碍主张人对土地实施开发和利用活动的程度。

（十）仲裁庭的所有开支应由主张者分担，其分担份额由仲裁庭决定。如果依据本款第六项所支付的费用大于仲裁庭的实际开支，余款应按仲裁庭认为适当的比例退还其主张被认可的当事方。

（十一）仲裁庭的裁决应由仲裁庭通知有关国家政府，且每一个案件的裁决均应通知挪威政府。

挪威政府在收到裁决通知后3个月内，根据本条约第一条所指定的区域上已生效，或即将实施的法律法规，以及本条约第八条所述采矿条例的规定，采取必要措施，授予其主张被仲裁庭裁决认可的主张人一份相关土地的有效地契。但是，只有主张人在挪威政府确定的合理期限内支付了其应分担的仲裁庭审案开支后，其被授予的地契方可转为正式地契。

三

没有依据第一款第一项规定通知专员的主张，或不被专员认可且亦未依据第二款规定提请仲裁庭裁决的主张，即为完全无效。

延长斯匹次卑尔根群岛条约签署时间的议定书。

暂时不在巴黎而未能于今天签署斯匹次卑尔根群岛条约的全权代表，在 1920 年 4 月 8 日前，均应允许签署之。

1920 年 2 月 9 日订于巴黎

《伊卢丽萨特宣言》

The Arctic Governance Paradigm

应丹麦外交部长和格陵兰地区长官邀请，环北冰洋五国：加拿大、丹麦、挪威、俄罗斯和美国于2008年5月28日，在格陵兰的伊卢利萨特举行政治磋商，并通过以下宣言：

北冰洋正处于巨大变化的起点。气候变化和融冰对脆弱的生态系统、原住民的生活、当地社区和自然资源的开发存在潜在影响。

由于上述五国对北冰洋的大部分海域拥有主权、主权权力和司法管辖权，在处理相关挑战或问题上拥有得天独厚的优势。就这一问题，我们回想起2007年10月15—16日奥斯陆高官会议上所讨论的，适用于北冰洋并具有广泛适用性的法律框架。海洋法明确了这些重要的权利和义务，包括大陆架外部界限的划界、海洋环境保护（包括冰封地区）、自由通行原则、海洋科学研究和海洋开发利用。我们将继续完善这一法律框架，并逐步解决相关国家的主张重叠问题。

这一法律框架为北冰洋沿岸五国和其他攸关方执行和运用相关规定，进行有效的管理提供了坚实的基础性文件。因此，我们认为没有必要制定一套新的综合性北冰洋国际法律制度。我们将继续共同开发北冰洋，并采取相应的保护措施。

北冰洋是一个独特的生态系统，五国有义务保护北冰洋。以往的经验告诉我们，航行事故及其引发的海洋污染将引起生态平衡不可逆转的紊乱，并对原住民的生活和当地社区造成重大损害。我们将根据国际法采取相应的国内行动，通过与其他攸关方合作来保护脆弱的北冰洋海洋环境。为此，我们将协同工作，包括通过国际海事组织加强现有的治理措施，推出新的相关措施来提高航运安全，预防或减少北冰洋的船基污染。

北冰洋旅游、航运、科研、资源开发活动的增加同时增加了事故发生的风险，需要进一步加强北冰洋搜救能力建设，确保各国在紧急情况下能够做出适当的反应。合作（包括信息共享）是应对这一挑战的先决条件。我们将通过双边或多变的合作来增强北冰洋作业人员的安全。

北冰洋沿岸五国间，及其他攸关方在北冰洋领域正展开密切的合作，这些合作包括大陆架相关科学数据的采集、海洋环境保护和其他科学考察。我们将继续加强这一合作，它是建立在互信、透明以及数据成果及时互换的基础之上的。

北极理事会和其他国际论坛（巴伦支欧洲—北极理事会）已经在相关具体问题上采取了重要措施，例如，关于航运安全、搜救、环境监测、灾难应急机制的合作，这些都与北冰洋息息相关。北冰洋沿岸五国将继续积极推动北极理事会和其他相关国际论坛的工作。

伊卢利萨特，2008 年 5 月 28 日

（1990 年 9 月 14 日）

（苏联海运部批准）

1990 年 6 月 1 日，根据苏联相关法律条例和国际法法规，苏联部长会议通过第 565 号决议制订本规则。

一、定义

下列表述和术语定义如下：

1.1. 规则：北方航道航行规则官方文本在航海通告中颁布。

1.2. 北方航道：位于苏联内海、领海（领水）或者毗连苏联北方沿海专属经济区内的国家交通干线，它包括适宜船舶破冰航行的航段，西端的起点是新地岛诸海峡（Novaya Zemlya Straits）的西部入口和沿子午线向北航行绕过新地岛北端热拉尼亚角（Mys Zhela-niya）（或称和北部热拉尼亚角向北的经线），东到白令海峡北纬 66 度与西经 168 度 58 分 37 处。

1.3. 管理局：1971 年 9 月 16 日，苏联部长会议出台第 683 号决议，建立苏联海运部北方航道管理局（下称"管理局"）。地址：莫斯科圣诞节大街 1/4，邮编：103759。

1.4. 船舶：船舶是指任何船只和其他航行器，不论其国籍。

1.5. 必要条件：管理局颁布的本规则附件中规定的技术操作标准和规格，包括《北方航道航行指南》和《北方航道航行船舶设计、装备和供给的必要条件》。

1.6. 管理局代表：管理局局长、副局长、首席国家代表和国家检查员，以及海上作业指挥部的工作人员和其他管理局授权执行个别职能人员。

1.7. 海上作业指挥部：摩尔曼斯克船务公司和远东船务公司直接负责北方航道海上破冰作业的专门航行服务，管理局负责总协调。

二、管理原则、对象和目标

管理北方航道航行的目的是保障航行安全，防止、减少和监督船只对海洋环境的污染。因北极气候条件严酷，冰区航行危险性高，而污染海洋或苏联海岸地区可能严重破坏生态平衡或使其不可逆转，导致北极地区居民的利益和生存条件受损。因此，对经过该航道的所有国家船只实行非歧视性管理。

三、航行申请

3.1. 船东或船长应根据规定的形式和期限向管理局（海上作业指挥部）提交航行通知书和申请，以及支付破冰服务有关款项的保证。

3.2. 管理局（海上作业指挥部）审核申请，并通报申请人航行可能性和船东或船长必须考虑的其他情况。

四、对船只及其负责人的必要条件

北方航道航行的船只必须符合必要条件，船长及其替代者必须拥有在冰区航行的经验。

如缺乏冰区航行经验，管理局（海上作业指挥部）可根据船长的请求派遣一名国家领航员登船协助航行。

五、必须的责任保障

每艘船必须备有金融安全证书，以便船东承担因为污染苏联海洋环境和北方海岸引发的赔付责任。

六、检查

6.1. 在北方航道航行期间，如出现危及船只安全的极端海冰、航行、水文、气象等情况，或苏联海洋和北方海岸环境受到污染威胁，管理局可对船只进行检查。

6.2. 苏联海洋和北方海岸环境受到污染威胁的情况下，对船只的检查可由其他经授权机构执行。

6.3. 管理局代表按照相关规定，核验船只符合必要技术条件的证明和货运文件等，以及在特定情形下，登临检查船只和设备条件，技术性航行辅助手段和满足防止海洋污染有关要求的能力。

6.4. 船长有义务向管理局代表提供必要协助，确保检查工作圆满快速地完成。

七、航行程序

7.1. 北方航道船只航行应在航期内完成，航期的开始和结束期限由管理局和海上作业指挥部根据冰情、航行、水文、气象等条件制定。

7.2. 北方航道航行船只应遵循海上作业指挥部推荐的航线航行。

7.3. 北方航道航行船舶的船长必须执行海上作业指挥部根据冰

情变化和危及航行安全及生态威胁发出的改变航向的指令。

7.4. 在维利基茨基海峡、绍卡利斯基海峡、德米特里·拉普捷夫和海峡和桑尼科夫，航行条件和冰情复杂，为确保航行安全规定强制破冰领航。

在其他区域，为确保航行安全和提供最佳航行条件，海上作业指挥部根据情况规定以下类型领航服务，其中包括：

（1）沿建议航线航行至某地理点；

（2）飞机或直升机引航；

（3）引航员引航（Conventional Pilotage）；

（4）破冰船引航；

（5）破冰船领航和引航员引航并行；

（6）海上作业指挥部有权更换引航类型。

7.5. 船长必须保持与相关海上作业指挥部的无线电中心的联系。

八、航行保障

8.1. 海上作业指挥部组织和保障船只航行。

8.2. 北方航道船只航行的组织者：

从西部到东经125度，由迪克森港的西部海上作业指挥部负责；

从东部到东经125度，由位于佩韦克港的东部海上作业指挥部负责。

8.3. 海上作业指挥部（管理局）应向船只提供航行信息、领航和救援服务。

8.4. 在北方航道航行时，海上作业指挥部和管理局为船只提供服务收取的费用根据制定的价格收取。

九、暂停航行

因环境保护或航行安全的特殊因素，管理局（海上作业指挥部）可以暂停船只在北方航道的航行。

十、将船只驱逐出航道

如果在北方航道航行的船只违反本规则条款，尤其是第 3 条和第 4 条的规定，可以将其驱逐出航道。

由海上作业指挥部根据船只安全、乘客和货物及保护环境的考虑，将船只引离航线。

十一、责任

管理局（海上作业指挥部）不承担在冰区领航时船只发生损坏或船上财产损失的责任，除非能证明损坏原因非其之过。

十二、通报

在关于通报污染海洋环境现有要求补充条例中，北方航道航行船只的船长必须立即向管理局代表通报本船或发现其他船只排放污染物的情况。

附录四
《北方航道水域航行规则》
The Arctic Governance Paradigm

俄罗斯交通部 28120 号令

2013 年 1 月 17 日通过

M. 索科洛夫部长

一、通则

1. 根据《俄罗斯联邦商船航运法典》（1999 年 4 月 30 日第 81 - Φ3 号，下称《商航法》）第 51 条第 2 款、第 4 款，《俄罗斯联邦交通部条例》（俄罗斯政府 2004 年 7 月 30 日第 395 号令通过）第 5、2、53、12 款，制定北方航道水域航行规则（下称规则）并规定北方航道水域船舶航行组织办法、北方航道水域船舶破冰引导规则、北方航道水域船舶冰区引航规则、北方航道水域船舶专线引导规则、北方航道水域船舶航行水文导航和水文气象保障规定、北方航道水域船舶航行无线电通信实施规则、有关航海安全和保护海洋环境不受船舶污染的要求、其他有关北方航行水域航行组织方面的规定。

二、北方航道水域船舶航行组织办法

2. 根据《商航法》第 51 条第 3 款，北方航道水域船舶航行由联邦政府机构北方航道管理局（下称管理局）组织实施。

北方航道水域船舶航行实行许可证制。

3. 北方航道水域船舶航行许可证（下称许可证）由管理局签发，船东、船东代表或船长提出申请（下称申请），其中包括申请者全称和（如果有的话）国际海事组织船舶登记号（下称 IMO 编号）、负责人姓、名、父称（如果有的话），法人联系电话、传真、电子信箱或申请人姓、名、父称（如果有的话），个人联系电话、传真、电子信箱。申请中须确认，船东保证船舶在进入北方航道水域前符合本规则规定。

申请以俄语或英语写成，以电子文本电子格式提交。

4. 申请应附以下材料，以俄语和（或）英语写成，以电子文本电子格式提交：

（1）船舶和航线信息（根据本规则附件1）；

（2）船舶登记证明复印件；

（3）船舶吨位证书复印件；

（4）能证明持有俄罗斯联邦国际条约、俄罗斯联邦法律规定的船舶污染损害或其他损害民事责任保险或其他财务保证证书的材料复印件；

（5）一次性超越规定区域和规定时间航行的船舶须提交由获得授权的船级认证机构签发的核准一次性航行证明复印件；

（6）实施拖带作业，包括拖带移动式近海钻井装置的船舶须提交由获得授权的船级认证机构签发的核准实施拖带作业证明复印件。

5. 如果申请人是船东授权的个人，还须附以下材料，以俄语和（或）英语写成，以电子文本电子格式提交：

（1）申请人身份证明复印件；

（2）以自己名义或以船东名义签署申请者的权限证明复印件。

6. 申请连同根据本规则第 4 条、第 5 条附加的材料发往管理局官方网站（下称官方网站）联系方式中指定的电子信箱，不早于 120 个工作日和不晚于船舶进入北方航道水域预期日前 15 个工作日。

7. 管理局收到申请之日起受理，如果在休息日或节假日收到申请，则在该休息日或节假日之后第一个工作日受理。

8. 管理局受理申请后两个工作日内在官方网站发布申请收到信息（说明申请受理日期）。

9. 管理局在申请受理之日起十个工作日内审批该申请。

10. 如管理局同意签发北方航道水域船舶航行许可证，同意之后两个工作日内在官方网站发布许可证，其中包括以下信息：

（1）签发许可证船舶的名称；

（2）签发许可证船舶的船旗；

（3）签发许可证船舶的 IMO 编号；

（4）许可证有效期起始日（许可证有效期不超过 365 个工作日）；

（5）船舶在北方航道水域航行路线（工程作业区域）；

（6）重度、中度和轻度结冰条件下船舶需要破冰引导的信息，说明北方航道水域部位（喀拉海西南部、喀拉海东北部、东西伯利亚海西部、东西伯利亚海东部、拉普捷夫海西部、拉普捷夫海东部、楚科奇海等），以及本规则附件 2 中指明的船舶必须在破冰引导下航行的日期。

11. 不予签发许可证的根据是：

（1）申请和（或）材料中的信息虚假或错误；

（2）未根据本规则第 4 条、第 5 条提交或全部提交材料；

（3）船舶不符合俄罗斯联邦国际条约、俄罗斯联邦法律和本规则规定的有关航海安全和保护海洋环境不受船舶污染的要求，包括根据冰区加强级别（本规则附件2）不符合进入北方航道水域标准。

12. 如管理局决定不予签发许可证，通过电子信箱向申请人发送管理局局长（或者其代理者）签署的通知，其中说明拒签理由。

13. 管理局决定不予签发许可证后两个工作日内在官方网站发布相关信息。

14. 获得许可证的船舶不得在许可证生效前驶入北方航道水域，并要在许可证有效期到期前驶离北方航道水域。

如果船舶不能在许可证有效期到期前驶离北方航道水域，须尽快通知管理局并说明违反本条款第1段要求的原因，并根据管理局指示行动。

15. 船舶从西部驶近北方航道水域时，在接近东经33度（下称西界）前72小时；船舶从东部驶近北方航道水域时，在接近北纬62度和（或）西经169度（下称东界）前72小时；或者在驶离海港后（如果船舶离开海港后向西界或东界航行时间少于72小时），船长立即向管理局报告预计到达西界或东界时间，并发送下列信息：

（1）船舶名称；

（2）船舶IMO编号；

（3）船舶目的港/地；

（4）船舶最大实际吃水（米）；

（5）装载货物类别和数量（吨）；

（6）有无危险品，如有，危险品数量（吨）和类别；

（7）截至报告时的燃料储备（吨）；

（8）截至报告时的淡水储备，如有海水淡化装置，需计入该装置补充的淡水量（说明船舶无需补充淡水情况下续航天数）；

（9）截至报告时食品和其他各类船上用品储备（说明船舶无需补充食品和其他各类船上用品情况下续航天数）；

（10）船员和旅客人数；

（11）船舶机械和技术设备故障以及其他影响航海安全的情况。

驶近西界或东界前24小时再次向管理局报告预计到达相应界线时间。

船舶驶离北方航道水域内的俄罗斯联邦海港时，船长须在船舶驶离后马上向管理局报告船舶驶离海港时间，并根据本条目第1款至第11款发送相关信息。

船舶驶离俄罗斯联邦内河航道进入北方航道水域时，船长在进入北方航道水域后马上向管理局报告船舶从俄罗斯联邦内河航道进入北方航道水域的时间，并根据本条目第1款至第11款发送相关信息。

16. 船舶驶近西界或东界前船长向管理局报告预计到达北方航道水域时间、报告时的地理坐标、航线和航速。船舶驶离俄联邦北方航道港口时，立即向管理局通报离港时间，以及本规则14条规定的内容信息。

17. 船舶驶离俄罗斯联邦内河航道进入北方航道水域时，船长马上向管理局报告船舶从俄罗斯联邦内河航道进入北方航道水域的时间，以及本规则14条规定的内容信息。进入北方航道水域时，船长向管理局报告船舶实际进入北方航道水域时间，报告时的地理坐标、航线和航速。

18. 船舶在北方航道水域航行后驶离北方航道水域时，船长向管理局报告实际驶离北方航道水域时间，报告时的地理坐标、航线和航速。

19. 船舶在北方航道水域航行结束进入北方航道水域俄罗斯联邦海港时，船长在船舶进入海港后马上向管理局报告船舶进入海港时间及海港名称。

三、北方航道水域船舶破冰引导规则

20. 破冰引导由有权悬挂俄罗斯联邦国旗航行的破冰船实施。

21. 破冰引导包括：保障船舶在北方航道水域与破冰船甚高频波段通信区域内，根据破冰船建议安全航行；破冰船探测冰情；破冰船破冰打开通道；将船舶编组并尾随破冰船行驶；船舶在破冰船破冰开辟通道中被拖带航行、无拖带独自航行或编队航行。

22. 有关重度、中度、轻度结冰条件下北方航道水域航行船舶必须使用破冰引导的信息管理局在许可证中说明（本规则第10条第6款）。

23. 根据《商航法》第51条第5款，北方航道水域船舶破冰引导费用根据俄罗斯联邦自然垄断法规定，须考虑船舶吨位、船舶冰级、对该船实施引导的距离及通航日期等。

24. 船舶实施破冰引导的起始地点和时间由船东和提供北方航道水域破冰引导服务的机构（下称提供破冰引导服务机构）商定。

25. 船舶驶近尾随破冰船航行船舶编组（下称冰区船队）集结点（该集结点由提供破冰引导服务机构确定），或破冰船引导一艘船舶接近与破冰船会合点（该会合点由破冰船船长确定），船舶在高频第16频道与破冰船建立无线电通信联系并根据破冰船指示行动。

26. 冰区船队编组由提供破冰引导服务机构实施。

27. 冰区船队各船舶排列顺序由领导冰区船队的破冰船船长确定。

28. 编入冰区船队的船舶根据实施破冰引导破冰船的命令，转入破冰船指定的甚高频信道。

29. 冰区船队由对船舶实施破冰引导的破冰船船长领导。

30. 冰区船队尾随破冰引导航行时，船长必须保证：

驾驶船舶驶之位于破冰船船长规定的在冰区船队中的位置；

保持破冰船船长规定的船舶在冰区船队中的位置、航速和与前方船舶的距离；

执行破冰船船长有关破冰引导的命令；

立即向破冰船报告无法保持规定的船舶在冰区船队中的位置、航速和（或）与冰区船队其他船舶间的距离；

每小时和在船舶猛烈撞击冰块后检查舱底污水井水位；

立即向破冰船报告船舶受损情况。

四、北方航道水域船舶冰区引航规则

31. 为保障船舶航行安全、防止船舶事故以及保护北方航道水域海洋环境，实施船舶冰区引航。

32. 根据《商航法》第 51 条第 5 款，北方航道水域船舶冰区引航费用根据俄罗斯联邦自然垄断法确定，须考虑船舶吨位、船舶冰级、对该船实施引航的距离及通航期等。

33. 向在北方航道水域结冰条件下航行船舶的船长提供建议的船舶冰区引航作业人员要具备北方航道水域船舶冰区引航证书，担任船舶船长或在 3000 吨级海船上担任大副 3 年，在冰区条件下航行时间超过 6 个月，是北方航道水域提供冰区引航服务机构员工（下称冰区引航员）。

34. 冰区引航员根据其掌握的北方航道水域结冰条件下航行特点、水文导航水文气象和其他方面的知识，以及这些因素对船舶航行的影响和自己的实际经验，向船长提供评估航行环境和船舶驾驶方面的帮助。

35. 实施船舶冰区引航作业时冰区引航员向船长提供以下建议：

评估冰情和船舶在该条件下安全航行的可能性；

选择船舶最优航线和在冰区独自航行的相应方法；

选择航速和驾驶操作技术以规避船体、船舶螺旋桨舵系统与冰块碰撞；

保持安全航速、在冰区船队中与破冰船或前方航行船舶保持安全距离的方法；

执行引导船舶的破冰船所发指令的方法。

36. 冰区引航员为俄罗斯联邦公民，属北方航道水域提供冰区引航服务机构（下称提供冰区引航服务机构）员工，应具有管理局颁发的北方航道水域船舶冰区引航适任证书（下称适任证书）。

受颁适任证书人员应具备以下材料：

（1）通过根据联邦海运河运署统一大纲、由摩尔曼斯克海港负责人设立的资格委员会实施考试的证明；

（2）高等职业教育"船舶驾驶专业"证书；

（3）担任船长或在 3000 以上吨级海船上担任大副 3 年以上；

（4）在北方航道水域、巴伦支海水域结冰条件下航行时间 6 个月以上，或担任结冰条件下航行破冰船船长职务 6 个月以上，或担任结冰条件下航行破冰船大副 6 个月以上；

（5）医学委员会关于健康状况与修订后的《1978 年海员培训、发证和值班标准国际公约》（下称 STCW 公约）对船长、大副、值班高级船员颁证要求相符的结论；

（6）全球海上遇险与安全系统（下称 GMDSS）限制级操作员证书或 GMDSS 操作员证书；

（7）已接受联邦海运河运署制定的下列科目培训的证明：

北方航道水域船舶冰区引航训练；

雷达观测与标绘；

自动雷达标绘仪（ARPA）使用；

电子海图使用。

37. 冰区引航员应该了解：

（1）国际法和俄罗斯联邦法律关于实施冰区引航作业时保证航海安全、保护海上人命安全和防止污染环境的规定；

（2）对船舶航海部门的要求、完成船舶驾驶任务的方式方法；

（3）影响船舶在北方航道水域航行的气候、水文气象、水文和水文导航等因素，以及驾驶船舶时考虑上述因素的方式；

（4）桥楼设备和驾驶装置；

（5）在北方航道水域使用的导航、识别、信号、通信、航运监控等系统（格洛纳斯全球卫星导航系统、GPS 全球卫星导航定位系统、自动识别系统、GMDSS 等）的特性及使用方法；

（6）电子海图导航系统、北方航道水域指南和参考资料使用方法；

（7）北方航道水域现有航行警告发送系统、所发信息容量和期限；

（8）在船舶引航区域接收和使用导航和水文气象信息的方法；

（9）北方航道水域现有破冰船技术和操作特性、破冰引导下尾随船舶与破冰船配合方式；

（10）影响船舶可控性的因素；

（11）各种船舶推进和转向系统的特点、不足和局限；

（12）北方航道水域执勤待命的应急救援单位位置、特性和清除事故溢油手段；

（13）安全登、离船程序；

（14）掌握作业范围内必需的英语，掌握程度不次于 IMO 标准海事通信短语。

38. 冰区引航员应该能够：

（1）实施船舶冰区引航时运用自己的专业知识和经验（船舶在北方航道水域结冰条件下航行时，为保障船舶航行安全、防止海难事故和保护海洋环境向其提供建议）；

（2）在北方航道水域现场和航行环境下不分昼夜不论天气条件熟练定位；

（3）考虑影响船舶行驶和停泊的水文气象和水动力因素；

（4）使用船上和个人导航、信号和通信技术设备；

（5）就船舶在冰区船队中尾随航行或独自航行时与破冰船的配合向船长提供建议；

（6）实施冰区引航作业中与船长、冰区船队中的其他船舶和破冰船交流时使用俄语和（或）英语，遇有分歧和误解时使用IMO标准海事通信短语。

39. 实施冰区引航作业的冰区引航员必须具有下列技术保障装备：

（1）导航海图、根据航海通告修订的北方航道水域指南和参考手册；

（2）北方航道水域导航、水文气象和水文信息；

（3）适应北方航道水域气候条件的御寒工作服。

40. 冰区引航员实施船舶冰区引航作业时有权：

（1）使用船上无线电台和其他通信工具；

（2）使用船上一切导航设备和辅助工具；

（3）核对派遣单数据和船舶文件数据；

（4）从船长处得到有关船舶结构、性能特点和导航仪器、动力装置、操舵、推进、锚泊和其他保障船舶行进和机动设备装置现状的信息；

（5）从船长处得到有关船舶名称、船舶呼号、船舶特点的资料（长度、宽度、吃水、水面以上桅杆高度、航速、有无推进器等），关于吃水、装载、稳性和不沉性等资料；

（6）从船长处得到冰区引航作业必需的有关船舶机动特性、操纵性能等资料；

（7）从船长处得到船舶冰区引航作业必需的其他信息。

41. 开始冰区引航作业前冰区引航员必须：

（1）抵达船舶后向船长出示适任证书；

（2）和船长协调在北方航道水域的航线；

（3）和船长协调船舶在冰区船队里尾随或独自尾随破冰船的计划；

（4）和船长协调冰区引航过程中处理船舶驾驶方面的信息和命令的程序，以及监控此类命令执行情况；

（5）和船长协调冰区引航员休息时间。

42. 冰区引航员在俄罗斯联邦海港登船，在船舶前往北方航道水域前驶离的外国港口登船，或者在冰区引航员登船点登船。

43. 冰区引航员在俄罗斯联邦海港离船，或者在外国港口（系船舶离开北方航道水域后进入的第一个港口）离船，以及在冰区引航员离船点离船。

44. 如果根据随申请附上的船舶和航线信息（本规则附件1）船长在北方航道水域冰区航行不足三个月，船舶在北方航道水域航行时必须有冰区引航员在场。

如果提供冰区引航服务机构指定的冰区引航员登船点位于北方航道水域内，根据本条款必须配备冰区引航员的船舶，在船上没有冰区引航员时，只有在不接触冰块的前提下才能前往北方航道水域指定登船点。

45. 在到达冰区引航员登船点前24小时、12小时和3小时，船长向提供冰区引航服务机构报告抵达冰区引航员登船点的时间。

46. 登船的冰区引航员必须向船长出示适任证书和载明下列信息的派遣单：

（1）派遣单编号；

（2）冰区引航员姓、名、父称（如适用）；

（3）船舶名称；

（4）船旗；

（5）船舶 IMO 编号；

（6）船舶呼号；

（7）船舶类型；

（8）船舶主尺度：最长度、宽度（米）；

（9）船头、船尾吃水（米）；

（10）船舶最后停靠港口；

（11）目的港；

（12）货物种类和数量（吨）（如适用）；

（13）旅客数量（如适用）；

（14）船东名称；

（15）船舶代理名称；

（16）冰区引航员登船日期、时间；

（17）冰区引航员离船日期、时间；

（18）冰区引航路线起始点信息；

（19）船长意见（如适用）；

（20）船长姓、名、父称（如适用）；

（21）派遣单填写日期。

船长在派遣单上签名并加盖船舶印章。

派遣单上所有内容均应有英译。

47. 北方航道水域对船舶实施冰区引航作业的工作语言为俄语和（或）英语。

五、北方航道水域船舶专线引导规则

48. 北方航道水域按专线航行船舶驶入西界或东界后和在驶出北方航道水域前，船长须每天一次于莫斯科时间 12：00 向管理局发送截至报告时的下列信息：

（1）船舶名称及其 IMO 编号；

（2）船舶地理坐标（纬度、经度）；

（3）预计驶离北方航道水域时间或抵达北方航道水域海港时间；

（4）船舶航向（精确到度）；

（5）船舶航速（精确到节）；

（6）海冰种类、海冰厚度（米）和海冰密集度（成）；

（7）摄氏室外气温，精确到度；

（8）摄氏海水温度，精确到度；

（9）风向，精确到 10 度；

（10）风速，精确到米秒；

（11）海上能见度，精确到海里；

（12）在海水区航行时的浪高，精确到米；

（13）船上燃料量（吨）；

（14）船上淡水量（吨）；

（15）船员、旅客或者船舶意外情况（如果有的话）；

（16）导航设施故障、导航设施缺失等情况（如果有的话）；

（17）其他有关航海安全和保护海洋环境防止船舶污染的情况（如果有的话）。

49. 发现环境污染船长须立即报告管理局。

50. 驶往与破冰船会合点的船舶，须根据该船舶冰区加强级别实施冰区航行。如果遇到冰块船舶不能独自航行，船舶须报告提供破冰引导服务机构及在会合点等待该船舶的破冰船，并根据破冰船的建议行动。

51. 经许可在北方航道水域不用破冰引导航行的船舶，如果遇到冰块船舶不能独自航行，须立即报告管理局并根据管理局的指示行动。

六、北方航道水域船舶航行水文导航和水文气象保障规定

52. 北方航道水域船舶航行水文导航保障规定包括研究水下地形以及时维护电子导航海图、航行指南和参考手册，保障北方航道水域的导航设施完好，以及向航海人员通报导航标志变动。

53. 根据《商航法》第 5 条第 4 款，北方航道水域水文导航保障由联邦行政部门实施，其功能是提供公共服务、管理海运交通（联邦海运河运署）范围内的国有资产。

54. 根据《商航法》第 5 条第 3 款，北方航道水域船舶航行水文导航中有关协调设立导航设施和实施水文工程区域以及就提供船舶航行水文导航保障方面的北方航道水域信息服务等功能，均由管理局执行。

55. 北方航道水域导航设施的数量、类型和设置地点由联邦海运河运署下属的联邦国有单一制企业"水文企业"和管理局协调确定。

56. 北方航道水域导航设施的维护由"水文企业"执行。

57. 北方航道水域水文工程由"水文企业"实施，工程区域由"水文企业"和管理局协调确定。

58. 根据本规则第 47 条，船长在北方航道水域按专线航行时如发现导航海图或导航参考手册上说明的导航设施故障或缺失，向管理局报告该情况。

59. 管理局收到船舶根据本规则第 47 条发出的信息并查核后，向"水文企业"发送有关导航设施故障和缺失的简要信息。

60. "水文企业"核查导航设施故障或缺失信息后，通过 NAVAREA 系统和 NAVTEX 系统向航海人员通报导航设施故障或缺失情况，并向俄罗斯联邦国防部导航和海洋局发送导航标志变化的相

应信息。

61. 根据《商航法》第 5 条第 3 款，北方航道水域船舶航行水文气象保障中有关北方航道水域监测水文气象、冰情、导航标志的功能由管理局执行。

管理局根据从俄罗斯水文气象与环境监测局（下称俄水文气象局）下属机构和部门正式收到的信息，以及根据本规则第 42 条从各船舶得到的信息，每天在官方网站发布北方航道水域水文气象和冰情分析及 72 小时天气预报。

七、北方航道水域船舶航行无线电通信实施规则

62. 根据俄罗斯交通部、俄罗斯通信部、俄罗斯国家渔业委员会 2000 年 11 月 4 日第 137/190/291 号命令通过的俄罗斯联邦海上移动业务和卫星海上移动业务规则，船舶、破冰船及管理局之间的无线电通信使用 GMDSS 划分的 A1、A2、A3、A4 海区信号覆盖区域适用的无线电通信设备。

63. 冰区船队航行时破冰船和船舶在高频第 16 频道时刻保持无线电通信联系。

64. 与管理局通信联系有关信息发布在管理局官方网站。

65. 冰区船队航行时各船舶之间、船舶与破冰船之间的通信使用负责冰区船队航行的破冰船船长规定的甚高频频道。

66. 禁止在根据本规则第 64 条规定的甚高频频道进行无关冰区船队航行或保障航海安全的无线电通信。

67. 船舶在 GMDSS 划分的 A4 海区信号覆盖区域（INMARSAT 海事卫星覆盖区域以外，北纬 75 度以北）独自航行时，船长向管理局报告船舶预计从南向北和从北向南通过北纬 75 度时的地理坐标。

管理局向船长通报用作无线电通信中继站的船舶（下称中继

船）信息以及船舶通过中继船和管理局进行通信的方案。

68. 有关指定中继船的信息管理局发往国家海上救援协调中心和（或）相应的海上救援协调中心、海上救援分中心等。

八、对船舶航海安全和保护海洋环境不受船舶污染的要求

69. 船舶在北方航道水域航行时船上必须具备：

（1）本规则；

（2）根据 AVAREA 系统和 NAVTEX 系统的航海、导航警告修订的导航海图和北方航道水域全航线参考手册；

（3）附加应急装备，包括：

极夜条件下船舶航行时一盏功率不小于 2000 瓦的照明灯附全套备用灯管，用于安装在船头或船桥两翼之一；

船员每人一套御寒服装，另有三套备用；

满足船舶航行时所有船员需要数量的潜水服。

70. 船舶在北方航道水域航行时必须满足下列条件：

（1）考虑到船舶动力装置类型及北方航道水域航行时间，残油（污油）舱应有足够容积；

（2）考虑到北方航道水域航行时间，堆放船舶运行中产生废弃物的垃圾舱应有足够容积；

（3）在北方航道水域航行时船上燃料、淡水和食品等数量充足，在可能的最长续航时间内无需补充；

（4）11 月、12 月和 1—6 月期间，靠近外舷侧水线以上的压载舱/罐必须有加热装置。

71. 根据《商航法》第 80 条向船舶签发离开俄罗斯联邦海港后继续在北方航道水域航行许可证时，海港负责人要在官方网站上核实是否给船舶签发过许可证。

72. 船舶尾随破冰船独自和（或）冰区船队一起航行时，其船

用发电机组应能胜任船舶运动状态快速变化。

73. 船舶在北方航道水域海冰密集度三成以上条件下航行时，船长或大副必须位于驾驶舱。

74. 禁止向北方航道水域排放残油（污油）。

九、其他有关北方航道水域船舶航行规定

75. 管理局在其官方网站上发布以下信息：

（1）联系方式；

（2）本规则俄语版和英语版；

（3）管理局正在审核的申请信息；

（4）已签发许可证信息；

（5）拒签信息；

（6）提供北方航道水域破冰引导服务机构的信息，包括联系方式；

（7）提供冰区引航服务机构的信息，包括联系方式；

（8）北方航道水域船舶航行信息；

（9）北方航道水域 30 天和 90 天长期冰情预报；

（10）北方航道相关的水文气象和冰情分析；

（10）北方航道水域 72 小时水文气象和冰情分析和预报；

（11）北方航道水域推荐航行路线和通行时吃水信息；

（12）北方航道水域通信建议。

76. 北方航道水域船舶航行信息包含以下内容：

（1）北方航道水域内或驶近北方航道水域的船舶、破冰船名称；

（2）每艘船舶、破冰船通过西界或东界的预计时间和实际时间，通过时的地理坐标、航向和航速；

（3）报告日莫斯科时间 08：00 每艘船舶、破冰船的地理坐标、

航向和航速；

（4）船舶预计驶离北方航道水域时间或船舶预计驶抵北方航道水域海港时间。

参考文献

The Arctic Governance Paradigm

一、英文资料

（一）著作类

1. Bache Ian and Flinders Matthew, *Multi-Level Governance*, Oxford: Oxford University Press, 2004.

2. Berkman Paul, *Environmental Security in the Arctic Ocean: Promoting Co-operation and Preventing Conflict*, London and New York: Routledge, 2012.

3. Berton Pierre, *The Arctic Grail: The Quest for the Northwest Passage and the North Pole 1818 – 1909*, Toronto: McClelland & Stewart, 1998.

4. Brenner Michael, *Multilateralism and Western Strategy*, London: Palgrave Macmillan Publisher, 1994.

5. Burgess Michael, *Federalism and European Union: Political Ideas, Influences and Strategies in the European Community. 1972 – 1987*, London and New York: Routledge, 1989.

6. Byers Michael, *Who Owns the Arctic? Understanding Sovereignty Disputes in the North*, Vancouver: Douglas and McIntyre

Publishers, 2009.

7. Cantori Louis and Spiegel Steven, *the International Politics of Regions. A Comparative Approach*, Englewood Cliffs: Prentice-Hall, 1970.

8. Coates Ken and Lackenbauer, Whitney, *Arctic Front: Defending Canada in the Far North*, Toronto: Thomas Allen, 2008.

9. Cohen Bernard, *the Press and Foreign Policy*, Princeton: Princeton University Press, 1993.

10. Dosman Edgar, *Sovereignty and Security in the Arctic*, London and New York: Routledge, 1989.

11. Douglas Angela, *Symbiotic Interactions*, Oxford: Oxford University Press, 1994.

12. Edward Newman, *a Crisis of Global Institutions? Multilateralism and InternationalSecurity*, London and New York: Routledge, 2007.

13. Elliot-Meisel Elizabeth, *Arctic Diplomacy: Canada and the United States in the Northwest Passage*, New York: Peter Lang, 1998.

14. Emmerson Charles, *the Future History of the Arctic*, New York: Public Affairs, 2010.

15. Falk Richard and Mendlovitz Saul, *Regional Politics and World Order*, San Francisco: WH Freeman and Company, 1973.

16. Feld Werner and Boyd Gavin, *Comparative Regional Systems*, Oxford: Pergamon Press, 1979.

17. Grant Shelagh, *Polar Imperative: A History of Arctic Sovereignty in North America*, Vancouver: Douglas and McIntyre Publishers, 2010.

18. Griffiths Franklyn and Huebert Rob, *Canada and the Changing Arctic: Sovereignty, Security, and Stewardship*, Waterloo: Wilfrid Laurier University Press, 2011.

19. Hawkins Darren, *Delegation and Agency in International Organi-*

zations, Cambridge, U. K. : Cambridge University Press, 2006.

20. Hoffmann Matthew and BaAlice, *Contending Perspectives on Global Governance*, London and New York: Rutledge Taylor and Francis Group, 2005.

21. Hoffmann Matthew and BaAlice, *Introduction: Coherence and Contestation*, London: Routledge, 2005.

22. Hoffmann Matthew and BaAlice, *Realist Global Governance: Revisiting and Beyond. World Orders and Rule Systems*, *Contending Perspectives on Global Governance*, London: Routledge, 2005.

23. Hoffmann Stanley, and Minerva Janus, *Essays in the Theory and Practice of International politics*. Boulder: Westview Press, 1987.

24. Holger Engberg, *Industrial Symbiosis in Denmark*, New York: Stern School of Business Press, 1992.

25. Howard Roger, *The Arctic Gold Rush: the New Race for Tomorrow's Natural Resources*, London and New York: Continuum, 2009.

26. Hurrell Andrew and Fawcett Louise, *Regionalism in World Politics. Regional Organization and International Order*, Oxford: Oxford University Press, 1995.

27. Joshi Rakesh Mohan, *International Business*, New Delhi and New York: Oxford University Press, 2009.

28. Kennedy Michael, *the Northwest Passage and Canadian Arctic Sovereignty*, Santa Crus: GRIN Verlag GmbH, 2013.

29. Koivurova Timo, *Environmental Impact Assessment in the Arctic: A Study of International Legal Norms*, Aldershot: Ashgate Publishing, 2002.

30. Kooiman Jan, *Modern Governance: New Government-Society Interactions*, London: Sage Publications, 1993.

31. Kraska James, *Arctic Security in an Age of Climate Change*,

Cambridge: Cambridge University Press, 2013.

32. Lake David and Morgan Patrick, *Regional Orders: Building Security in a New World*, Pennsylvania: Penn State University Press, 1997.

33. Laursen Finn, *Comparative Regional Integration: Theoretical Perspectives*, Surrey: Ashgate, 2004.

34. Lindbergh Leon and Scheingold Stuart, *Regional Integration Theory and Research*, Cambridge: Harvard University Press, 1971.

35. Linell Kenneth and Tedrow John, *Soil and permafrost surveys in the Arctic*, Oxford: Clarendon Press, 1981.

36. Mace Gordon, *Regional Integration: World Encyclopedia of peace*, Oxford: Oxford Pergamon Press, 1986.

37. McGheeRobert, *the Last Imaginary Place: A Human History of the Arctic World*, Chicago: University Of Chicago Press, 2007.

38. McMahon Kevin, *Arctic Twilight: Reflections on the Destiny of Canada's Northern Land and People*, Toronto: James Lorimer and Company Publishers, 1988.

39. Mittelman James, *the Globalization Syndrome: Transformation and Resistance*, Princeton: Princeton University Press, 2000.

40. Morgenthau Hans, *Politics among Nations*, 6th Edition, New York: Knopf: Random House, 1985.

41. Nansen Fridtjof and Chater Arthur, *In Northern Mists: Arctic Exploration in Early Times*, London: Nabu Press, 2010.

42. Newman Edward and Thakur Ramesh, *Multilateralism under Challenge? Power, International Order, and Structural Change*, Tokyo: United Nations University Press, 2007.

43. Nordquist Myron and Heidar Tomas, *Changes in the Arctic Environmental and the Law of the Sea*, Leiden and Boston: Martinus Nijhoff

参考文献

Publishers, 2010.

44. Nuttall M. andCallaghan T. V. eds. , *the Arctic: Environment, People, Policy*, Harwood Academic Publishers, Amsterdam, 2000.

45. Nye Joseph, *Integration and Conflict in Regional Organization*, Boston: Little, Brown and Company, 1971.

46. Nye Joseph and DonahueJohn eds. , *Governance in a Globalizing World*, Brookings Institution Press, 2000.

47. OsherenkoGail and Young Oran, *the Age of the Arctic: Hot Conflicts and Cold Realities*, Cambridge: Cambridge University Press, 2005.

48. Ostrom Elinor, *Governing the Commons: The Evolution of Institutions for Collective Action*, Cambridge: Cambridge University Press, 1990.

49. Palmer Norman, *New Regionalism in Asia and the Pacific*, New York: The Free Press Publisher, 1991.

50. Pharand Donat, *Canada's Arctic Waters in International Law*, Cambridge: Cambridge University Press, 2009.

51. Pierre Jon, *Debating Governance*, Oxford: Oxford University Press, 2000.

52. Pierre Jon and PetersGuy, *Governance, Politics and the State*, Basingstoke: Macmillan, 2000.

53. Raaen Figenschou, *Hydrocarbons and Jurisdictional Disputes in the High North. Explaining the Rationale of Norway's High North Policy*. Oslo: Fridtjof Nansen Institute, 2008.

54. Robert Kissack, *Pursuing Effective Multilateralism: The European Union, International Organizations and the Politics of Decision Making*, London: Palgrave Macmillan Publisher, 2010.

55. Rosenau James, *Along the Domestic-foreign Frontier*, Cambridge: Cambridge University Press, 1997.

56. Rosenau James, *Turbulence in World Politics*, New Jersey: Princeton University Press, 1990.

57. Rosenau James and Czempiel Ernst-Otto, *Governance without Government: Order and Change in World Politics*, Cambridge: Cambridge University Press, 1992.

58. Rothwell Donald, *the Polar Regions and the Development of International Law*, Cambridge: Cambridge University Press, 1996.

59. Rowe Elana, *Russia and the North*, Ottawa: University of Ottawa Press, 2009.

60. Ruggie John, *Multilateralism Matters: the Theory and Praxis of an Institutional Form*, New York: Columbia University Press, 1993.

61. Russett Bruce, *International Regions and the International System: A Study in Political Ecology*, West Port: Praeger Publishers, 1975.

62. Sale Richar and Potapov Eugene, *the Scramble for the Arctic*, London: Frances Lincoln Limited Publishers, 2010.

63. Schulzetal Michael, *Regionalization in Globalizing World*, London: Zed Book, 2001.

64. Scrivener David, *Northern waters: security and rescue issues*, London: Royal Institute of International Affairs, 1986.

65. Sewell James, *Multilateralism in Multinational Perspective: Viewpoints from Different Languages and Literatures*, New York: St. Martin's Press, 2000.

66. Soderbaum Frederik and Shaw Thimothy, *Theories of New Regionalism*, New York: Palgrave Macmillan, 2003.

67. StefanssonVilhjalmur, *My Life with the Eskimo (New Edition)*, London: The Book Jungle, 2007.

68. StefanssonVilhjalmur, *the Friendly Arctic: The Story of Five*

参考文献

Years in Polar Regions, London: Nabu Press, 2010.

69. Stokke Olav, *International Cooperation and Arctic Governance:*
Regime Effectiveness and Northern Region Building, London and New
York: Routledge, 2007.

70. Stonehouse Bernard, *Polar Ecology*, London: Springer, 2013.

71. Stryker Sheldon, *Symbolic Interactionism, a Social Structural*
Version, Palo Alto: Benjamin/Cummings, 1980.

72. TallbergJonas, *The Design of International Institutions: Legiti-*
macy, Effectiveness, and Distribution in Global Governance, Collabora-
tive project at Stockholm University, funded by the European Research
Council for the period 2009 – 2013.

73. VaughanRichard, *The Arctic: A History*, London: The History
Press, 2008.

74. Wallace William ed. , *the Dynamics of European Integration*,
London: Printer, 1990.

75. Westermeyer William and Shusterich Kurt, *United States Arctic*
Interests: The 1980s and 1990s, New York: Springer-Verlag, 2011.

76. Wiener Antje and Diez Thomas, *European Integration Theory*,
Oxford: Oxford University Press, 2009.

77. Yenikeyeff Shamil and Kresiek Timothy, *the Battle for the Next*
Energy Frontier: The Russian Polar Expedition and the Future of Arctic
Hydrocarbons, Oxford: Oxford Institute for Energy Studies, 2007.

78. Young Oran, *Arctic Politics: Conflict and Cooperation in the Cir-*
cumpolar North, Hanover and London, University Press of New Eng-
land, 1992.

79. Young Oran, *Creating Regimes: Arctic accords and International*
Governance, Ithaca and London: Cornell University Press, 1998.

80. Zartman William and Touval Saadia, *International Cooperation:
The Extents and Limits of Multilateralism*, Cambridge: Cambridge University Press, 2010.

（二）论文类

1. Anderies John, Janssen Marco and Ostrom Elinor, A Framework to Analyze the Robustness of Social-ecological Systems from an Institutional Perspective, *Ecology And Society*, Vol. 9, No. 1, 2004.

2. Antholis William, A Changing Climate: The Road Ahead for the United States, *The Washington Quarterly* Vol. 31, No. 1, 2007.

3. Archer Clive and Scrivener David, Frozen Frontiers and Resource Wrangles: Conflict and Cooperation, *International Affairs*, Vol. 59 No. 1, 1982.

4. Atland Kristian, and Torbjorn Pedersen, the Svalbard Archipelago in Russian Security Policy: Overcoming the Legacy of Fear or Reproducing It? *European Security*, Vol. 17, No. 2, 2008.

5. Avango Dag and Hacquebord Louwrens, Between Markets and Geopolitics: Natural Resource Exploitation on Spitsbergen From 1600 to the Present Day, *Polar Record* Vol. 47, No. 1, 2011.

6. Bloom Evan, Establishment of the Arctic Council, *American Journal of International Law*, Vol. 93, No. 2, 1999.

7. Brigham Lawson, Thinking about the Arctic's Future: Scenarios for 2040, *The Futurist*, September-October 2007.

8. Busekist Astrid, Uses and Misuses of the Concept of Identity, *Security Dialogue*, Vol. 35, No. 1, 2004.

9. Buck Susan, Book Reviews, E. Ostrom' Governing the Commons: The Evolution of Institutions for Collective Action, *Natural Re-*

参
考
文
献

sources Journal, Vol. 32, No. 2, 1992.

10. Camroux D. , A Return to the Futureof a Sino-Indic Asian Community, *the Pacific Review*, Vol. 30, No. 4, 2007.

11. Cantori Louis and Spiegel Steven, International Regions. A Comparative to Five Subordinate Systems, *International Studies Quarterly*, Vol. 13, No. 4, 1969.

12. Caporaso James, International Relations Theory and Multilateralism: The Search for Foundations, *International Organization*, Vol. 46, No. 3, 1992.

13. Corell Robert, Challenges of Climate Change: An Arctic Prospective, *Ambio*, Vol. 35, No. 4, 2006.

14. Crawford Neta, the Passion of World Politics: Propositions on Emotions and Emotional Relationships, *International Security*, Vol. 24, No. 4, 2000.

15. Depledge Duncan, and Dodds Klaus, The UK and the Arctic, *The RUSI Journal*, No. 156, 2013.

16. Duffield John, the Limits of Rational Design, *International Organization*, Vol. 57, No. 2, 2003.

17. Ebinger Charles and Zambetakis Evie, The geopolitics of Arctic melt, *International Affairs*, Vol. 85, No. 6, November 2009.

18. Erceg Diane, Deterring IUU Fishing through State Control over Nationals, *Marine Policy*, Vol. 30, No. 2, 2006.

19. Frank Asche and Martin D. Smith, *Trade and Fisheries: Key Issues for the World Trade*, Staff Working Paper ERSD, 2010.

20. Hemmer Christopher and Katzenstein Peter, Why Is There No NATO in Asia? Collective Identity, Regionalism, and the Origins of Multilateralism, *International Organization*, Vol. 56, No. 3, 2002.

21. Hogg Michael, Terry Deborah and White Katherine, a Tale of Two Theories: A Critical Comparison of Identity Theory with Social Identity Theory, *Social Psychology Quarterly*, Vol. 58, No. 4, 1995.

22. Jayasuriya Kanishka, the Politics of Regional Definition, *the Pacific Review*, Vol. 7, No. 4, 1994.

23. Jabour Julia and Melissa Weber, Is it Time to Cut the Gordian Knot of Polar Sovereignty?, *Reciel*, Vol. 17, No. 1, 2008.

24. Kahler Miles, Multilateralism with Small and Large Numbers, *International Organization*, Vol. 46, No. 3, 1992.

25. Keohane Robert, Reciprocity in International Relations, *International Organization*, Vol. 40, No. 1, 1986.

26. Keohane Robert, Multilateralism: An Agenda for Research, *International Journal*, Vol. 45, No. 3, 1990.

27. Keohane Robert, International Relations and International Law: Two Optics, *Harvard International Law Journal*, Vol. 38, No. 2, 1997.

28. Keohane Robert, Governance in Partially Globalized World, *American Political Science Review*, Vol. 95, No. 1, 2001.

29. Keskitalo C., International Region-Building: Development of the Arctic as an International Region, *Cooperation and Conflict*, Vol. 42, No. 2, 2007.

30. Kogut Bruce, the Stability of Joint Ventures: Reciprocity and Competitive Rivalry, *Journal of Industrial Economics*, Vol. 38, No. 2, 1989.

31. Kolodkin Roman, the Russian-Norwegian Treaty: Delimitation for Cooperation, *International Affairs*, Vol. 57, No. 2, 2011.

32. Kolodkin A. L. and Volosov M. E., the Legal Regime of the Soviet Arctic: Major Issues, *Marine Policy*, Vol. 14, No. 2, 1990.

33. Koremenos Barbara, Charles Lipson, and Duncan Snidal, the

参考文献

Rational Design of International Institutions, *International Organization*, Vol. 55, No. 4, 2001.

34. Kramer Andrew, and Andrew Revkin, Arctic Shortcut Beckons Shippers as ice Thaws, New York Times, September 11, 2009.

35. Kratchwil Friedrich and Ruggie John, International Organization: A State of the Art on an Art of the State, *International Organization*, Vol. 40, No. 4, 1986.

36. Lykke Friis and Murphy Anna, the European Union and Central and Eastern Europe: Governance and Boundaries, *Journal of Common Market Studies*, Vol. 37, No. 2, 1999.

37. Mann K. H. , Environmental influences on fish and shellfish production in the Northwest Atlantic, *Environmental* Reviews, Vol. 2, No. 1, 1994.

38. Mansfield Edward and Solingen Etel, Regionalism, *Review Political Science*, Vol. 13, No. 1, 2010.

39. Masters Roger, A Multi-Bloc Model of the International System, *The American Political Science Review*, Vol. 55, No. 4, 1961.

40. Mearsheimer John, the False Promise of International Institutions, *International Security*, Vol. 19, No. 3, 1994.

41. Mitrany David, the Functional Approach to World Organization, *International Affairs*, Vol. 24, No. 3, 1948.

42. Moor James, Predators and Prey: A New Ecology of Competition, *Harvard Business Review*, Vol. 73, No. 5, 1993.

43. Molenaar Erik, and Corell Robert, Background Paper Arctic Fisheries, *Ecologic Institute EU*, 2009.

44. Murphy Craig, Global Governance: Poorly Done and Poorly Understood, *International Affairs*, Vol. 76, No. 4, 2000.

45. Orheim Olav, Protecting the Environment of the Arctic Ecosystem, *Proceeding of a Conference on United Nations Open-ended Informal Consultative Process on Oceans and the Law of the Sea, Fourth Meeting.* 2-6 June 2003. New York: UN Headquarters, 2003.

46. Øystein Jensen and Rottem Svein, The Politics of Security and International Law in Norway's Arctic Waters, *Polar Record*, Vol. 46, No. 1, 2010.

47. Øystein Jensen, Arctic Shipping Guidelines: Towards a Legal Regime for Navigational Safety and Environmental Protection? *Polar Record*, Vol. 44, No. 2, 2008.

48. Østreng Willy, The International Northern Sea Route Programme: Applicable Lessons Learned, *Polar Record*, Vol. 42, No. 1, 2006.

49. Østreng Willy, the Ignored Arctic, *Northern Perspectives*, Vol. 27, No. 2, 2002.

50. Oudenaren John Van, What Is "Multilateral"? *Policy Review*, No. 117, 2003.

51. Palosaari Teemu and Möller Frank, Security and Marginality: Arctic Europe after the Double Enlargement, *Cooperation and Conflict*, Vol. 39, No. 3, 2003.

52. Park Young Kil, Arctic Prospects and Challenges from a Korean Perspective, *East Asia-Arctic Relations: Boundary, Security and International Politics*, CIGI, Paper No. 3, 2013, http://www.cigionline.org/publications/2013/12/arctic-prospects-and-challenges-korean-perspective.

53. Park Seung Ho and Russo Michael, When Competition Eclipses Cooperation: An Event History Analysis of Joint Venture Failure, *Management Science*, No. 42, No. 6, 1996.

54. Predators Moor, a New Ecology of Competition, *Harvard Busi-

ness Review, Vol. 71, No. 5, 1993.

55. Raustiala Kal, Sovereignty and Multilateralism, *Chicago Journal of international Law*, Vol. 1, No. 2, 2000.

56. Rayfuse Rosemary, Melting Moments: The Future of Polar Oceans Governance in a Warming World, *Review of European Community and International Environmental Law*, Vol. 16, No. 2, 2007.

57. Rayfuse Rosemary, Protecting Marine Biodiversity in Polar Areas beyond National Jurisdiction, *Review of European Community and International Environmental Law*, Vol. 17, No. 1, 2008.

58. Rhodes R. A. W., the New Governance: Governing without Government, *Political Studies*, Vol. 44, No. 4, 1996.

59. Roderfeld Hedwig, Potential Impact of Climate Change on Ecosystems of the Barents Sea Region, *Climate Change*, Vol. 87, No. 2, 2008.

60. Ruggie John, Multilateralism: The Anatomy of an Institution, *International Organization*, Vol. 46, No. 3, 1992.

61. Ruggie John, Third Try at World Order? America and Multilateralism After the Cold War, *Political Science Quarterly*, Vol. 109, No. 4, 1994.

62. Sakhuja Vijay, *the Arctic Council: Is there a case for India?* Indian Council of World Affairs, 2010, http://www.icwa.in/pdfs/policy%20briefs%20dr.pdf.

63. Slocum Nikki, and Luk Van Langenhove, the Meaning of Regional Integration. Introducing Positioning Theory in Regional Integration Studies, *Journal of European Integration*, Vol. 26, No. 3, 2004.

64. Stokke Olav, Barents Sea Fisheries: the IUU struggle, *Arctic Review on Law and Politics*, Vol. 1, No 2, 2006.

65. Timtchenko Leonid, The Russian Arctic Sectoral Concept: Past and Present, *Arctic Journal*, Vol. 50, No. 1, March 1997.

66. Tonami Aki, Japan's Arctic policy: the sum of many parts, *Arctic Yearbook*, 2012, http://www.academia.edu/2235263/Japans_Arctic_Policy_The_Sum_of_Many_Parts.

67. Torbjorn Pedersen, Denautical Milesark's Policies toward the Svalbard Area. *Ocean Development and International Law*, Vol. 40, No. 4, 2009.

68. Torbjorn Pedersen, The Svalbard Continental Shelf Controversy: Legal Disputes and Political Rivalries, *Ocean Development & international law*, Vol. 37, No. 2, 2006.

69. US Geological Survey, Assessment of Undiscovered Oil and Gas in the Arctic, *Science*, Vol. 324, No. 29, 2009.

70. Van Oudenaren John, What Is "Multilateral"?, *Policy Review*, No. 117, 2003.

71. Vander-Zwaag David, Koivurova Timo and Molenaar Erik, Canada, the EU and Arctic Ocean Governance: a Tangled and Shifting Seascape and Future Directions, *Journal of Transnational Law and Policy*, Vol. 18, No. 2, 2009.

72. Watters Stewart and Tonami Aki, *Singapore: An Emerging Arctic Actor*, Arctic Yearbook 2012, pp. 105-114.

73. Weiss Thomas, Governance, Good Governance and Global Governance: Conceptual and Actual Challenges, *Third World Quarterly*, Vol. 21, No. 5, 2000.

74. Wendt Alexander, Collective Identity Formation and the International State, *the American Political Science Review*, Vol. 88, No. 2, 1994.

75. Wendt Alexander, Driving with the Rearview Mirror: On the

参
考
文
献

Rational Science of Institutional Design, *International Organization*, Vol. 55, No. 4, 2001.

76. Wrakberg Urban, Nature Conservationism and the Arctic Commons of Spitsbergen 1900 – 1920. *Acta Borealia*, Vol. 23, No. 1, 2006.

77. Wyllie-Echeverriat, Year-to-year Variations in Bering Sea Ice Cover and Some Consequences for Fish Distributions, *Fisheries Oceanography*, Vol. 7, No. 2, 2002.

78. Young Oran, Governing the Arctic: From Cold War Theater to Mosaic of Cooperation, *Global Governance: A Review of Multilateralism and International Organizations*, Vol. 11, No. 1, 2005.

(三) 报告文件类

1. Arctic Centre, *Indigenous Peoples in the Arctic*, 2008, http://www. arctic-transform. eu.

2. Arctic Council, Marine Shipping Assessment, *The Future of Arctic Marine Navigation in Mid-Century*, 2008, http://www. institutenorth. org/servlet/content/reports. html.

3. Arctic Council, U. S. Arctic Research Commission, International Arctic Science Committee, *Arctic Marine Transport Workshop Report*, September 28, 2004, http://www. arctic. gov/publications/arctic _ marine_ transport. pdf.

4. Arctic council, *Arctic Marine Shipping Assessment Report* 2009, www. nrf. is/index. php/news/15-2009/60-Arctic-marine-shipping-assessment-report-2009

5. Canadian International Council, *Canadian Arctic Sovereignty and Security in a Transforming Circumpolar World*, 2009, http://opencanada. org/wp-content/uploads/2011/05/Canadian-Arctic-Sovereignty-and-

Security-Rob-Huebert1. pdf.

6. Commission of the European Communities, The European Union and the Arctic Region, 2008, http: //eur-lex. europa. eu/LexUriServ/LexUriServ. do? uri = COM: 2008: 0763: FIN: EN: PDF.

7. Commission on Global Governance, *Our Global Neighborhood*, Oxford: Oxford University Press, 1995.

8. CSIS, Europe Program, *U. S. strategic interests in the Arctic*, 2010, http: //csis. org/files/publication/100426_ Conley_ USStrategicInterests_ Web. pdf

9. Danish Institute for International Studies, *Danish Foreign Policy Yearbook* 2013, http: //www. diis. dk/files/publications/Books2013/DIIS_ Yearbook_ 2013_ skærm-pdf. pdf

10. European Commission, *Developing a European Union Policy towards the Arctic Region: progress since 2008 and next steps*, 2012, http: //eeas. europa. eu/arctic_ region/docs/join_ 2012_ 19. pdf.

11. FAO, *Fishery and Aquaculture Statistic Yearbooks*, 2010, http: //www. fao. org/fishery/publications/yearbooks/en.

12. FAO, *Fishery and Aquaculture Statistic Yearbooks*, 2011, http: //www. fao. org/fishery/publications/yearbooks/en.

13. FAO, *the State of World Fisheries and Aquaculture* 2012, http: //www. fao. org/docrep/016/i2727e/i2727e. pdf.

14. Financial Times Research, *Hard to Reach: Prospecting for oil and gas in the Arctic*, 2012, http: //im. ft-static. com/content/images/68413922-f6b7-11e1-827f-00144feabdc0. img? width = 850&height = 782&title = &desc = Arctic-oil-graphic.

15. German Institute for International and Security Affairs, *the EU as fishing actor in the Arctic: Stocktaking of institutional involvement and ex-*

isting conflicts, 2010.

16. Gorbachev Mikhail, Speech in Murmansk in at the Ceremonial Meeting on the Occasion of the presentation of the order of Lenin and the Gold Star to the City of Murmansk, 1 October, 1987, http://teacherweb. com/FL/CypressBayHS/JJolley/Gorbachev_ speech. pdf.

17. Government of Canada, Canada's Northern Strategy: Our North, Our Heritage, Our Future, 2009, http://www. northernstrategy. gc. ca/cns/cns. pdf.

18. Japan Institute of International Affairs, *Arctic Governance and Japan's Foreign Strategy*, Research report, 2012, https://www 2. jiia. or. jp/en/pdf/research/2012_ arctic_ governance/002e-executive _ summery. pdf.

19. International Arctic Fisheries Symposium, *Climate change and Arctic Fish Stocks: Now and Future*, 2009.

20. International Geoscience and Remote Sensing Symposium, *Shipping in the Canadian Arctic: Other Possible Climate Change Scenarios*, 2004, http://arctic. noaa. gov/detect/KW_ IGARSS04_ NWP. pdf.

21. International Monetary Fund, World Economic Outlook 1997, http://www. imf. org/external/pubs/ft/weo/weo1097/weocon97. htm.

22. Intergovernmental Panel on Climate Change, Climate Change 2007: Synthesis Report, *Contribution of Working Groups I , II and III to the Fourth Assessment Report of the Intergovernmental Panel on Climate Change*, 2007, https://www. ipcc. ch/pdf/assessment-report/ar4/syr/ar4_ syr. pdf.

23. Intergovernmental Panel on Climate Change, *Climate Change 2013: the Physical Science Basis*, 2014, https://www. ipcc. ch/report/ar5/wg1/.

24. Ministry of Foreign Affairs, Trade and Development of Canada, *Statement on Canada's Arctic Foreign Policy: Exercising: Sovereignty and Promoting Canada's Northern Strategy Abroad*, http: //www. international. gc. ca/arctic-arctique/arctic_ policy-canada-politique_ arctique. aspx? lang = eng.

25. Ministry of Foreign Affairs of Denmark, *the Kingdom of Denmark's Strategy for the Arctic* 2011-2020, http: //um. dk/en/ ~ /media/UM/ English-site/Documents/Politics-and-diplomacy/Arktis_ Rapport_ UK_ 210x270_ Final_ Web. ashx.

26. Ministry of Foreign Affairs of Iceland, *A Parliamentary Resolution on Iceland's Arctic Policy*, 2011, http: //www. mfa. is/media/nordurlandaskrifstofa/A-Parliamentary-Resolution-on-ICE-Arctic-Policy-approved-by-Althingi. pdf.

27. Ministry of Foreign Affairs of Norway, *The High North: Visions and Strategies*, 2011, http: //www. regjeringen. no/upload/UD/ Vedlegg/Nordområdene/UD_ nordomrodene_ EN_ web. pdf.

28. Ministry of Foreign Affairs of Sweden, *Sweden's strategy for the Arctic region*, 2011, http: //www. government. se/content/1/c6/16/ 78/59/3baa039d. pdf.

29. National Snow and Ice Data Center, *Arctic Sea Ice Extent* 2014, Research report, http: //nsidc. org/arcticseaicenews/.

30. National Intelligence Council, *Global Trends* 2025: *A Transformed World*, 2008, http: //www. aicpa. org/research/cpahorizons2025/globalforces/downloadabledocuments/globaltrends. pdf.

31. National Research Council U. S. , *National Issues and Research Priorities in the Arctic*, 1985.

32. National Security Council (PDD/NSC-26), United States Policy

on the Arctic and Antarctic Regions, June 9, 1994, http: //www. fas. org/irp/offdocs/pdd/pdd-26. pdf.

33. National Security Decision Directive (NSDD-90), United States Arctic Policy, April 14, 1983, http: // www. fas. org/irp/offdocs/nsdd/nsdd-090. htm.

34. National Security Presidential Directive and Homeland Security Presidential Directive NSPD-66/HSPD-25, https: //www. fas. org/irp/offdocs/nspd/nspd-66. htm.

35. National Security Presidential Directive and Homeland Security Presidential Directive NSPD-66/HSPD-25, https: //www. fas. org/irp/offdocs/nspd/nspd-66. htm.

36. Nordic Council of Ministers, *Arctic Social Indicators: a Follow-up to the Arctic Human Development Report*, 2010, http: //library. arcticportal. org/712/.

37. OECD, *Strengthening Regional Fisheries Management Organizations*, 2009, http: //www. oecd-ilibrary. org/agriculture-and-food/strengthening-regional-fisheries-management-organisations_ 9789264073326-en.

38. OECD, *Measuring Globalization: OECD Economic Globalization Indicators* 2005, http: //www. oecd. org/sti/ind/measuringglobalisation-oecdeconomicglobalisationindicators2005. htm.

39. Prime Minister's Office of Finland, *Finland's Strategy for the Arctic Region* 2013, Government resolution on 23 August 2013, http: //vnk. fi/julkaisukansio/2013/j-14-arktinen-15-arktiska-16-arctic-17-saame/PDF/en. pdf.

40. Regulations for Marine Operations Headquarters on the Seaways of the NSR of 1976, Regulations for Navigation of the Sea Ways of the NSR of 1991, Guide to Navigation through theNSR of 1996, Regulations

for Icebreaker-Assisted Pilotage of Vessels on the NSR of 1996, Federal Law of Internal Sea Waters, Territorial Sea and Contiguous Zone of July 1998, no. 155-F3, http: //www. arctic-lio. com/nsr_ legislation.

41. The White House, *National Strategy for the Arctic Region*, 2013, http: //www. whitehouse. gov/sites/default/files/docs/nat_ arc-tic_ strategy. pdf.

42. The Svalbard Treatyhttp: //dianawallismep. org. uk/en/docu-ment/spitsbergen-treaty-booklet. pdf.

43. U. S. Arctic Research Commission, *U. S. on the Arctic rim*, Re-search report, 1986, http: //www. arctic. gov.

44. U. S. Arctic Research Commission, *Arctic Research in a Chan-ging World*, Research report, 1991, http: //www. arctic. gov.

45. U. S. Arctic Research Commission, *an Arctic obligation*, Re-search report, 1992, http: //www. arctic. gov.

46. U. S. Arctic Research Commission, *Goals and priorities to guide United States Arctic research*, Research report, 1993, http: // www. arctic. gov.

47. U. S. Department of Energy, Energy Information Administration, Arctic Oil and Natural Gas Potential, Report, October 2009.

48. U. S. Department of the Interior, U. S. Geological Survey, Cir-cum-Arctic Resource Appraisal: Estimates of Undiscovered Oil and Gas North of the Arctic Circle, Report, May 2008.

49. United Nations Development Programme, *Arctic Human Develop-ment Report*, 2004, http: //www. svs. is/ahdr/.

50. US Geological Survey, *Assessment of Undiscovered Oil and Gas in the Arctic*, 2009, http: //www. sciencemag. org/content/324/5931/ 1175. full. html.

参考文献

51. WTO Dispute Settlements, European Communities —*Anti-Dumping Measure on Farmed Salmon from Norway*, DS337, 2007, http：//trade. ec. europa. eu/wtodispute/show. cfm? id＝350&code＝2.

52. WWF, *the Barents Sea Cod-the Last of the Large Cod Stocks*, 2004, http：//wwf. panda. org/? 12982/The-Barents-Sea-Cod-the-last-of-the-large-cod-stocks.

53. WWF, *Arctic Climate Feedbacks*：*Global Implications*, http：//assets. panda. org/downloads/wwf_ arctic_ feedbacks_ report. pdf.

二、俄文资料

1. Барсегов Юрий, *Арктика*：*Интересы России и международные условия их реализации*, Наука, 2002.

2. Выступление Президента России, Председателя Попечительского Совета Русского географического общества В. В. Путина на пленарном заседанииIII Международного арктического форума 《 Арктика – территория диалога》, http：//www. rgo. ru/2013/09/vladimir-putin-my-namereny-sushhestvenno-rasshirit-set-osobo-oxranyaemyx-prirodnyx-territorij-arkticheskoj-zony/.

3. Гранберг, Александр и Пересыпкин Всеволод, *Проблемы Северного морского пути*, Наука, 2006.

4. Ермолаев Т. С. , Восточный вектор геополитики России：потенциал и трудности реализации, *Арктика и Север*, No. 11, 2013.

5. Жилина И. С. , Правовые аспекты развития Северного морского пути и Северо – Западного прохода как новой Арктической морской транспортной системы, *Арктика и Север*, No. 7, 2012.

6. Загорскии А. В. , Арктика：зона мира и сотрудничества,

Москва: ИМЭМО, 2011.

7. Зайков К. С., Нильсен Й. П., Норвежско – российское арктическое пограничье: от общих округов к Поморской зоне, *Арктика и Север*, No. 5, 2012.

8. ИльинАлексей, Арктике определят границы: Члены Совбеза обсудили, как себя вести на Севере, *Российская газета*, 18. 09. 2008г.

9. КалягинВладимир, Российская Арктика: на пороге катастрофы, Центр экологической политики России, 1997.

10. Ковалев С. А., Федоров А. Ф., Злобин В. С. *Арктические таи 《ны третьего реи》 ха.* СПб., Вектор, 2008.

11. Конышев В. Н., Сергунин А. А Арктическое направление внешней политики России, *Обозреватель.* 2011, № 3.

12. Конышев В. Н., Сергунин А. А, *Арктика в международной политике: Сотрудничество или Соперничество?*, РИСИ, 2011.

13. Конышев В. Н., Сергунин А. А, Арктика на перекрестье геополитических интересов, *Мировая экономика и международные отношения*, 2010, №9.

14. Конышев В. Н., Сергунин А. А. Международные организации и сотрудничество в Арктике, *Вестник международных организаций*, 2011, № 3.

15. Конышев В. Н., Сергунин А. А. Арктические стратегии стран Северной Америки и Россия, *Россия и Америка в XXI веке*, 2011, № 2.

16. Конышев В. Н. и Сергунин А. А., Канадская стратегия в Арктике и Россия: возможно ли взаимопонимание?, *Арктика и Север*, 2012, No. 8.

17. Кудряшова Е. В., Арктика – это большой общий дом для

России и других государств, *Арктика и Север*, 2012, №. 6.

18. Лукин Ю. Ф. , 《Горячие точки》Российской Арктики, *Арктика и Север*, 2013, №. 11.

19. Лукин Ю. Ф. , Проблемы Арктики и Севера России в ответах экспертов: декабрь 2012 — февраль 2013 гг. *Арктика и Север*, 2013, №. 11.

20. Лукин Ю. Ф. , Арктический прорыв Путина, *Арктика и Север*, 2012, №. 8.

21. Лукин Ю. Ф. , *Российская Арктика в изменяющемся мире*, Архангельск, 2012.

22. Маскулов Э. М. Интеграция морской деятельности в Арктике, *Арктика и Север*, 2011, №. 4.

23. Медведев Дмитри, *Основы государственной политики Российской Федерации в Арктике на период до 2020 года и дальнейшую перспективу*, 18 сентября 2008 г, Пр－1969. http: //www. scrf. gov. ru/ documents/98. html.

24. Министерство морского флота СССР, *Правила плавания по трассам Северного морского пути*, 14 сентября 1990 г.

25. Министерство транспорта Российской Федерации, *Правила плавания в акватории Северного морского пути*, 12. 04. 2013, N 28120, http: //www. nsra. ru/files/fileslist/20130725190332ru－ПРА ВИЛА％20ПЛАВАНИЯ. pdf.

26. Морозов Н. А. и Кондраль Д. П. , Сравнительный анализ российской и американской стратегий развития Арктики, *Арктика и Север*, 2013, №. 13.

27. Нестеренко М. Ю. , Копосов С. Г. , Порцель А. К. , Шадрина О. Н. , Код Арктики, *Арктика и Север*, 2012, №. 6.

28. Нестеренко М. Ю. и Иконников В. М. А., рктические стратегические проекты и их реализация, *Арктика и Север*, 2013, №. 13.

29. Порцель А. К., Россия остается на Шпицбергене, *Арктика и Север*, 2012, №. 9.

30. Правительство Российской Федерации, *Стратегия развития Арктической зоны Российской Федерации и обеспечения национальной безопасности на период до 2020 года*, http：//sustainabledevelopment. ru/upload/File/2013/Arctic_ 2020. pdf.

31. Сморчкова Вера, *Арктика*: *регион мира и глобального сотрудничества*, РАГС, 2003.

32. Тимошенко А. И. Российская региональная политика в Арктике в XX-XXI вв. : проблемы стратегической преемственности, *Арктика и Север*, 2011, №. 4.

33. Федеральный закон от 28 июля 2012 г. N 132-ФЗ, http：// text. document. kremlin. ru/SESSION/PILOT/main. htm.

34. Храмчихин А. А., Станет ли Арктика театром военных действий по последнему переделу мира?, *Арктика и Север*, 2013, №. 10.

三、中文资料

（一）著作类

1. ［日］尾关周二著，卞崇道等译：《共生的理想：现代交往与共生、共同的思想》，北京：中央编译出版社，1996 年版。

2. ［日］黑川纪章著，覃力译：《新共生思想》，北京：中国建筑工业出版社，2009 年版。

3. ［英］卡尔·波普尔著，傅季重译：《猜想与反驳：科学知识的增长》，上海：上海译文出版社，2005 年版。

4. ［英］罗伯特·詹宁斯、亚瑟·瓦茨著，王铁崖等译：《奥本海国际法》，北京：中国大百科全书出版社，1998 年版。

5. ［英］赫德利·布尔著，张小明译：《无政府社会》，北京：世界知识出版社，2003 年版。

6. ［英］戴维·赫尔德著，胡伟等译：《民主与全球秩序——从现代国家到世界主义治理》，上海：上海人民出版社，2003 年版。

7. ［英］戴维·赫尔德等著，杨雪冬等译：《全球大变革：全球化时代的政治、经济与文化》，北京：社会科学文献出版社，2001 年版。

8. ［英］戴维·赫尔德等著，曹荣湘、龙虎等译：《治理全球化：权力、权威与全球治理》，北京：社会科学文献出版社，2004 年版。

9. ［法］皮埃尔·戈丹著，钟震宇译：《何谓治理》，北京：社会科学文献出版，2010 年版。

10. ［美］不列颠百科全书公司编著，国际中文版编辑部编译：《不列颠百科全书》，北京：中国大百科全书出版社，2007 年版。

11. ［美］亚历山大·温特：《国际政治的社会理论》，北京：北京大学出版社，2005 年版。

12. ［美］迈克尔·哈特、安东尼·内格里著，杨建国、范一亭译：《帝国：全球化的政治秩序》，南京：江苏人民出版社，2003 年版。

13. ［美］约瑟夫·奈、约翰·唐纳胡主编，王勇等译：《全球化世界的治理》，北京：世界知识出版社，2003 年版。

14. ［美］约翰·鲁杰著，苏长河等译：《多边主义》，杭州：

浙江人民出版社，2003 年版。

15.［美］罗伯特·吉尔平著，武军等译：《世界政治中的战争与变革》，北京：中国人民大学出版社，1994 年版。

16.［美］罗伯特·基欧汉著，门洪华译：《局部全球化世界中的自由主义、权力与治理》，北京：北京大学出版社，2004 年版。

17.［美］埃莉诺·奥斯特罗姆著，徐逊达译：《公共事物的治理之道——集体行动制度的演进》，上海：上海三联书店，2000 年版。

18.［美］斯蒂芬克拉斯纳主编：《国际机制·世界政治与国际关系原版影印丛书叙述精品系列》，北京：北京大学出版社，2005 年版。

19.［美］詹姆斯·罗西瑙主编，张胜军等译：《没有政府的治理》，南昌：江西人民出版社，2001 年版。

20.［澳］约瑟夫·凯米来里等著，李东燕译：《主权的终结？日趋“缩小”和“碎片化”的政治》，浙江：浙江人民出版社，2001 年版。

21. 丁斗：《东亚地区的次区域经济合作》，北京：北京大学出版社，2001 年版。

22. 丁煌主编：《极地国家政策研究报告（2012—2013）》，北京：科学出版社，2013 年版。

23. 北极问题研究编写组：《北极问题研究》，北京：海洋出版社，2011 年版。

24. 卢光盛：《地区主义与东盟经济合作》，上海：上海辞书出版社，2008 年版。

25. 刘光溪：《互补性竞争论——区域集团与多边贸易体制》，北京：经济日报出版社，2006 年版。

26. 刘惠荣、杨凡：《北极生态保护法律问题研究》，北京：知识产权出版社，2010年版。

27. 刘惠荣、董跃：《海洋法视角下的北极法律问题研究》，北京：中国政法大学出版社，2012年版。

28. 许立阳：《国际海洋渔业资源法研究》，北京：中国海洋大学出版社，2008年版。

29. 苏长和：《全球公共问题与国际合作：一种制度的分析》，上海：上海人民出版社，2000年版。

30. 李思强：《共生建构说：论纲》，北京：中国社会科学出版社，2004年版。

31. 杨洁勉：《大体系：多极多体的新组合》，天津：天津人民出版社，2008年版。

32. 杨洁勉主编：《国际体系转型和多边组织发展：中国的应对和选择》，北京：时事出版社，2007年版。

33. 吴飞驰：《企业的共生理论：我看见了看不见的手》，北京：人民出版社，2002年版。

34. 陆俊元：《北极地缘政治与中国应对》，北京：时事出版社，2010年版。

35. 胡守钧：《走向共生》，上海：上海文化出版社，2002年版。

36. 胡守钧：《社会共生论》，上海：复旦大学出版社，2006年版。

37. 俞可平：《全球化：全球治理》，北京：社会科学文献出版社，2003年版。

38. 俞可平主编：《治理与善治》，北京：社会科学文献出版社，2000年版。

39. 袁纯清：《共生理论——兼论小型经济》，北京：经济科学出版社，1998年版。

40. 耿协峰：《新地区主义与亚太地区结构变动》，北京：北京大学出版社，2003 年版。

41. 夏征农、陈至立编：《辞海》，上海：上海辞书出版社，2010 年版。

42. 倪世雄：《当代西方国际关系理论》，上海：复旦大学出版社，2001 年版。

43. 徐学军：《助推新世纪的经济腾飞》，北京：科学出版社，2008 年版。

44. 郭培清等：《北极航道的国际问题研究》，北京：海洋出版社，2009 年版。

45. 联合国环境规划署（UNEP）：《全球环境展望年鉴 2006》，北京：中国环境出版社，2006 年版。

46. 潘敏：《北极原住民研究》，北京：时事出版社，2012 年版。

（二）杂志和报刊文章

1. ［美］罗伯特·吉尔平："温和现实主义视角下的国际关系研究"，《世界经济与政治》，2006 第 4 期。

2. 王传兴："论北极地区区域性国际制度的非传统安全特性——以北极理事会为例"，《中国海洋大学学报（社会科学版)》，2011 年第 3 期。

3. 王秀英："国际法视阈下的北极争端"，《海洋开发与管理》，2007 年第 6 期。

4. 王润宇："IUU 捕捞的原因、法律规制和解决之道"，《中国社会科学院院报》，2007 年 8 月 23 日，第 3 版。

5. 王鸿刚："北极将上演争夺战"，《世界知识》，2004 年第 22 期。

6. 方海等："气候变化对世界主要渔业资源波动影响的研究进展"：《海洋渔业》，2008 年第 4 期。

7. 尹承德："世界新热点与全球治理新挑战"，《国际问题研究》，2008 年第 5 期。

8. 叶江："北极事务中地缘政治理论与治理理论的双重影响"，《国际观察》，2013 第 2 期。

9. 叶江："试论北极区域原住民非政府组织在北极治理中的作用与影响"，《西南民族大学学报（人文社会科学版)》，2013 年第 7 期。

10. 白佳玉、李静："美国北极政策研究"，《中国海洋大学学报（社会科学版)》，2009 年第 5 期。

11. 冯绍雷："国际关系的转型与转型中的国际关系研究"，《华东师范大学学报（哲学社会科学版)》，1995 年第 6 期。

12. 朱杰进："国际制度设计中的规范与理性"，《国际观察》，2008 年第 4 期。

13. 刘中民："北冰洋争夺的三大国际关系焦点"，《世界知识》，2007 年第 9 期。

14. 刘惠荣："国际法视野下的北极环境法律问题研究"，《中国海洋大学学报（社会科学版)》，2009 年第 3 期。

15. 孙凯、张亮："北极变迁视角下中国北极利益共同体的构建"，《国际关系研究》，2013 年第 2 期。

16. 孙凯、郭培清："北极治理机制的变迁及中国的参与战略研究"，《世界经济与政治论坛》，2012 年第 2 期。

17. 严双伍、李默："北极争端的症结及其解决路径——公共物品的视角"，《武汉大学学报（哲学社会科学版)》，2009 年第 6 期。

18. 苏长和："中国与国际制度：一项研究议程"，《世界经济与政治》，2002 年第 10 期。

19. 李东："俄北极'插旗'引燃'冰地热战'"，《世界知识》，2007 年第 17 期。

20. 李伟芳、吴迪："东亚主要国家与发展中的北极理事会关系分析"，《国际展望》，2010 年第 6 期。

21. 李志文、高俊涛："北极通航的航行法律问题探析"，《法学杂志》，2010 年第 6 期。

22. 李良才："IUU 捕捞对渔业资源的损害及港口国的管制措施分析"，《经济研究导刊》，2009 年第 3 期。

23. 李振福："北极航线的中国战略分析"，《中国软科学》，2009 年第 1 期。

24. 李振福等："北极航道海运网络的国家权益格局复杂特征性研究"，《极地研究》，2011 年第 3 期。

25. 李燕："共生哲学的基本理念"，《理论学习》，2005 年第 5 期。

26. 杨玲丽："共生理论在社会科学领域的应用"，《社会科学论坛》，2010 年第 16 期。

27. 杨剑："北极航道：欧盟的政策目标和外交实践"，《太平洋学报》，2013 年第 3 期。

28. 杨洁勉："论'四势群体'和国际力量重组的时代特点"，《世界经济与政治》，2010 年第 2 期。

29. 杨洁勉："新型大国群体在国际体系转型中的战略选择"，《世界经济与政治》，2008 年第 3 期。

30. 吴雪明："北极治理评估体系的构建思路与基本框架"，《国际关系研究》，2013 年第 3 期。

31. 何齐松："气候变化与欧盟的北极战略"，《欧洲研究》，2010 年第 6 期。

32. 何奇松："气候变化与北极地缘政治博弈"，《外交评论

（外交学院学报）》，2010 年第 5 期。

33. 余天颖："从海洋到海洋再到海洋——加拿大经营北极地区"，《世界知识》，2006 年第 23 期。

34. 张侠、屠景芳："北冰洋油气资源潜力的全球战略意义"，《中国海洋大学学报（社会科学版）》，2010 年第 4 期。

35. 张侠等："北极地区人口数量、组成与分布，世界地理研究》，2008 年第 4 期。

36. 张侠等："北极航道海运货流类型及其规模研究"，《极地研究》，2013 年第 3 期。

37. 陆俊元："北极地缘政治竞争的新特点"，《现代国际关系》，2010 年第 2 期。

38. 陈玉刚等："北极理事会与北极国际合作研究"，《国际观察》，2011 年第 4 期。

39. 陈立奇等："影响北极地区迅速变化的一些关键过程研究"，《极地研究》，2003 年第 6 期。

40. 季玲："重新思考体系建构主义身份理论的概念与逻辑"，《世界经济与政治》，2012 年第 6 期。

41. 赵隆："从渔业问题看北极治理的困境与路径"，《国际问题研究》，2013 年第 4 期。

42. 赵隆："议题设定和全球治理——危机中的价值观碰撞"，《国际论坛》，2011 年第 4 期。

43. 赵隆："全球治理的核心变量"，《广东行政学院学报》，2012 年第 3 期。

44. 赵隆："北极区域治理范式的核心要素:制度设计与环境塑造"，《国际展望》，2014 年第 3 期。

45. 赵毅："争夺北极的新'冷战'"，《瞭望》，2007 年第 33 期。

46. 胡守钧："国际共生论"，《国际观察》，2012 年第 4 期。

47. 柳思思："'近北极机制'的提出与中国参与北极"，《社会科学》，2012 年第 5 期。

48. 俞可平："全球治理引论"，《马克思主义与现实》，2002 年第 1 期。

49. 洪黎民："共生概念发展的历史、现状及展望"，《中国微生态学杂志》，1996 年第 8 期。

50. 秦亚青："多边主义研究：理论与方法"，《世界经济与政治》，2001 年第 10 期。

51. 夏立平、苏平："博弈理论视角下的北极地区安全态势与发展趋势"，《同济大学学报（社会科学版）》，2013 年第 4 期。

52. 夏立平："北极环境变化对全球安全和中国国家安全的影响"，《世界经济与政治》，2011 年第 1 期。

53. 钱宗旗："俄罗斯北极开发国家政策剖析"，《世界经济与政治论坛》，2011 年第 5 期。

54. 郭培清、田栋："摩尔曼斯克讲话与北极合作：北极进入合作时代"，《海洋世界》，2008 年第 5 期。

55. 郭培清："北极争夺战"，《海洋世界》，2007 年第 9 期。

56. 郭培清："北极很难走通'南极道路'"，《瞭望》，2008 年第 15 期。

57. 郭培清："摩尔曼斯克讲话与北极合作——北极进入合作时代"，《海洋世界》，2008 年第 5 期。

58. 唐贤兴："全球治理：一个脆弱的概念"，《国际观察》，1999 年第 6 期。

59. 唐国强："北极问题与中国的政策"，《国际问题研究》，2013 年第 1 期。

60. 海纳："北极是谁的？"，《青年科学》，2007 年第 6 期。

61. 梅宏、王增振："北极海域法律地位争端及其解决"，《中国海洋大学学报（社会科学版）》，2010 年第 1 期。

62. 曹升生："加拿大的北极战略"，《国际资料信息》，2010 年第 7 期。

63. 曹升生："挪威的北极战略"，《辽东学院学报（社会科学版）》，2011 年第 6 期。

64. 程保志："北极治理论纲:中国学者的视角"，《太平洋学报》，2012 年第 10 期

65. 程群："浅议俄罗斯的北极战略及其影响"，《俄罗斯中亚东欧研究》，2010 年第 1 期。

66. 曾望："北极争端的历史、现状及前景"，《国际资料信息》，2007 年第 10 期。

67. 蔡拓："全球治理的中国视角与实践"，《中国社会科学》，2004 年第 1 期。

68. 潘敏、周燚栋："论北极环境变化对中国非传统安全的影响"，《极地研究》，2010 年第 6 期。

69. 潘敏、夏文佳："近年来的加拿大北极政策——兼论中国在努纳武特地区合作的可能性"，《国际观察》，2011 年第 4 期。

后 记

朋友评价我的一生充满了各种"偶然事件"，对此我深表赞同。这些偶然改变了我的人生轨迹，也让我可以从更广的维度来重新思考人生。一切偶然中都存在着某种必然，恩师杨洁勉教授就是这其中的必然。

将北极作为选题有一定的挑战性。它既是"热点"问题又并非"主流"议题，对很多人来说都是全新的领域。但杨先生的鼓励和帮助让我不但少了诸多顾虑，还平添了几分信心。从我的定题开篇、框架搭建，到最后的结论综述，都离不开他细致的辅导和指正。每一个字、每一句话，甚至每个标点注解，都蕴含着他对学生和晚辈的真诚、关爱。在他看来，老师传授给学生的不单单是知识，更是为人师表的态度。如果没有他的"解惑"，我也许坐不住苦心研究的"冷板凳"；没有他的"授业"，我还徘徊在国际关系研究的门外；没有他的"传道"，我也无法了解"师道既尊，学风自善"的真正含义。

上海国际问题研究院是我研究工作的平台，为我撰写本书创造了出国访问研究和国际会议等对外交流的宝贵机会，陈东晓院长对本书的结构和行文方式也提出了宝贵的意见。杨剑副院长是极地问题研究的著名专家，也是我从事北极研究的启蒙老师。他所做的不仅仅是把我"带进门"，而是手把手地教授我深入这一领域，使我可以借助学术网络和研究课题搭建研究的新平台。

托尔斯泰曾经说过："人生不是一种享乐，而是一桩十分沉重的工作"。在我看来，这取决于人生道路当中的领路者。在低谷的时候，他们会给你信心和力量；在徘徊的时候，他们会给你指明方向。有他们的存在，便可不必独自承担这份沉重。这些前辈们，就是我求学和工作中的领路人。

曾经不止一次听到，"谈北极治理太过于理想主义"这种评论。的确，北极问题在当下尚难摆脱地缘政治色彩，利益至上原则似乎也无可厚非。但每当我看到卫星云图上不断消失的北极海冰范围，以及因海冰融化而无处栖息的北极熊照片时，就有了坚持这种理想主义的动力。人类不是这个星球上唯一的居民，而地球却是我们唯一的家园。也许我无法改变他人，但至少可以从自己做起，少谈一些利益，多论一些治理。

一个不懂得感恩的人，灵魂里就会缺少彩虹般的感动。感谢造物主的创造，父母的养育，朋友的关怀，同事的支持。没有你们，我无法坚守到最后。无论是柏林蒂尔加滕公园边的格子间，还是上海漕河泾的办公室，都见证了我通宵达旦的背影和永不放弃的努力，所以我要感谢这份经历，无论它是苦是甜。

最后，谨以此书纪念我的外公，愿他在天堂一切安好。

赵　隆

2014 年 10 月 26 日

图书在版编目（CIP）数据

北极治理范式研究／赵隆著. —北京：时事出版社，
2014.12
ISBN 978-7-80232-777-1

Ⅰ.①北… Ⅱ.①赵… Ⅲ.①北极—政治地理学—研究
Ⅳ.①P941.62
中国版本图书馆 CIP 数据核字（2014）第 245721 号

出 版 发 行：时事出版社
地　　　址：北京市海淀区万寿寺甲 2 号
邮　　　编：100081
发 行 热 线：（010）88547590　88547591
读者服务部：（010）88547595
传　　　真：（010）88547592
电 子 邮 箱：shishichubanshe@ sina. com
网　　　址：www. shishishe. com
印　　　刷：北京昌平百善印刷厂

开本：787×1092　1/16　印张：21.5　字数：281 千字
2014 年 12 月第 1 版　2014 年 12 月第 1 次印刷
定价：98.00 元
（如有印装质量问题，请与本社发行部联系调换）